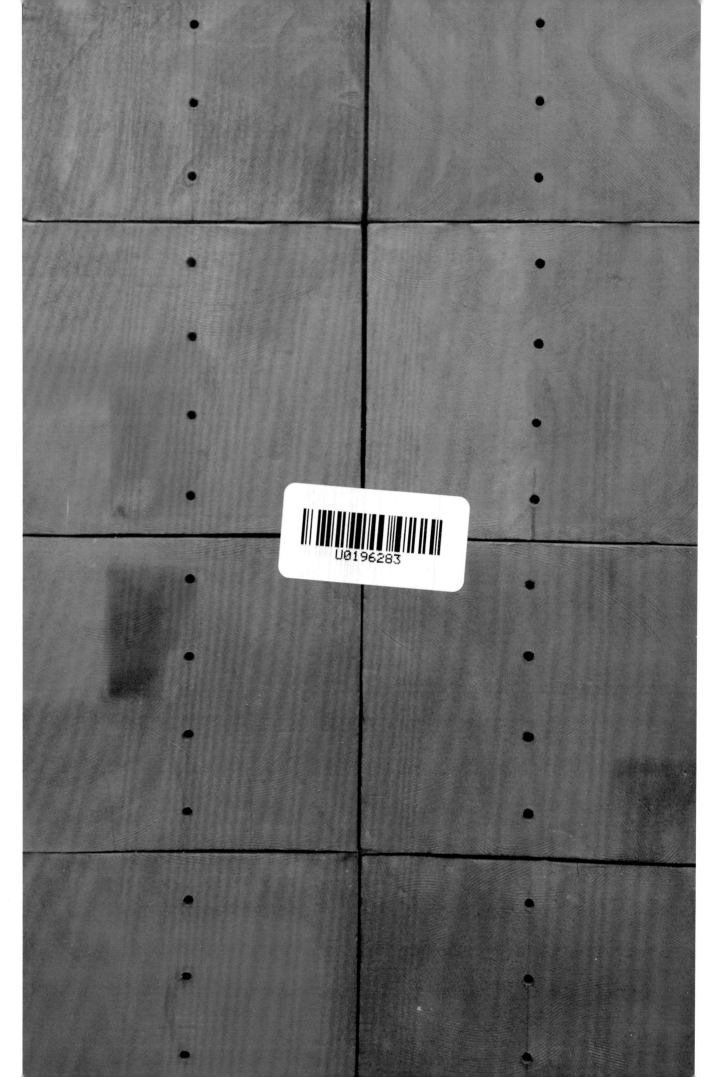

U0196283

窑炉指南

气窑、柴窑、油窑、电窑、组合式窑炉
及创新型窑炉建造与烧成

陶瓷技艺书系

窑炉指南

气窑、柴窑、油窑、电窑、组合式窑炉
及创新型窑炉建造与烧成

(美)弗雷德里克·奥尔森(Frederick L. Olsen)　著

王　霞　译

中国建筑工业出版社

著作权合同登记图字：01-2022-4431 号

图书在版编目(CIP)数据

窑炉指南:气窑、柴窑、油窑、电窑、组合式窑炉
及创新型窑炉建造与烧成/(美)弗雷德里克·奥尔森
(Frederick L. Olsen) 著;王霞译. —北京:中国建
筑工业出版社,2023.8
　(陶瓷技艺书系)
　书名原文:The Kiln Book
　ISBN 978-7-112-28963-9

　Ⅰ.①窑…　Ⅱ.①弗…②王…　Ⅲ.①陶瓷—烧成(陶
瓷制造)—指南　Ⅳ.①TQ174.6-62

中国国家版本馆 CIP 数据核字(2023)第 142486 号

责任编辑:刘文昕　率　琦　张　健
统　　筹:吴瑞香　郝雅楠　刘小莉　胡　毅
责任校对:王　烨
封面设计:完　颖
版式设计:赵　军
装帧制作:南京月叶图文制作有限公司

陶瓷技艺书系

窑炉指南

气窑、柴窑、油窑、电窑、组合式窑炉及创新型窑炉建造与烧成

(美)弗雷德里克·奥尔森(Frederick L. Olsen)　著
王　霞　译
　　*
中国建筑工业出版社 出版、发行(北京海淀三里河路9号)
各地新华书店、建筑书店经销
临西县阅读时光印刷有限公司印刷
　　*
开本:880 毫米×1230 毫米　1/16　印张:22¾　字数:441 千字
2024 年 1 月第一版　2024 年 1 月第一次印刷
定价:**280.00 元**
ISBN 978-7-112-28963-9
　　　(41246)

中文版序

从联络作者到翻译出版，有很长的时间线，感谢出版社工作人员和译者的支持。从《日本柴窑烧成揭秘》到《陶瓷制作常见问题和解救方法》，感谢各位陶艺制作者们对乐天陶社推荐书籍的认可。经过漫长的等待，《陶艺创作指南》和《窑炉指南》终于上架啦！

作者 Anton Reijnders 是世界知名的艺术家，也是一位很好的老师。《陶艺创作指南》就像一本陶艺制作百科全书，将陶瓷制作的各个步骤做了拆解和拓展，让你对陶艺制作有更系统的了解，每次翻阅都有不一样的收获，是一本很好的教材，适合各个阶段的陶艺制作者。

作者 Frederick L. Olsen 是美国陶艺界著名的窑炉专家、陶艺家，花费多年时间游历各地，记录各种窑炉的建造和烧制方式，经系统整理，出版了这本《窑炉指南》，是众多陶艺家理想的工具书。这次我邀请他将这本书翻译成中文出版，希望让更多人对窑炉相关原理有深入了解，也让大家认识一个窑炉大师是怎么系统地把窑炉知识做整理。

希望这两本书能提供给大家更系统的陶艺知识！

郑 祎

| 前 言 |

1957 年，我在走访瑞典斯德哥尔摩古斯塔夫斯堡陶瓷厂（Gustavsberg Porcelain Factory）期间，遇到了知名陶艺家兼设计师斯蒂格·林德伯格（Stig Lindberg）。这次令人难忘的相遇使我从此走上了陶艺道路，返程之后我便开始在雷德兰大学学习陶艺，师从莱昂·莫伯格（Leon Moburg）。我在硕士期间则师从于南加州大学的卡尔顿·鲍尔（Carlton Ball）以及苏珊·皮特森（Susan Peterson）。在他们的鼓励下，1961 年初我前往日本京都艺术学院（亦被称作日大）学习陶艺，师从富本宪吉（Tomimoto Kenkichi）和近藤雄三（Kondo Yuzo）。求学期间两位恩师给我引荐了众多日本知名陶艺家，包括备前（地名）的金重（Kanashige）与藤原惠（Fujiwara）、濑户的荒川（Arakawa）、京都的河合卓一（Takuichi Kawai，1908～1989）以及益子的滨田庄司（Hamada）。与此同时，通过富本宪吉，我第一次遇到伯纳德·利奇（Bernard Leach）以及我最亲密的朋友约翰·夏贝尔（John Chappell）。1963 年富本宪吉去世后，我在接下来的三年中以陶艺为生游历世界各地，并且将所见到的各种窑炉以及当地窑工所使用的建窑、烧窑方法都记录了下来。我发现手艺是沟通的桥梁，好的手艺也会被世界各地的陶工们所认可。

< 伯纳德·利奇和弗雷德里克·奥尔森（Frederick L. Olsen，本书作者，下同），
英格兰圣艾夫斯，1965 年 3 月 16 日（照片由作者本人提供）

< 伯纳德·利奇制作的
炻器花瓶，1976 年

伯纳德·利奇（Bernard Leach，1887～1979 年）

利奇的著作、思想以及陶艺作品为陶艺界做出了很大贡献。他将世界各地的陶艺家和艺术家召集在一起，使各种风格、技艺以及美学观点得以交流融汇，让我们受益良多。

我最后一次拜访利奇是在 1978 年。尽管当时他已经双目失明，但他仍能用模仿的形式在空中拉出一个罐子，让我在脑海中看到这个造型优美、结构严谨的罐子被一点点拉制出来并最终烧制完成。那是一件佳作，我们二人都对它钟爱不已。对于我们中的很多人而言，利奇是真正的良师（日本人将其敬称为先生）益友，我们对此生能够认识他并师从于他心怀感恩之情。

丹尼尔·罗兹（Daniel Rhodes，1911～1989 年）

《黏土、釉料、炻器、瓷器》（*Clay and Glazes and Stoneware and Porcelain*）一书是我求学期间的教科书，所以当富本宪吉老师告诉我，该书的作者罗兹要来京都研究丹波陶艺（Tamba potteries）并让我做他的助手时，我激动得不能自已。得益于此机缘，我和他建立了长达 27 年的亲密个人和职业友谊。我收藏了罗兹的《窑炉》（*Kilns*）一书，他曾在我的藏本上题词道："如果我们将这本书（《窑炉指南》）中最精彩的章节和你著作中最精彩的章节合二为一的话，那将是一部轰动陶艺界的巨作"。罗兹是一个极具魅力的人，也是一位了不起的作家和艺术家。

◁ 丹尼尔·罗兹在奥尔森工作室参加窑炉建成仪式，1987 年 2 月（照片由作者提供）

卡尔顿·鲍尔（F. Carlton Ball，1911～1992 年）

"陶艺家们终于拥有了一本专门介绍窑炉建造知识的著作，书中的讲解巨细无遗。职业陶艺家以及学生们曾多次向我请教如何建造高温窑、乐烧窑、多窑室窑以及盐釉窑。他们亦向我求教如何改良窑炉，如何处理烧窑过程中遇到的众多错综复杂的问题。现在，我终于可以自信满满地向他们推荐一本完善而权威的参考资料了：弗雷德里克·奥尔森撰写的《窑炉指南》。这本书详细介绍了有关窑炉以及烧窑的所有知识。

奥尔森是一位职业陶艺家。他以陶艺为生，因此窑炉在他的事业中扮演着重要的角色。他是一位业务能力很强

◁ 卡尔顿·鲍尔和弗雷德里克·奥尔森，因克莱村（Incline Village），美国内华达州，1987 年（照片由作者提供）

的教师，了解陶艺专业学生最想学习哪些方面的知识。他游历世界各地，在所到之处做陶、建造窑炉、给其他陶艺家烧窑、测量窑炉的规格并研究窑炉建造技术。奥尔森技能出众、天分极高，他既是艺术家、陶艺家，也是教师。他的著作《窑炉指南》填补了陶艺界长久以来的空白，在此我向所有陶艺从业者推荐这本著作。"

这段文字摘录自 1973 年版《窑炉指南》中由南加利福尼亚大学陶艺专业教授卡尔顿·鲍尔所撰写的序言，对此我感激不尽。在我的陶艺生涯中，我们之间一直保持着深厚的友谊，直至鲍尔去世。他将自己毕生的精力和热情投入到陶艺教学工作中，培养的学生人数超过 30000 人。在陶艺专业教师中，有这样成就的几乎再也找不出第二个人了。

苏珊·皮特森（Susan Peterson，1925～2009 年）

"《窑炉指南》是唯一一本能够真正指导陶艺从业者建造窑炉的著作。奥尔森对窑炉内部的燃烧区域以及有利于快速烧成的烟道空间深谙于心。多年以来，他还一直致力于窑炉改良以及烧成技法创新的实验。除了传统的顺焰窑、倒焰窑、交叉焰窑、气窑以及各类燃料窑炉之外，奥尔森还熟知电窑、穹顶穴窑、阶梯窑以及土拨鼠

在长达 50 年的光阴中，苏珊·皮特森和我一直是亲密的朋友和同事，我深切地怀念着她（照片由作者提供）

洞式穴窑，对各类窑炉的建造别有心得。"

"奥尔森同时也是一位陶艺家，所以他能从专业角度理解所有问题的症结所在。对于所有想要建造或者使用窑炉的人而言，无论是哪一种窑炉，《窑炉指南》无疑都是最理想的工具书。多么令人高兴，奥尔森，你的书即将再版了。"

苏珊·皮特森是一位已退休的教授和陶艺家。在她的职业生涯中，苏珊共创建了 5 所陶艺系，其中包括 1955 年成立的南加州大学陶艺系、亨特学院陶艺系，以及 1972 年创建的纽约市立大学陶艺系。她撰写过 10 部陶艺著作，有《滨田庄司：陶艺家的工作方式》（*Shoji Hamada：a Potter's Way and Work*）与《陶瓷工艺与艺术》（*The Craft and Art of Clay*）等。

| 致 谢 |

《窑炉指南》历经四版，需要感谢的人太多了，他们不仅帮助我完成了首版的编写工作，亦帮助我一再修订。就首版而言，在此要感谢的日本友人包括富本宪吉教授、近藤雄三教授、近藤丰（Yutaka Kondo）、柳原睦夫（Mutsuo Yanagihara）、藤枝辉雄（Teruo Fujieda）、加藤健二（Kenji Kato，1933～2008 年）、藤原惠与他的儿子藤原优（Yu Fujiwara）、河合卓一；澳大利亚的友人莱斯·布莱克布罗（Les Blakebrough）和科尔·利维（Col Levy）；丹麦的尼尔森·卡勒（Niels Kalher）和赫尔曼·卡勒（Herman Kalher）；西班牙的路易斯·埃斯特帕·皮尼拉（Luis Estepa Pinilla）；英国的约翰·夏贝尔（John Chappell）；印度的曼斯曼·辛格（Mansimran Singh）。以上各位对本书所作出的贡献无可估量。

在此谨向对我无私提供建窑场所的各位陶艺界同仁表达由衷的感谢，在他们的帮助下，我建造出了一座又一座窑炉。特别感谢珍妮特·曼斯菲尔德（Janet Mansfield）以及艾伦·瓦兹（Allen Watts），我在他们提供的场所内建造了"加尔贡赛车窑"（Gulgong racer）；感谢弗格斯·斯蒂瓦特（Fergus Stewart），我在他提供的场所内建造了"蒂维窑"（Tiwi kiln）。上述两座窑炉分别坐落于澳大利亚的加尔贡与堪培拉。感谢艾尔弗雷德·施密特（Alfred Schmidt）与查克·维

< 近藤雄三制作的石榴纹花瓶

< 近藤雄三和弗雷德里克·奥尔森，日本京都，1961 年

辛格（Chuck Wissinger），我在他们提供的场所内建造了"礼花窑"（fireworks kiln），该窑坐落于加拿大亚伯达省的埃德蒙顿。感谢妮娜·霍尔（Nina Hole）与古尔达格尔德国际陶艺中心（Guldagergard International Ceramic Centre），我在他们提供的场所内建造了"教堂窑"（church kiln），该窑坐落于丹麦的斯卡莱斯克市。感谢日本的松宫亮二（Ryoji Matsumiya）以及坐落在五所川原境内的金山陶瓷厂（Kanayama Pottery）。感谢坐落在德国赫尔·格伦兹豪森的陶瓷与玻璃

<弗雷德里克·奥尔森在加藤健二家中，日本，2005 年（摄影：茱莉亚·奈玛）

艺术学院的亚瑟·穆勒（Arthur Mueller）以及约亨·勃兰特（Jochen Brandt）；感谢同在德国的苏珊娜·瑞吉奥（Susanne Ringel）以及科尔斯帕兹陶艺会馆（Kalkspatz workshop venue）。感谢埃姆雷·费佐格鲁（Emre Feyzoglu）以及卡恩·坎杜兰（Kaan Canduran），他们分别来自土耳其的安卡拉和阿瓦诺斯。

之前几版《窑炉指南》已经成为全球各地众多陶艺从业者的工具书，本书是第四版——拥有新出版商和新形式，收录了新信息、新窑炉设计资料、新图片以及时下最新的原材料和技术——无论是对有经验的陶艺家还是刚刚接触陶艺的初学者均适用。

我还要特别感谢我的老朋友陶艺家加藤健二。尽管在我前去拜访他时他的病情已经非常严重了，但是他依旧从医院回到家中迎接我，并为我安排了一场隆重的接风宴席。如此真挚的友情和坚韧的意志我此生都将铭记于心。除此之外，我还要特别感谢我的同事兼好友茱莉亚·奈玛（Julia Nema），她帮助我绘制了书中所有的线条图，以及她的丈夫阿克什·齐根（Akos Czigany），本书的封面照片以及书中的高清照片都是他帮我拍摄的。

最后，我要感谢我的学生及好友童仁琦（Jenchi Wu）女士，她审校了译稿，并在与中方出版社编辑及译者的联络沟通方面给了我莫大的帮助，我非常感谢她。

<加藤健二制作的青绿色哑光釉瓶

<加藤健二制作的瓶子

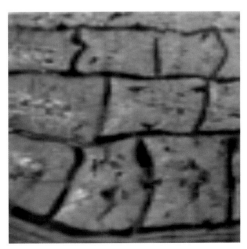

<加藤健二制作的陶瓷器表细部

| 目 录 |

第 1 章

耐火材料及其应用

第 2 章

窑炉建造方法

第3章

窑炉设计原理

第4章

交叉焰窑

第5章

倒 焰 窑

第6章

顺 焰 窑

第7章

多 火 向 窑

第8章

燃料、燃烧以及烧成系统

第9章

电　窑

第 10 章

创新型窑炉以及创意烧成

附录

绪　论

<　弗雷德里克·奥尔森在金山多火向窑前（摄影：茱莉亚·奈玛）

　　1961 年 1 月，我成为日本著名陶艺家、书法家和创作艺术家富本宪吉的助手。我与他第一次见面是在我刚到京都艺术学院的时候。教授走进工作室时我正在拉坯。他停下脚步观察我正在拉制的器形，"哎哎"地叹息三次之后走开了，一边走一边用英语喃喃自语："西方人是不懂拉坯的，即便远渡重洋来日本学习也是枉然。"听了他的话后我更加下定决心要留在日本。

　　几周之后，近藤雄三教授向我解释道："你必须将你之前在西方学习的技法统统忘掉，必须重头学起才行。"近藤雄三教授曾经是富本宪吉教授门下的学徒，曾学艺近 14 年，如今的他是日本陶艺界的"人间国宝"，擅长制作青花瓷。近藤雄三教授还告诉我富本宪吉教授委托他来给我上课，由此我开始接触到日本传统陶艺文化。几个月之后，我受邀迁居至富本宪吉教授的工作室并在该处工作。我一直在那里生活、工作了 3 年。

　　近藤雄三教授还安排清水（地名）的小山先生教我烧柴窑，所使用的窑炉是小山先生自己的多室室窑。四个月之后，我被容许在自己租借的那部分窑室独自装窑并烧制。在接下来的三年中，我每个月烧三次窑，通过实践学习阶梯形柴窑的特征及其烧制方法。

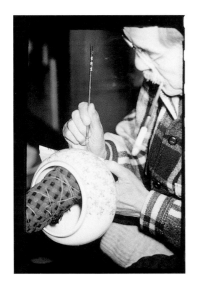

"人间国宝"富本宪吉，1886～
1963 年（照片由作者本人提供）

富本宪吉制作的盘子，盘身上
绘有四季书法铭文

1962 年秋天，英国陶艺家约翰·夏贝尔受聘于富本宪吉工作室，他要在那里建造一座新窑并请我去帮忙。在接下来的两个月中，只要我有空就会到约翰工作的堂村去帮忙。就学习窑炉建造的实践而言，约翰是我的启蒙老师。他教授我建窑技术、油窑燃烧系统以及为了达成某种特殊烧成效果而应采用的设计思路。我曾问约翰他是在什么地方学习建造以及设计窑炉的，他回答说："和你一样——通过在实践中做助手学起。"约翰认为陶艺家是在工作的过程中成就了自己。我对此深有同感，事实上陶艺从业者确实都是在艰辛的实践以及数之不尽的失败中逐步成长起来的。就窑炉建造而言，这几乎是唯一的学习渠道。

在这之后，我游历亚洲、中东以及欧洲等地，收集并拍摄各地有关窑炉设计以及尺寸比例方面的信息，因为我知道总有那么一天我要撰写一部有关窑炉建造的书。多年来我一直在国外四处旅行，所收集到的有关窑炉、窑炉建造和烧窑等方面的信息，以及所研究的各种技法并在此基础上所产生的各种新想法都记录在你手中的这本《窑炉指南》（第四版）中。本书要介绍的基本信息包括以下几方面：（1）建造窑炉要用到的各类原材料；（2）窑炉的建造方法；（3）窑炉的设计原理；（4）各类窑炉的布局规划以及建造工序。我在设计以及建造柴窑方面投入了很多精力，因此可以帮到各位陶艺从业者。更重要的是，我希望这本书可以帮助各位陶艺从业者逐步树立起自信心，并在此基础上成功地建造出自己的窑炉。

《窑炉指南》将引领你一步步地建造起你自己设计的窑炉。我建议读者先通读本书，之后选择一种最能满足你需求的窑炉类型，接下来自己设计窑炉（第 3 章），选择建造窑炉所需要的各类耐火材料等（第 1 章），有关耐火砖的砌筑方法以及用陶瓷纤维铺设窑炉内衬的技法在第 2 章中介绍。读者在阅读开始的这些章节时或许会感到十分枯燥——耐火砖怎么能让人兴奋起来呢？——但是其中所包含的信息却十分有价值。接下来的章节则介绍了各种类型的窑炉——交叉焰窑、顺焰窑、多火向窑、倒焰窑以及电窑——既有传统窑炉也有新型窑炉，它们中的某一种说不定正是你一直想要建造的。书中介绍的各类窑炉都是已经成功实施的案例，其烧成效果令人满意，其设计也都经过了改良。但是需要加以说明的是，窑炉建造以及烧窑能否成功取决于诸多不可避免的因素，例如经验、常识以及烧窑者自身是否有失误等（因此，希望各位读者千万记住：务必要将所有关键部分都设计成可以调节的，这一点至关重要）。

通宵烧窑，正在烧的窑是一座名为霍利奇尔德（Hollyweird）的管式穴窑，当时正烧到第二间窑室

第 1 章

耐火材料及其应用

耐火材料是指那些可以承受高温的材料（通常是非金属材料）。换句话说，这类材料很难被熔化。在高温环境下，它们也可以抵御一种或者数种外力的侵袭，这里所说的外力包括压力、热膨胀力以及/或者来自炉渣、火焰的酸/碱性化学腐蚀力。

耐火材料抵御外力的能力取决于其自身的组成成分以及运用目的。例如，高硅耐火砖不适用于建造盐釉窑，其原因是耐火砖中的硅元素会与苏打（碱性熔剂）发生反应，进而导致砖体瓦解。在升温以及降温的过程中，高硅耐火砖（硅含量占配方总量的 90% 以上）的持久性完全不能与其他物质相比。耐火材料主要分为五大类别：①氧化物；②碳化物；③氮化物；④硼化物；⑤基本要素。

通过对比这些耐火材料的熔点（表 1-1）可以发现，碳化物的耐高温性能最好，但是最常为陶艺工作者及窑炉建造者所使用的物质反而是最不耐高温的（这些物质处在高岭石以及熔融的莫来石组群中）。

表 1-1 中的绝大多数耐火材料都是特殊材料。它们被运用的首要目的就是耐高温。唯一的特例是碳化硅，其运用目的是便于压力传递以及热传递，实践证明这种物质很适用于陶艺。碳化硅的耐高温性能良好，抗热震能力卓越（特别适用于烧成周期较短的窑炉），且抗外力、抗腐蚀、导热性能极佳[1]。碳化硅，特别是其中的氧化物键合组群，在氧化气氛低温烧成环境中（<1200℃）的抗氧化能力极弱甚至完全不能抵抗氧化。碳化硅被氧化后会形成二氧化硅（SiO_2），它会对玻化层起到破坏作用，而且其体量会增加。假如各部位的增量都一致，它会向四面八方扩展，但是一般情况下各部位的增量并不一致，这就会导致畸形生长。而方石英形成后会令硅氧层遭到破坏，进而引发烧成缺陷，硅氧层起泡会令空气渗入微组织内部并将下层结构氧化。坯体内部过度氧化则会导致器型出现开裂以及曲翘现象。

因此，在氧化气氛低温烧成时最好不要使用氧化物键合组群中的碳化硅；但这种物质特别适合高温烧成，即便是在高温氧化气氛中其烧成效果也很好。本章"特殊材料"一节中将介绍一种经过改良的碳化硅材料（参见后文）。

窑炉建造者/陶艺家最常使用的耐火材料大多属于高岭石、莫来石以及堇青石基耐火材料。而自然界中最常见的耐火材料就是黏土。在所有天然黏土中，纯高岭土的熔点最高（1785℃），且因其易得、耐高温性能好以及价格低等原因业已成为诸多耐火材料中的魁首。天然硅线石组群中的莫来石亦是一种重要材料，在烧成的过程中它既可作为耐火材料的生料添加

<　弗雷德里克·奥尔森制作的
柴烧刻纹威士忌杯

1　诺顿 63 号结晶氧氮键可以在很大程度上增强碳化硅在窑炉中的抗碱性能。

表1-1 耐火材料的烧成温度范围
(因原著中诸多技术参数采用英制单位，为便于读者使用仍保留，其与法定计量单位的换算请参见附录 4，下同)

材料	分子式	温度	
		(℃)	(°F)
碳化铪	HfC	3890	7030
碳化钽	TaC	3870	7000
碳化锆	ZrC	3540	6400
碳	C	3500	6364
钨	W	3410	6170
助熔剂（氧化物）	ThO_2	3300	5970
碳化钛	TiC	3140	5680
硼化锆	ZrB_2	3060	5540
氮化钛	$Ti(NO_3)_4$	2950	5350
硼化钛	TiB_2	2900	5250
氧化铀	UO_2	2760	5000
熔融氧化锆	ZrO_2	2700	4900
熔融氧化镁	MgO	2620	4750
石灰石	CaO	2570	4658
碳化硼	B_4C	2400	4440
碳化硅	SiC	2300	4170
氧化铬	Cr_2O_3	2275	4127
尖晶石	$MgO \cdot Al_2O_3$	2135	3875
氧化铝	Al_2O_3	1900～2000	3450～3630
冰晶石	$2MgO \cdot SiO_2$	1910	3470
莫来石熔融氧化物	$3Al_2O_3 \cdot 2SiO_2$	1840	3340
高岭石	$Al_2O_3 \cdot 2SiO_2 \cdot 2H_2O$	1785	3245
方石英	SiO_2	1728	3142

剂，也可作为合成型耐火材料的一种原料。天然的蓝晶石矿经过煅烧之后就会转变为莫来石。而蓝晶石是美国以及南非的重要矿藏，坐落在美国弗吉尼亚州迪尔温市的蓝晶石矿物制造公司（Kyanite Mining and Mnufacturing Company）更是其主要供应源，各个国家都能通过这家公司的原料供应商获得蓝晶石。

与其他耐火材料相比，莫来石具有以下显著优点：结晶体长（晶体之间具有连锁结构，因此其结构稳定）、熔点高、热膨胀性能卓越。

纯莫来石耐火材料（莫来石含量为75%）的用途特殊，售价高昂。对于窑炉建造者和陶艺家来说，耐火材料（包括耐火砖及窑具）中含有30%的莫来石就可用于10号测温锥的等效温度。而以莫来石作为主要成分的耐火材料必须满足以下要求：①氧化铝含量介于56%～79%；②金属类杂质的含量不宜超过5%；③最大变形率不超过5%。

配方中含有高岭石成分的黏土种类极多——例如密苏里州的燧石耐火黏土、弗吉尼亚州的蓝晶石黏土、加利福尼亚州的林肯耐火黏土（配方中的蓝晶石原矿来自英国）——全球各地的工厂都生产这类耐火材料，你既可以在黄页（或者类似的电话号码分类簿）中查到这些商家的联系方式，也可以通过某家陶瓷原料供应商来咨询这方面的信息。

用于建造窑炉的耐火材料主要分为以下五类：

①耐火砖；②绝缘耐火砖；③耐火浇注料；④砂浆；⑤特殊材料。

1.1　耐火砖

广义上的耐火砖类型极其丰富，狭义则特指由耐火黏土制作而成的耐火砖。各类耐火砖的化学以及物理特性相差极大，这主要取决于其运用目的以及在基础成分高岭石中添加的其他成分。美国材料测试学会（American Society for Testing and Materials，ASTM）及其设立在英国的国际材料测试学会（ASTM International）以耐火砖所能承受的烧成温度为基础对其进行了测试并给出分类标准（表1-2），主要分为以下四种类型：

（1）超级耐火砖：温锥当量33～34＋（1743～1763℃）

（2）高级耐火砖：温锥当量32～32＋（1717～1724℃）

（3）中级耐火砖：温锥当量28～31（1646～1683℃）

（4）低级耐火砖：温锥当量低于28（1646℃）

温锥当量（Pyrometric Cone Equivalent，PCE）是指能使测温锥在达到制锥原料的熔点后熔融弯曲的温度数值。在实践中我发现，对于烧陶瓷的窑炉而言，低级以及中级耐火砖就足够使用了。只有当窑室的结构是经过特殊设计且只使用某种特定燃料时，才有必要用高级耐火砖建造窑炉。

所有耐火材料的制造商都能生产上述四种耐火砖，即超级耐火砖、高级耐火砖、中级耐火砖以及低级耐火砖，其原材料可从基本的耐火材料中获得，如菱镁矿、石灰和铬；纯耐火黏土；半硅砖、高硅砖；高铝复合砖；以及特殊熔融莫来石耐火材料。

以下是上述四种耐火砖的适用范围：

（1）**超级耐火砖**的耐高温性极好，且很难被击碎。经过超高温度烧制后，它具有孔洞少、硬度高、抗外力性强的特点。建议用超级耐火砖建造炉膛、炉壁、拱顶、窑室以及所有超高温区域。

（2）**高级耐火砖**质地较硬，不易落渣。除了上述超高温区域必须使用超级耐火砖建造之外，其他各部位均可使用高级耐火砖建造。

（3）**中级耐火砖**适用于建造炉膛、炉壁以及烧成温度和外力侵袭程度相对较弱的区域。对于烧成温度为10号测温锥熔点温度的窑炉而言，中级耐火砖是最佳选择。

表1-2 耐火黏土以及高铝耐火砖的等级和类别

等级	类别	温锥当量	样本磨损率（最大值,%）	热负载沉降（最大值,%）	再热收缩率（最大值,%）	断裂模数（PSI最小值,kgf/mm³）	其他测试要求
耐火黏土							
超级耐火砖	普通耐火砖	33	1649℃时为8	—	1599℃时为1.0	600（0.422）	—
	高硬度耐火砖	33	1649℃时为4	—	1599℃时为1.0	600（0.422）	—
	高密度耐火砖	33	—	—	—	—	单位容积重量(最小) 140 lb/ft³(2243 kg/m³)
高级耐火砖	普通耐火砖	31½	—	—	—	—	单位容积重量(最小) 140 lb/ft³(2194 kg/m³)
	高硬度耐火砖	31½	1599℃时为10			500（0.703）	或者孔隙率为15%
半硅耐火砖		31½	—	1349℃时为1.5		300（0.211）	氧化硅含量最低值为72%
中级耐火砖		29				500（0.352）	
低级耐火砖		15				600（0.422）	
高铝耐火砖							
50% Al₂O₃		34	—	—	—	—	氧化铝含量（50±2.5)%
60% Al₂O₃		35	—	—	—	—	氧化铝含量（60±2.5)%
70% Al₂O₃		36	—	—	—	—	氧化铝含量（70±2.5)%
80% Al₂O₃		37	—	—	—	—	氧化铝含量（80±2.5)%
90% Al₂O₃		—	—	—	—	—	氧化铝含量（90±2.5)%
99% Al₂O₃		—	—	—	—	—	氧化铝含量97%

（4）**低级耐火砖**通常用于建造窑壁背衬。但是当低级耐火砖的温锥当量级别达到28时，其亦可承受10号测温锥的熔点温度。需要注意的是，切不可使用低级耐火砖建造炉膛或者超高温区域。

耐火砖的生产方法通常为湿粉干压法或硬泥挤压法。湿粉干压法需先按照一定比例将原料干粉与极少的水（水雾）混合成湿粉，之后借助极强的压力将湿粉捶打成砖块的形状。其建造过程如下：首先，借助机械自动化设备将调配好的原料湿粉放入干压机的砖坯模型内；其次，对模型中的原料湿粉施以重压。此时，湿粉中残留的空气被排出，一块耐火砖就这样诞生了。使用湿粉干压法制作的耐火砖肌理以及尺寸规格统一，抗热膨胀性能良好且不易被击碎。

硬泥挤压法需要使用挤泥机，挤泥机可以将水自动添加到泥料中，令其具有适度的可塑性。挤泥机里的螺旋形叶片可以在搅拌泥料的同时排出其内部残留的空气。经过挤压的泥料在被切割后放入特定形状的砖坯模型内就可压制成型。用硬泥挤压法制作的耐火砖密度极高，可以抵御外力侵袭且不易落渣。在成型过程中，也可以借助水压以及气压将切割下来的泥料制作成特殊形状的耐火砖。

除了上述两种最常使用的耐火砖生产方法之外，以下方法适用于制作特殊形状的耐火砖：气动夯实法（用于砖体形状特殊，无法用上述两种方法压制的情况）、注浆成型法（适用于制作硼板、垫片、绝缘耐火砖以及要求质地均衡且外形特殊的耐火砖）、高压挤压法（适用于制作管状、棒状以及要求交叉部位均衡一致的耐火砖）、手工成型法。

美国市场上 23 cm 系列耐火砖以及绝缘耐火砖的标准规格是 23 cm×11.5 cm×6.3 cm（9 in×4.5 in×2.5 in），欧洲市场上 23 cm 系列耐火砖以及绝缘耐火砖的标准规格是 23 cm×11.5 cm×7.5 cm（9 in×4.5 in×3 in）（图 1-1，图 1-2）。由于市场的需求，在美国也可以买到欧洲规格的耐火砖。我个人认为欧洲规格的耐火砖是建造窑炉的最佳选择，原因是其长、宽、高三边的数值刚好具有倍数关系：11.5 cm ×2 = 23 cm；7.6 cm×3 = 23 cm[1]。因此，这种耐火砖可以多角度组合使用——平放、侧放甚至是立起来放都能拼合成一个整体。

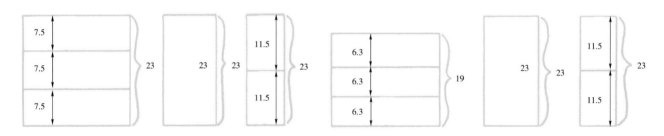

(a) 欧洲规格：23 cm×11.5 cm×7.5 cm　　　　　(b) 美国规格：23 cm×11.5 cm×6.3 cm

图 1-1　23 cm 系列耐火砖规格
（单位：cm）

相比之下，美国规格的耐火砖却做不到这一点，将三块耐火砖的顶面（6.3 cm）拼合在一起之后只有 19 cm。当窑壁的厚度为偶数（18 cm 或者 23 cm），用这种耐火砖砌墙时是无论如何也无法与其他面完美组合在一起的。

图 1-3 列举了建造窑炉时最常使用的各类耐火砖。所有规格为 23 cm×11.5 cm×6.3 cm 和 23 cm×11.5 cm×7.5 cm 的耐火砖都属于标准尺寸，所有生产企业均会出产。在美国还有一种名为"23 cm 大砖"的宽边耐火砖，其规格一侧为 23 cm×17 cm×7.6 cm，另一侧为 23 cm×17 cm×6.3 cm，外观呈直边楔形，是专门用来填补缝隙用的。除此之外，市面上还出售更长的耐火砖，其长度为 30.5 cm、34.5 cm，最长为 46 cm，其宽度为 11.5 cm 及 15 cm，这种超大规格的耐火砖亦是常用的建窑材料。

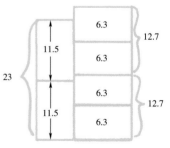

背衬由耐火砖侧砌而成

直面热源的一面由耐火砖丁砌而成

图 1-2　为了避免通缝、增强窑壁的稳定性以及坚固性，背衬必须每 9 排用 6.3 cm 规格的耐火砖砌筑一道丁砖加固（单位：cm）

1　原著中采用单位"in"和"cm"，本书中只保留"cm"，故计算式存在小误差，余同。

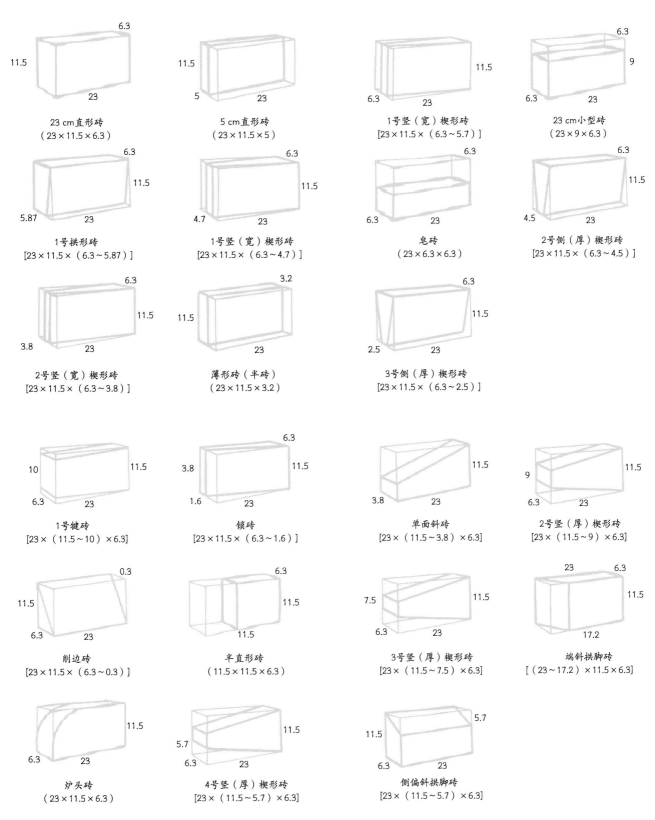

23 cm直形砖
（23×11.5×6.3）

5 cm直形砖
（23×11.5×5）

1号竖（宽）楔形砖
[23×11.5×（6.3~5.7）]

23 cm小型砖
（23×9×6.3）

1号拱形砖
[23×11.5×（6.3~5.87）]

1号竖（宽）楔形砖
[23×11.5×（6.3~4.7）]

皂砖
（23×6.3×6.3）

2号侧（厚）楔形砖
[23×11.5×（6.3~4.5）]

2号竖（宽）楔形砖
[23×11.5×（6.3~3.8）]

薄形砖（半砖）
（23×11.5×3.2）

3号侧（厚）楔形砖
[23×11.5×（6.3~2.5）]

1号犍砖
[23×（11.5~10）×6.3]

锁砖
[23×11.5×（6.3~1.6）]

单面斜砖
[23×（11.5~3.8）×6.3]

2号竖（厚）楔形砖
[23×（11.5~9）×6.3]

削边砖
[23×11.5×（6.3~0.3）]

半直形砖
（11.5×11.5×6.3）

3号竖（厚）楔形砖
[23×（11.5~7.5）×6.3]

端斜拱脚砖
[（23~17.2）×11.5×6.3]

炉头砖
（23×11.5×6.3）

4号竖（厚）楔形砖
[23×（11.5~5.7）×6.3]

侧偏斜拱脚砖
[23×（11.5~5.7）×6.3]

（a）23 cm×11.5 cm×6.3 cm 系列耐火砖

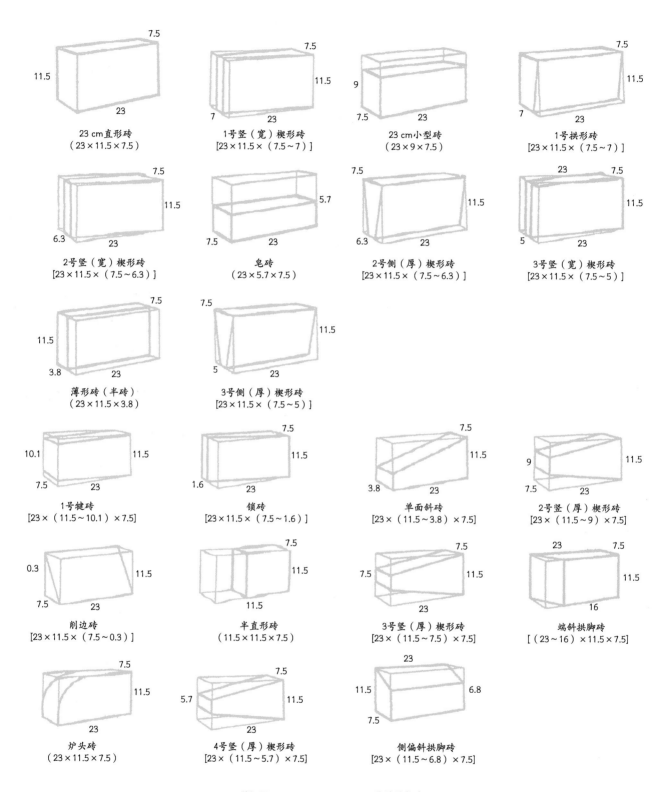

23 cm直形砖
（23×11.5×7.5）

1号竖（宽）楔形砖
[23×11.5×（7.5～7）]

23 cm小型砖
（23×9×7.5）

1号拱形砖
[23×11.5×（7.5～7）]

2号竖（宽）楔形砖
[23×11.5×（7.5～6.3）]

皂砖
（23×5.7×7.5）

2号侧（厚）楔形砖
[23×11.5×（7.5～6.3）]

3号竖（宽）楔形砖
[23×11.5×（7.5～5）]

薄形砖（半砖）
（23×11.5×3.8）

3号侧（厚）楔形砖
[23×11.5×（7.5～5）]

1号楔砖
[23×（11.5～10.1）×7.5]

锁砖
[23×11.5×（7.5～1.6）]

单面斜砖
[23×（11.5～3.8）×7.5]

2号竖（厚）楔形砖
[23×（11.5～9）×7.5]

削边砖
[23×11.5×（7.5～0.3）]

半直形砖
（11.5×11.5×7.5）

3号竖（厚）楔形砖
[23×（11.5～7.5）×7.5]

端斜拱脚砖
[（23～16）×11.5×7.5]

炉头砖
（23×11.5×7.5）

4号竖（厚）楔形砖
[23×（11.5～5.7）×7.5]

侧偏斜拱脚砖
[23×（11.5～6.8）×7.5]

（b）23 cm×11.5 cm×7.5 cm 系列耐火砖

< 图1-3 窑炉建造时常用的耐火砖规格

（单位：cm）

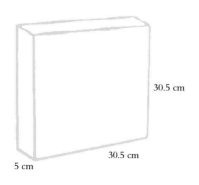

图 1-4 直形耐火砖

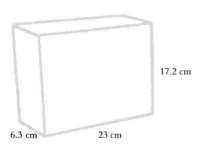

图 1-5 23 cm 直形大砖
(23 cm×17.2 cm×6.3 cm)

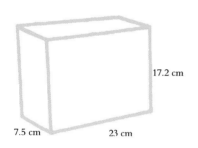

图 1-6 另外一种 23 cm 直形大砖
(23 cm×17.2 cm×7.5 cm)

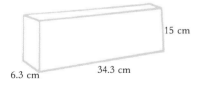

图 1-7 34.3 cm×11.5 cm×6.3 cm
直形耐火砖

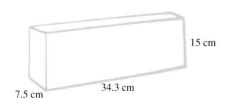

图 1-8 34.3 cm×15 cm×7.5 cm
异形耐火砖

1.1.1　直形耐火砖

直形耐火砖（图 1-4）既可用于铺建窑底，也可作为硼板使用。例如，我就把 30.5 cm×46 cm×5 cm 的超级直形耐火砖作为硼板使用。以下这些都是直形耐火砖的常见规格（尺寸单位为 cm）：

30.5×30.5×5	30.5×30.5×6.3	30.5×30.5×7.5
30.5×38×5	30.5×38×6.3	30.5×38×7.5
30.5×46×5	30.5×46×6.3	30.5×46×7.5
30.5×61×5	30.5×61×6.3	30.5×61×7.5

1.1.2　23 cm 大砖系列

如果全部使用 23 cm 大砖建造窑炉，窑壁上就会形成通缝，通缝会导致窑壁失去坚固性以及稳定性。为避免这一情况发生，建议每隔 23 cm 使用 23 cm×6.3 cm×6.3 cm 的皂砖为其砌筑一道加固体（参见图 1-2）。

以下这些都是 23 cm 大砖的规格（尺寸单位为 cm）：

23 cm 直形大砖：23×17.2×6.3（图 1-5），23×17.2×7.5（图 1-6）；

1 号 X 楔形砖：23×17.2×（6.3～5.7）；

1 号竖（宽）楔形砖：23×17.2×（6.3～2.5）；

2 号竖（宽）楔形砖：23×17.2×（6.3～3.8）。

1.1.3　异形耐火砖

直形耐火砖 34.3×11.5×6.3 系列（尺寸单位为 cm）（图 1-7）：

1 号拱形砖 34.3×11.5×（6.3～5.4）；

2 号侧（厚）楔形砖 34.3×11.5×（6.3～4.5）；

3 号侧（厚）楔形砖 34.3×11.5×（6.3～2.5）。

异形耐火砖 34.3×15×7.5 系列（尺寸单位为 cm）（图 1-8）：

1 号竖宽（楔形砖）34.3×15×（7.5～7）；

2 号竖宽（楔形砖）34.3×15×（7.5～5）；

3 号竖宽（楔形砖）34.3×15×（7.5～6.3）。

标准环形耐火砖，其宽度投影线长 11.5 cm（图 1-9）。

本书"附录"中的"测定数据"一节收录了所有环形耐火砖的规格。

用于建造圆形窑炉的环形耐火砖宽度投影线长为 15 cm，规格为 23 cm×15 cm×10 cm（图 1-10）。更多这类耐火砖的规格请参见"附录 1"中的"数据估算"一节。

1.1.4 标准斜砖

当窑炉的体积介于 $0.28\sim2.83\ \mathrm{m^3}$（$10\sim100\ \mathrm{ft^3}$）时，窑炉拱顶的跨度每增加 30 cm，矢高就会提升 3.81 cm，在此必须将斜砖组合起来使用。组合使用斜砖时削边砖必不可少。因此，要将厚度为 11.5 cm 的拱顶提升3.8 cm 时，需要将一块 23 cm×11.5 cm×6.35 cm 的耐火砖与一块 23 cm×11.5 cm×6.35 cm 的削边砖组合起来使用（图 1-11）。

当拱顶的厚度为 23 cm 时，窑炉跨度每增加 30 cm，矢高就会提升5.9 cm，在此必须使用以下斜砖组合：两块端斜拱脚砖（23 cm×11.5 cm×6.35 cm），两块侧偏斜拱脚砖（23 cm×11.5 cm×6.35 cm）以及一块皂砖（23 cm×5.7 cm×6.3 cm）（图 1-12）。更多特殊斜砖的规格参见本书"附录"中的相关内容。

1.2 绝缘耐火砖

绝缘耐火砖由高品质的耐火黏土制作而成，配方内含有经过特别挑选的有机添加物，这些物质会在烧成的过程中化为灰烬。这一过程被称为燃尽过程。格林公司（A. P. Green）生产了一种名为清绿（Greenlite）的绝缘耐火砖，其配方内不含任何人工可燃物。这种耐火砖为多细胞轻骨料，其内部结构呈线形肋状。

绝缘耐火砖的生产方法包括 3 种：注浆成型法、硬泥挤压法以及湿粉干压法。在制作时，要先将成型的砖坯放入窑炉中烧制，之后再借助机器将烧好的砖块进一步打磨并切割成各种规格以及特殊的形状。

绝缘耐火砖的保温及吸热能力都很弱。因此，用绝缘耐火砖建造的窑炉，其烧成时间和燃料损耗相对较少。只要控制好保温时间或者改变烧成温度就能将其优点最大化。绝缘耐火砖的导热性弱（其热导率为高密度耐火砖的 1/6～1/3）。因此，窑内热量很少会通过窑壁流失到窑炉外部。

绝缘耐火砖的重量比高密度耐火砖轻 65%～85%。因此，用绝缘耐火砖建造窑炉时所需的载重基础或者角钢框架相对较少。

可以按照烧成温度以及编号对绝缘耐火砖进行分类（表 1-3）。建造窑炉时常用的绝缘耐火砖有以下几类：

16 号绝缘耐火砖（882℃）：对于烧成温度为 1093℃ 左右的窑炉而言，这种绝缘耐火砖通常用于建造窑壁内衬。在这一温度下，16 号绝缘耐火砖仅可作为窑壁内衬砖，但亦适用于建造乐烧窑。

20 号绝缘耐火砖（1093℃）：作为建造窑炉的材料，这种绝缘耐火砖主要用于建造窑壁内衬。其常温抗碎强度以及热负荷承载能力都很强。这种绝缘耐火砖的组成成分与 23 号绝缘耐火砖相似，它们的熔点都是 1510℃。

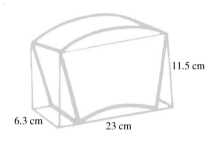

＜ 图 1-9　标准环形耐火砖

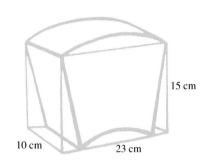

＜ 图 1-10　用于建造圆形窑炉的环形耐火砖

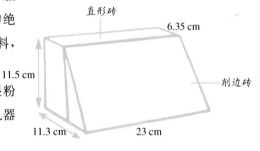

＜ 图 1-11　标准削边砖

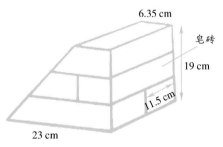

＜ 图 1-12　与 23 cm 厚窑炉拱顶搭配使用的斜砖组合

表1-3　绝缘耐火砖

常见类别		群识别号 （不超过 2%）	二次加热变化 （不高于）		容积密度	
（℉）	（℃）		℉	℃	lb/ft³	kg/m³
1620	882	16	1550	845	34	545
2000	1093	20	1950	1065	40	641
2300	1260	23	2250	1230	48	769
2600	1427	26	2550	1400	54	865
2800	1538	28	2750	1520	60	961
3000	1649	30	2950	1620	68	1089
3200	1760	32	3150	1730	95	1522
3300	1816	33	3250	1790	95	1522

资料来源：美国材料与试验协会（ASTM）给出的分类 C155-70。

唯一的区别是，与后者相比，20 号绝缘耐火砖配方中的氧化钙多 0.6%，碱性物质（Na_2O）多 0.1%。

23 号绝缘耐火砖（1260℃）：对于烧成温度不超过 10 号测温锥熔点温度的窑炉而言，这种绝缘耐火砖可作为窑炉内部低温区域的建筑材料；对于烧成温度不超过 6 号测温锥熔点温度的窑炉而言，这种绝缘耐火砖是最佳的建窑材料（也有一些陶艺家用这种绝缘耐火砖建造烧成温度为 10 号测温锥熔点温度的窑炉，但当烧成温度超过此数值之后就不适用了）。

24 号绝缘耐火砖（1316℃）：这种绝缘耐火砖亦被称作 24 号热负荷砖，其熔点温度与 23 号及 20 号绝缘耐火砖相同。我从未使用过这种绝缘耐火砖，原因是它与 25 号绝缘耐火砖相比，两者的价位相似但后者的烧成温度范围更广。

25 号绝缘耐火砖（1371℃）：这种绝缘耐火砖的烧成温度范围以及价位介于 23 号绝缘耐火砖以及 26 号绝缘耐火砖之间。其肌理及绝缘性能与 23 号绝缘耐火砖相似。英国摩根坩埚有限公司（Morgan Refractories in the UK）生产的 JM-25 绝缘耐火砖［产自意大利米兰的约翰斯曼维尔（Johns Manville）］以及 K-25 绝缘耐火砖均为摩根热陶瓷（Thermal Ceramics）旗下产品。JM-25 绝缘耐火砖的质地较粗糙，很容易切割成各种形状，粘合灰浆的能力很强且强度极高。对于陶艺家而言，25 号绝缘耐火砖是最佳的高温窑炉建筑材料。

26 号绝缘耐火砖（1427℃）：对于烧成温度为 10 号测温锥熔点温度的窑炉而言，这种绝缘耐火砖是最佳的建窑材料。与 25 号及 23 号绝缘耐火砖相比，26 号绝缘耐火砖的质地较粗糙，很容易切割成各种形状且粘合灰浆的能力特别强。我有一座已经使用了 25 年的穴窑，所使用的建窑材料是摩根热 K-26 绝缘耐火砖，这些砖块并未过多受到草木灰结渣效应的影响——这一点比同等级别的硬质耐火砖要强得多。

28 号绝缘耐火砖（1538℃）：这种绝缘耐火砖的抗开裂性能极好，因此是砌筑炉膛以及窑底的首选材料。

30 号绝缘耐火砖（1649℃）：对于超高温窑炉而言，这种耐火砖是最佳的建窑材料，多适用于建造炉膛、烧成温度为 15 号测温锥熔点温度的瓷窑以及烧制耐火材料的窑炉。

32 号绝缘耐火砖（1760℃）：参见下文 33 号绝缘耐火砖。

33 号绝缘耐火砖（1816℃）：32 号绝缘耐火砖和 33 号绝缘耐火砖均适用于建造超高温窑炉。建造窑壁、拱顶等各部位需要准备的绝缘耐火砖的数量及计算方式参见本书附录。

目前在美国、欧洲国家甚至全世界的市场上都能购买到中国生产的耐火制品。除此之外，绝大多数美国的耐火制品公司也都在中国设立了绝缘耐火砖以及其他产品的生产基地，参见表 1-4、表 1-4A。

表 1-4　摩根热绝缘耐火砖、JM 绝缘耐火砖以及 WAM 绝缘耐火砖的典型分析

化学分析（%）	摩根热陶瓷 K67-26	摩根热陶瓷 TC-26	摩根热陶瓷 JM-28	中国瓷石 WAM-26	中国瓷石 WAM-28
氧化铝（Al_2O_3）	48	47	67	50	64
氧化硅（SiO_2）	38	48.6	30.5	43	33
氧化铁（Fe_2O_3）	0.4	0.7	0.3	0.8	0.7
氧化钛（TiO_2）	0.9	1.3	0.9	1.3	0.9
氧化钙（CaO）	12.3	0.3	0.3	0.6	0.4
				CaO+MgO	CaO+MgO
氧化镁（MgO）	0.1	0.1	—	—	—
碱类（Na_2O、K_2O）	0.3	0.2	1	1.1	0.8

注：摩根热陶瓷是摩根坩埚有限公司旗下的品牌名称，K、TC 以及 JM 都是摩根热陶瓷的品牌名称。WAM 是中国青岛西海岸高新材料有限公司（Qingdao Western Coast Advanced Materials Co. Ltd.）旗下的品牌名称。

表 1-4A　约翰斯曼维尔 JM-26 以及 JM-28 绝缘耐火砖典型分析

化学分析（%）	JM-26 绝缘耐火砖	JM-28 绝缘耐火砖
SiO_2	57.40	39.00
TiO_2	1.70	1.25
Fe_2O_3	0.80	0.50
Al_2O_3	39.70	59.00
CaO	0.20	—
MgO	0.10	—
Na_2O	0.10	0.19
K_2O	0.10	0.06

1.3　耐火浇注料

耐火浇注料的配方组成主要为氧化铝或者硅酸铝骨料，即水硬性水泥。它在加水调和后强度增加并凝结成型。其使用方法与混凝土类似：将浇注料干粉加水调和后倒进或者浇注到需要的部位即可。在使用时，需先将浇注料干粉倒进灰浆池中或者浆式搅拌混合机内，之后添加适当比例的纯净冷水，搅拌时间至少为 6 min。我用水泥做过其替代品，使用效果也不错。使用国外生产的耐火浇注料浇注窑炉构件在操作不当时，其强度很差。

调和耐火浇注料时所用的水量比例必须精确，在加水之后，浆液必须在大约 30 min 内被搅拌并使用。当浇注部位为墙体或者平台等较深组件时，建议使用振动器去除浆液中残留的气泡。当耐火浇注料的密度较大时，建议在浆液内部或外部使用高频振动器，其原因是密度较大的浆液含水量极低，只有在高频振动器的辅助下才能彻底去除浆液中残留的气泡，进而令其强度、密度以及抵御外力的能力达到最佳值。对于拱顶及窑炉上的隐蔽部位而言，扑克式内部振动器是最佳的选择，它能令浇注部位达到最佳密度及强度。对于绝缘耐火浇注料而言，最好使用中频振动器，轻微搅动或手持振动器晃动浆液，直至其凝固且外观呈现湿滑状态为止。

需要注意的是，过度振动会令粘合剂以及细粉浮至耐火浇注料表面。在吸水性较大的表面浇注浆液时，必须先对浇注部位进行防水处理以防吸收。作为隔离剂的物质包括：油、润滑剂、塑料布、虫胶漆片或者封蜡。耐火浇注料的凝结时间取决于气温，通常不会超过 8 h，但至少需要 24 h 其粘合面才能充分水化，同时因化学反应而产生的热量才能彻底消散。浇注作业完成后需要在其外表面覆盖一层湿布并套上一层塑料布，这样做的目的是营造出一个潮湿的环境，这对养护浇注体大有裨益。气温越高浇注体的凝固速度越快；反之，气温越低浇注体的凝固速度越慢。除非使用特殊手段，否则切不可在严寒气候中实施浇注作业或者将浇注体暴露在寒温中。

耐火浇注料既可以像混凝土那样被倾倒在需要的部位上进行浇注，也可以借助喷枪或者抹刀将其喷涂在需要的部位。采用喷浆法作业时需要使用气枪，而气枪会以高速高压的方式将耐火浇注料浆液喷涂成质地均衡且密度极高的涂层。适用于喷涂耐火浇注料浆液的气枪分为两种：干喷枪和湿喷枪。用干喷枪作业时，水和耐火浇注料干粉是在喷枪的喷嘴内混合到一起的；用湿喷枪作业时，需将水和耐火浇注料干粉在储浆罐内混合，按压气枪的扳机时浆液就会顺着喷嘴管道喷射出去。除此之外，还可以借助大抹刀或者用佩戴着橡胶手套的双手将耐火浇注料浆液涂抹在需要的位置。

需要注意的是，过度修整会导致耐火浇注料坍塌，尤其是位于拱门或穹顶。因此，修整耐火浇注料的外表面时需适可而止。调配适用于涂抹法的耐火浇注料时，其比例很难掌控，必须经过反复实验和多次失败之后才有可能获得成功。在这种情况下，可以借助"投球"的方式来检测你所调配的耐火浇注料浆液稠稀程度是否合适。将一块揉成球形的耐火浇注料浆液向上抛出数十厘米，之后用双手接住它。如果泥球烂了就说明水加得太少了；反之，如果落在手掌里的泥球摊成一片则说明水加得太多了。只有当落在手里的泥球仍旧保持其原有形状时，其调配比例才刚好合适。

耐火浇注料有两种类型：一种是重质或称高密度耐火浇注料，另一种是轻质绝缘耐火浇注料。上述两种耐火浇注料的特性以及适用范围如下：重质耐火浇注料抵抗外力以及机械性散裂力的性能相对较强；轻质耐火浇注料的主要功能是绝缘隔热。耐火浇注料的配方组成十分复杂：从高铝（53%）到硅酸铝（36%～46%），再到铬基化合物（28%），这样的比例结构使其足以满足各种使用要求。

以百分比为单位，2500 LI 型高岭石轻质耐火浇注料以及 2600 LI 型高岭石轻质耐火浇注料的烧成温度为 1370℃，需要持续烧制 5 h，两者的永久线性变化分别为 -0.5%～0.5% 以及 -0.05%～1.5%。北美耐火材料有限公司〔格林/哈比森·沃克（A. P. Green/Harbison-Walker）〕出品的喀斯图莱特（Kast-o-lite）26LIC/G 型轻质耐火浇注料性能卓越，它具备良好的耐高温性能以及绝缘性能，从而可以用作一次喷涂的窑炉内衬。上述轻质耐火注浆料强度高、重量轻、绝缘性好、热导率低且具有极佳的铝酸钙粘合力，是砌筑窑顶、拱门、穹顶以及窑炉内部其他特殊形状部位的最佳选择。

我在澳大利亚时，使用摩根热陶瓷公司旗下的 140 型气硬轻质绝缘耐火浇注料（Coolcaste 140）建窑。我在欧洲时，使用英国摩根坩埚有限公司生产的 2600 LI 型轻质耐火浇注料建窑。美国 ASTM 按照其所能承受的最高烧成温度给耐火浇注料划分了类别（表 1-5～表 1-7）。

耐火浇注料在工业领域的应用范围相当广泛，例如建造炉膛、窑壁内衬、大型拱门以及穹顶、整体式炉顶、隧道窑以及某些形状特殊的耐火砖（用普通耐火砖加工这类形状时造价太高）。低温轻质绝缘耐火浇注料特别适合建造窑炉穹顶以及作为备用的隔热材料，实践证明其使用效果相当理想。

用耐火浇注料建造面积 0.37 m²（4 ft²）以下的窑门时，一般来讲无须使用钢筋加固。当使用不锈钢钢筋加固窑门时，钢筋之间需保持一定的距离（如 24 cm）或者需将钢筋绑在门框上。所用螺栓或杆件的最大直径是 1.3 cm，并建议使用不锈钢材料。

表 1-5　重质耐火浇注料和轻质绝缘耐火浇注料

	重质耐火浇注料		轻质绝缘耐火浇注料		
	超大间隙萨斯塔·卡斯特 (Shasta Kast) 耐火浇注料	28-LI 型考克瑞特 (Kaocrete) 耐火浇注料	70 号大间距莱特克瑞特 (Litecrete) 耐火浇注料	2500-LI 型耐火浇注料	2600-LI 型高岭石
	1760℃ (3200°F)	1538℃ (2800°F)	1260℃ (2300°F)	1371℃ (2500°F)	1427℃ (2600°F)
浇筑 1ft³ 所需的磅数	115～120	126	70～75	74	81
调配一袋浆液所需的水量 [US qt (美制夸脱)][1]	—	6.5～7	—	19～20	12～14 (75♯袋)
冲压成型	—	3～4	—	—	—
注浆成型	5～6	7～7.5	14～16	20～21	12～14 (75♯袋)
袋重 (lb)	100	100	75	50	75

注：[1] 1 US qt=0.9463L。

表 1-6　以最高烧成温度划分耐火浇注料

重质耐火浇注料						
测试要求	硅铝基耐火浇注料的分类					
永久性线性收缩	A 类	B 类	C 类	D 类	E 类	F 类	G 类
持续烧制 5 h 收缩率不超过 1.5% 的温度	1095℃ (2000°F)	1260℃ (2300°F)	1370℃ (2500°F)	1480℃ (2700°F)	1595℃ (2900°F)	1705℃ (3100°F)	1760℃ (3200°F)

轻质绝缘耐火浇注料					
测试要求	硅铝基耐火浇注料的分类				
永久性线性收缩	N 类	O 类	P 类	Q 类	V 类
持续烧制 5 h 收缩率不超过 1.5% 的温度	925℃ (1700°F)	1040℃ (1900°F)	1150℃ (2100°F)	1260℃ (2300°F)	1760℃ (3200°F)
最大容积密度 (kg/m³) 放置在 105～110℃ 的环境中干燥后	55 (881)	65 (1041)	75 (1201)	95 (1522)	105 (1682)

数据来源：美国 ASTM 表格 C410-70。

表 1-7　高岭石化学分析

化学分析 (以%为单位，美国 ASTM 表格 C573-81)	2500-LI 型高岭石	2600-LI 型高岭石
氧化铝 (Al_2O_3)	44	46
氧化硅 (SiO_2)	35	36
氧化铁 (Fe_2O_3)	0.9	1.4
氧化钛 (TiO_2)	1.8	1.7
氧化钙 (CaO)	17	14
氧化镁 (MgO)	0.2	0.2
碱性物质，例如 Na_2O	1.3	0.7

1.4　灰浆

灰浆又名耐火水泥，它可以将各种细碎部件粘合成坚固性、稳定性以及密度均俱佳的整体结构。粘合面的紧密程度取决于所选用的灰浆、耐火砖种类以及灰浆的涂抹方法。与用于粘结耐火砖的灰浆相比，高温灰浆的要求更高一些。

灰浆必须具有抵御一切外力的能力，包括热膨胀力、散裂力以及破损力等等。灰浆不但要和耐火砖一样承受上述外力，而且其自身也要变形为窑炉结构的一部分。因此，在选择灰浆时必须考虑它的化学成分以及特性是否与耐火砖类似（两者的兼容性），因为只有这样它们才能紧密地粘结在一起。

灰浆的基本用途如下：①将耐火砖粘合成一个坚实的整体，足以抵御机械性外力以及热震损伤；②建造密不通风的窑炉；③填堵因耐火砖外形不规则而形成的各种空隙；④防止炉渣掉入耐火砖缝中。

灰浆可以分为以下三类：①已经调配好的气硬性灰浆；②未经调配的气硬性灰浆干粉；③未经调配的热定型灰浆干粉。

美国 ASTM 按照耐火黏土的级别及其所能承受的最高烧成温度将高温灰浆划分为以下几种类别：

（1）超级灰浆（1600℃）

（2）高级灰浆（1500℃）

（3）中级灰浆（1400℃）

若想使灰浆达到美国 ASTM 制定的等级（C178-47），必须满足以下三个基本条件：首先，无论是购买的已经调配好的灰浆还是需要自己加水调和的灰浆干粉，其内部均不得混有沙粒，只有当灰浆足够纯净时其品质和可操作性能才能达到最佳状态，可以借助抹刀将其固定在需要的部位上；其次，灰浆干粉加水调和后能达到一定程度的浸渍稠度；最后，新购买的灰浆打开包装后，在半年之内可以保持其可操作性能。但需要说明的是灰浆也有保质期，一旦打开包装就必须在保质期内将其用完。

气硬性灰浆是经过仔细研磨的骨料，无论是已经调配好的湿浆还是未经调配的干粉，其内部都含有胶粘剂，具有在室温环境中凝结成块的特性。暴露在空气中的气硬性灰浆会凝结成坚硬的块状。当窑温超过816℃时，气硬性灰浆的强度及其在耐火砖块之间（尤其是不直接接触热源的部位）的粘结力均会达到最佳值。无论是气硬性化学粘结剂还是热定型陶瓷粘结剂，它们都能令耐火砖粘合成一个牢固的整体。涂在绝缘耐火砖上的最佳灰浆厚度为1 mm，涂在硬质耐火砖上的最佳灰浆厚度为2 mm。

市面上出售的已经调配好的气硬性灰浆，打开包装后即刻就能使用。借助抹刀粘结耐火砖时，砖块缝隙中的灰浆必须保持适中的弯曲强度。用抹刀往耐火砖上铺一层 2 mm 厚的灰浆，在灰浆层上叠摞好新砖后将砖缝里溢出的灰浆抹掉，只有这样两层砖块之间的紧密度才能达到最佳值。

热定型灰浆由经过研磨的生料干粉或者经过煅烧的耐火材料制作而成，与其所要搭配使用的耐火砖的化学成分极为相似。热定型灰浆需要在高温环境中产生粘合力（陶瓷胶粘剂烧结），这一点与气硬性灰浆的特性（化学胶粘剂）完全不同。用热定型灰浆粘结耐火砖，砖块之间的收缩率最小，其原因是只有当灰浆距离热源足够近或者达到烧结温度时，砖块才会彻底粘结在一起。热定型灰浆适用于建造诸如拱门、穹顶以及窑壁等由不同类型、不同热性能的耐火砖组合而成的部位。首次烧窑时，热定型灰浆还未达到其烧结温度，耐火砖可以自由移动，从而使砖块之间的相互作用力逐步达到均衡。

用 2600 型以及 2800 型绝缘耐火砖建造窑炉时，必须将灰浆加水调和至可浸渍程度——将耐火砖叠摞在灰浆上后，砖体的 1/4 会淹没在灰浆内（图 1-13）——灰浆的稠稀程度与麦乳精的稀稠程度差不多，以上下两层耐火砖之间的灰浆不溢出为宜。用重量相对更轻的 2000 型以及 2500 型绝缘耐火砖建造窑炉时，同样必须将灰浆加水调和至可浸渍程度——将耐火砖叠摞在灰浆上后，砖体的 1/3 会淹没在灰浆内——灰浆的稠稀程度与奶油的稠稀程度差不多。需要注意的是，由于绝缘耐火砖具有吸水性，所以灰浆涂层必须足够厚才行，否则还没等到将新砖放上去灰浆内的水分就已经被下层砖块吸干了。调配灰浆干粉时需在干净的作业面上操作（大多数人选择在袋子里调配灰浆）。建议大家用温水调灰浆并将调配好的灰浆静置 1 h 之后再使用。将 22.7 L 水加入 45.3 kg 灰浆干粉中可以调配出类似麦乳精稠稀程度的灰浆；将 13.25 L 水加入 45.3 kg 灰浆干粉中可以调配出类似奶油稠稀程度的灰浆。每次调配灰浆时必须调满一袋。

用 2000 型以及 2500 型绝缘耐火砖建造窑炉时，在将砖块叠摞到灰浆涂层上之前先把砖块浸入水中会引发一系列问题。这类耐火砖以硅酸钠作为粘结剂，硅酸钠会在特定烧成温度下烧结。灰浆含水量过高或者耐火砖事先浸过水都会出现问题：硅酸钠会析出并在耐火砖块之间形成钠结晶。首次高温烧窑时，结晶物质会形成盐釉并侵入耐火砖内部，进而导致砖块之间的粘结部位落渣。在过度潮湿的环境中建造窑炉时，硅酸钠亦会析出并浮至表层。出现这种情况时须在烧窑之前借助工具将可见的结晶全部清除掉，且不要用湿布清除。我发现摩根热陶瓷公司旗下的"顺滑"（smooth-set）灰浆即便是在正常环境中也会出现析晶现象，特别是当灰浆或者耐火砖内的水分超标时。但是大家无须紧张，厂家已经对配方作了改良，新生产的"顺滑"灰浆不会再出现上述问题。由于气硬性灰浆的凝固速度相对较快，所以硅酸钠类元素不易析出。我多用塞尔特（Sairset）灰浆（哈比森·沃克公司出品）搭配 2500/2600 型绝缘耐火砖

◁ 图 1-13　2600 型及 2800 型绝缘耐火砖陷入灰浆的最佳位置（上图）；2000 型及 2500 型绝缘耐火砖陷入灰浆的最佳位置（下图）

建造窑炉。购买灰浆时，绝大多数供应商都会就搭配的耐火砖类型给出一些建议。

用绝缘耐火砖建造窑炉时，是该用灰浆将砖块粘结起来还是不用灰浆干铺？我见过使用灰浆的窑炉也见过干铺的窑炉，知道它们的利弊，在此建议大家用灰浆粘结砖块。用干铺法建造的窑炉，由于砖体之间没有粘结媒介，所以砖块极易出现落渣、开裂、磨损（特别是用 2600 型绝缘耐火砖以及 2800 型绝缘耐火砖时）以及松动等一系列问题。用干铺法建造的穹顶，砖块迟早会脱落。用干铺法建造窑炉的优点是窑体方便拆卸或者移动，而且节省人力、物力、时间和成本。但是，经验告诉我，在拆卸用干铺法建造的窑炉时，相当数量的耐火砖都会破损；用这样的耐火砖重建窑炉，其烧成效果很差。

注意事项： 不要在已经干透的灰浆上再铺湿灰浆，要先把干灰浆刮掉之后再铺新灰浆。修补灰浆面上的裂缝时，建议先往粘结面上倒一点水，这样可以有效延长其"使用寿命"。用前文中讲的方法铺设 1000 块耐火砖，所需使用的灰浆量为 135～180 kg。

在这里给大家介绍一种有趣的灰浆，其配方内仅含有耐火黏土和熟料。用这种灰浆铺设耐火砖的效果也很不错。我用占配方总量 60% 的耐火黏土和占配方总量 40% 的耐火黏土熟料混合成一种很好的灰浆。1962 年，英国陶艺家约翰·夏贝尔在日本堂村建造了一座窑炉，他所使用的耐火砖由中级耐火黏土制作而成，灰浆则是由两份沙子、两份熟料（炻器）以及一份中温黏土配制而成。理查德·霍奇科斯（Richard Hotchkiss）建造过一座生泥柴窑，覆盖在耐火砖外表面的灰浆由林肯耐火黏土（Lincoln fire clay）和沙子调配而成，两者的用量在配方中各占一半。至今 30 年过去了，理查德的窑炉仍旧在使用。但需要说明的是，这些灰浆无论是在粘合强度还是在持久性方面都不能与前文中介绍的标准灰浆相比。

1.5　特殊材料

1.5.1　塑形耐火砖

塑形耐火砖包括塑形混合料以及塑形模块，可以通过夯实或者捶打的方式将其填压至所需要的部位（塑形模块的可操作性能优于塑形混合料）。由于其具有易操作、收缩及膨胀率都极低的特点，这种材料业已成为修复诸如穹顶或者窑壁内衬等易受损部位的首选材料。在建造窑炉的过程中，也可以将塑形耐火砖夯压至预定部位，之后将其修整成特殊形状。

表 1-8 中列举了各类塑形耐火砖，表 1-9 则展示了高铝塑形耐火砖和塑形混合料的七大类别。

表 1-8　美国 ASTM 塑形耐火砖及塑化混合料等级表

等级	温锥当量（最小）	收缩率（线性）
高级[①]	31	3%
超级[①]	32	2.5%

注：①以湿重为基础进行计算，其含水量为 15%。

表 1-9　美国 ASTM 高铝塑形耐火砖及塑形混合料分类表

等级（氧化铝百分比含量）	温锥当量（最小）	铝（%）
60	35	57.6~62.5
70	36	67.6~72.5
80	37	77.6~82.5
85	—	82.6~87.5
90	—	87.5~92.5
95	—	92.6~97.5
100	—	≥97.5

1.5.2　窑具

20 世纪 70 年代，氧化铝、莫来石以及堇青石是制作窑具以及硼板的主要原料。这些物质在各种烧成环境中均能抵御化学物质的侵蚀、外力以及热震。由上述耐火材料制成的窑具的缺点在于其承重力以及抗热变形力相对较弱，再加上制品的重量较重，所以在装窑的时候必须格外注意。传统的碳化硅硼板抗热变形力以及所能承受的烧成温度相对较高，但密度较大因此较重。我使用的莫来石硼板规格为 30.5 cm×61 cm×2.5 cm，每块硼板的重量为 9.3 kg。我使用的传统碳化硅硼板规格与上述莫来石硼板规格相同，但每块硼板的重量为 10 kg。碳化硅硼板的缺点是当窑温低于 1200℃ 时（更多信息参见下文）以及氧化气氛烧窑温度较高时它极易氧化受损。

圣戈班/诺顿（Saint-Gobain/Norton）工业陶瓷制品有限公司生产的新型高级碳化硅材料分为以下四种类型：

（1）再结晶碳化硅（R-SiC）：这是一种纯碳化硅材料，也是 20 世纪 70 年代中期首次使用的窑具制作材料。由于材料本身具有多孔结构，因此它可以长时间承受氧化气氛。当烧成温度超过 1350℃ 之后，其再结晶显微结构有助于提升它的抗氧化性。再结晶碳化硅的代号为 Crystar（R）2000。

（2）烧结性碳化硅（S-SiC）：用这种材料制作的窑具强度、烧成温度范围、抗氧化能力以及价格都是最高的。

（3）渗硅碳化硅（Si-SiC）：这种材料的配方内含有硅，由于惰性硅元素充斥在材料结构和烧制的各类反应中，致使材料的抗氧化性强。这种材料的烧成温度不宜超过 1350℃，其原因是游离硅会在烧成温度过高时熔融。用这种材料制作的窑具强度和承重能力均极佳。

（4）氮化硅［NSiC（2）］：用这种材料制作的窑具是在高温氮气气氛中烧制出来的，由于其具有强度高且显微结构极其细密的特征，所以能在中高温烧成环境中抗氧化。用氮化硅制作的窑具与用再结晶碳化硅制作的窑具相比，前者的强度几乎是后者的两倍。圣戈班/诺顿工业陶瓷制品有限公司出品的高级氮化硅［Advancer（R）］窑具热性能卓越、重量轻、导热性强，特别适用于快速烧成，可以在很大程度上节省能源和开销。氮化硅硼板十分轻薄（厚度仅有 0.79 cm），以便极大程度地利用空间。氮化硅窑具不易黏釉，承重力极好且不易曲翘变形。高级氮化硅硼板是气窑的首选窑具，同时由于其密度大，亦适用于苏打烧成。作为柴窑窑具使用时，最好将其放置在窑室后部。表 1-10、表 1-10A 是堇青石以及圣戈班/诺顿工业陶瓷制品有限公司出品的高级氮化硅硼板（30.5 cm×61 cm）的对比数据。

我在匈牙利的凯奇凯梅特国际陶艺工作室（International Ceramic Studio in Kecskemet）建造过一个速烧柴窑，该窑配备的超薄型氮化硅硼板是一家瓷器工厂生产的，使用效果并不理想。距离火焰特别近以及直接接触火焰的那些硼板因急剧上升的温度以及猛烈火力的侵蚀全部开裂了。这种硼板对水特别敏感，在潮湿的环境中使用时亦会出现问题，但在气窑中使用时效果极佳。

表 1-10　堇青石与高级氮化硅的数据对比（一）

典型特征	堇青石	高级氮化硅
最高烧成温度	1300℃（2372°F）10 号测温锥	1450℃（2642°F）16 号测温锥
孔隙率（%）	30.1	
室温强度（psi, 68°F）	1450	24500
烧成强度（psi, 1250°F）	1305	25500
导热性［BTU·in/（h·ft²·°F）］	8	125
硼板重量（规格为 61 cm×30.5 cm）	不超过 9.5 kg	3.6 kg

表 1-10A　堇青石与高级氮化硅的数据对比（二）

典型化学成分	堇青石（%）	高级氮化硅（%）
碳化硅		70
氮化硅		30
氧化铝	46	
氧化硅	43.8	
氧化镁	6.2	
其他元素	4.0	

注：本表由圣戈班/诺顿工业陶瓷制品有限公司提供。

1.5.3　陶瓷纤维制品

很多轻质产品中都含有陶瓷纤维（氧化铝-氧化硅纤维），例如块状纤维、毯子、绳子、纸、网状织物、混合喷雾、耐火浇注料、捣打料、捣固混合料、水泥（灰浆）、水毡、复合木板、纤维贴面块以及真空浇注物等。陶瓷纤维可以将绝缘温度数值提升至 1760℃。近几年来，几家主要的陶瓷纤维生产机构逐步合并，甚至组建起更加高效的跨国型企业。在大多数情况下，这些新合并的公司都生产类似属性的陶瓷纤维产品。

陶瓷纤维产品适用于多种类型的窑炉，包括空气加热炉、锻造加热炉、松卷退火炉、石油化工工艺加热炉、小方坯预热炉以及铸钢应力消除炉。除此之外，陶瓷纤维亦可作为砖窑的内衬材料。

在 1982℃ 环境中，一边倾倒熔融的氧化铝、氧化硅、熔块以及/或者高岭土混合物，一边对其施以高压蒸汽，陶瓷纤维就是以这种形式生产出来的。陶瓷纤维质地松软呈色洁白。基础纤维的耐热温度介于 1260～1426℃ 之间，其熔点温度为 1760℃。陶瓷纤维的长度介于 10～25 cm 之间。高岭棉（Kaowool）（由硅酸铝高岭土制作而成）隶属于块状纤维，其绝缘性能、抗拉强度以及抗热震性能都很卓越。高岭棉的化学分析数据如下：

氧化铝（Al_2O_3）	45%
氧化硅（SiO_2）	50%～55%
氧化铁（Fe_2O_3）	1.0%
氧化钛（TiO_2）	1.7%
氧化镁（MgO）	微量
氧化钙（CaO）	0.1%
碱性物质，例如 Na_2O	0.2%
氧化硼（B_2O_3）	0.08%
可溶性氯化物	1%～2%

纤维毯、纤维板以及纤维模块适用于陶艺，上述三种纤维制品的烧成温度介于 1260～1426℃ 之间。

纤维毯由基础纤维制作而成，密度为 96 kg/m³、128 kg/m³、160 kg/m³，宽度为 60.96 cm、121.92 cm，长度为 762 cm，常规厚度为 6 mm、13 mm、25 mm、38 mm、50 mm。纤维毯的最高绝缘温度为 1426℃。纤维毯具有一定程度的自支撑力，不会开裂或者凹陷，其储热性能以及抗热震性能均很卓越。但是，当烧成温度高于 1316℃ 时，新纤维毯会有一定程度的线性收缩（收缩率约为 1.7%）。当复烧温度为 10 号测温锥的熔点温度时，纤维毯的外表面会出现脆化烧结的现象，极易受损；纤维毯的边缘会朝热源或者火焰方向卷曲，卷曲程度取决于其铺设方法。新型高温纤维毯适用于最高烧成温度为 1316℃ 的还原气氛窑炉。其支撑能力取决于烧成速度、烧成温度、铺设方法以及保养措施。当烧成温度为 1427℃ 时，其最小线性收缩率为 1.7%，且升温速度越快线性收缩率越大。

607 号超级棉（Superwool 607）是摩根热陶瓷公司旗下出品的新型合成玻纤毯，这种纤维毯可以反复使用，其最高烧成温度为 1000℃。传统纤维毯对人体健康有害，而这种纤维毯可以被人体体液溶解。摩根热陶瓷公司就 607 号超级棉的危害性做过实验并给出以下健康危害数据汇总信息："将实验鼠每周 5 天、每天 6 h 放在平均浓度为 200 纤维/CC 的环境中进行观测（此数值比工厂里的浓度高 200～300 倍），实验时间为 2 年。初步检测结果表明：实验鼠体内未形成纤维组织；与阴性（空气）对照组相比，肿瘤发生率并未显著升高；可逆细胞的变化与吸入惰性粉尘后观察到的情况类似。"

607 号超级棉属于硅酸钙镁生料。用这种纤维毯铺设素烧温度为 1000℃ 的窑炉对人体所造成的健康危害明显小于其他陶瓷纤维制品。612 号超大棉（Supermax 612）是摩根热陶瓷公司旗下出品的另外一种新型合成玻纤毯，其最高烧成温度为 1200℃，但其对人体所造成的健康危害明显高于 607 号超级棉。随着科学技术的发展，相信总有一天所有的陶瓷纤维制品都会像 607 号超级棉那样，不会对人体健康造成危害。在此之前，我们必须严格遵守陶瓷纤维制品包装袋上的健康安全注意事项或者严格按照材料安全数据表（material safety data sheet，MSDS）来谨慎操作。

纤维板是通过真空模塑工艺用基础纤维铸造而成的坚硬板材。其边长为 0.6～0.9 m，厚度为 1.3～3.8 cm。纤维板的耐热程度取决于基础纤维的组成成分，有些纤维板的耐热温度可以达到 10 号测温锥的熔点温度。纤维板的厚度或者密度越大，其所能承受的烧成温度越高。

纤维模块由纤维毯压制而成，其常见规格有两种，一种边长为 30.5 cm×30.5 cm，厚度为 7.5～20 cm；另一种边长为 41 cm×41 cm，厚度为 7.5～30.5 cm。除此之外还有一种边长为 61 cm 的正方形纤维模块，将其一分为二后可以得到 30.5 cm×61 cm 的纤维模块；将其一分为四后可以得到 15 cm×30.5 cm 的纤维模块。可以按照以下方法自制纤维模块：将纤维毯裁成 30.5 cm 条状并打磨边缘，或者将条状纤维毯折叠起来并打磨边缘，之后将其轻压成块状并包裹起来。按压力度以纤维毯的叠摞体积缩小 1/3 为宜，将经过按压的纤维毯绑好，让它保持该体积以备用。纤维模块所能承受的最高烧成温度为 1538℃。对于用纤维毯以及纤维板铺设的窑炉而言，纤维模块可以有效提升其绝缘温度数值。除自制外，陶艺工作者也可以购买已经制作并包装好的纤维模块。

当烧成温度高于 1093℃ 时，几乎所有的新型陶瓷纤维耐火制品都会出现线性收缩，且窑温为 1427℃ 时，其收缩率为 1.7%。出现线性收缩的原因是纤维会在高温环境中结晶。陶瓷纤维制品适用于纯氧化气氛。强还原气氛、木柴中的残留物质、碳或者油以及釉料中的挥发性物质都会加剧陶瓷纤维的线性收缩，且导致其外表面受损。

图 1-14 中的 M 型高岭棉板（Kaowool M Board）所具有的线性收缩率亦是绝大多数耐火制品、硅基纤维毯以及纤维板的典型线性收缩率。少数新型产品的线性收缩率更低，所能承受的烧成温度更高。

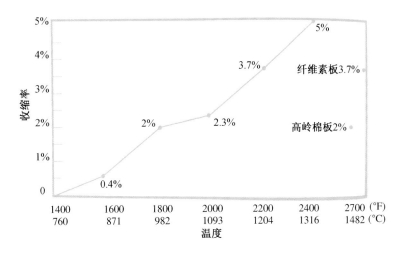

图 1-14　M 型高岭棉板以及 JM 纤维素板的收缩率

[资料来源：巴布科克·威尔考克斯（Babcock/Wilcox）公司的 M 型高岭棉制品系列一览表，1974 年 10 月 1 日]

3000M 型高岭棉板是摩根热陶瓷公司旗下的产品，适用于烧成温度不超过 1593℃ 的窑炉，将它和传统的硅基纤维制品放入 1593℃ 的环境中烧制 24 h，通过对比可以发现 3000M 型高岭棉板外表面烧结脆化的程度远低于后者。表 1-11 是 3000M 型高岭棉板以及 JM 纤维素板的典型化学分析（烧成后的重量百分比）。

表 1-11　JM 纤维素板化学分析

化学分析	3000M 型高岭棉板（%）	JM 纤维素板（%）
SiO_2	71	55
Al_2O_3	40.5	40.5
Cr_2O_3		4
Fe_2O_3		0.21
Na_2O		0.15

3000M 型高岭棉板及其类似产品在高温烧成以及还原气氛中性能极其卓越。

纤维毯以及纤维板具有以下优点：重量轻、导热性低、储热性低、抗机械外力以及抗热震性能好、升温以及降温速度快、安装方便。

包括我在内的很多陶艺家亦在实践中发现纤维毯以及纤维板具有以下缺点：

（1）纤维毯以及纤维板的外表面极易烧结脆化，这使得它们极易受损。

（2）作为窑门内衬的纤维毯以及纤维板在烧成后会失去弹性，进而导致窑门无法密闭，这种情况在纤维毯上表现尤甚。

（3）相同烧成温度（10 号测温锥的熔点温度）的纤维毯以及纤维板比绝缘耐火砖的价格更高。

（4）纤维毯外表面极易开裂和剥落，除非用在模块化的饰面薄板的施工中。

（5）纤维毯以及纤维板会严重刺激皮肤、喉咙以及肺部。

到目前为止，我自己还从未使用过新型陶瓷纤维制品，但我的朋友们使用过。据他们说，这类产品的性能以及烧成效果都很好。

表 1-12 是 18 cm 陶瓷纤维内衬窑和 18 cm 绝缘耐火砖内衬窑对比分析。当烧成温度为 1204℃时，纤维内衬的性能稍优于常规绝缘耐火砖的性能。

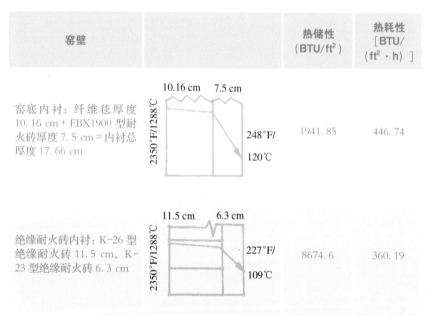

表 1-12　陶瓷纤维窑壁与绝缘耐火砖窑壁的热储、热耗性对比分析

窑壁		热储性（BTU/ft²）	热耗性[BTU/(ft²·h)]
窑底内衬：纤维毯厚度 10.16 cm + FBX1900 型耐火砖厚度 7.5 cm = 内衬总厚度 17.66 cm	10.16 cm　7.5 cm　2350°F/1288℃　248°F/120℃	1941.85	446.74
绝缘耐火砖内衬：K-26 型绝缘耐火砖 11.5 cm，K-23 型绝缘耐火砖 6.3 cm	11.5 cm　6.3 cm　2350°F/1288℃　227°F/109℃	8674.6	360.19

本书第 2 章将详细讲解如何用纤维毯、纤维模块以及纤维板铺设窑炉内衬。

耐火浇注料、捣打料以及捣固混合料可以作为其他类型的纤维物质建造窑炉。耐火浇注料的配方内含有无机水硬性胶粘剂，与水混合后凝结成块且其结构强度很好。使用时，需要将适当比例的清水缓缓地倒入耐火浇注料干粉中，充分搅拌直至形成质地均匀的浆液，之后采用与其他耐火浇注料一样的方式将其倒在需要的部位并修整外形即可。但是这种材料的干燥时间相对较长（至少 18 h），不过可以将其放入 204℃的环境中快速烘干。

捣打料以及捣固混合料的配方内亦含有无机水硬性胶粘剂，能够帮助这些材料在干燥的过程中达到最佳粘合强度。捣打料以及捣固混合料可以用来建造小型窑炉的拱门以及悬拱。借助捶打或者夯实的方式可以将捣打料以及捣固混合料紧紧地填塞到拱门模具中，厚度至少要 10 cm，待出模后再仔细修整其外形。一般来说，夯实密度以介于 25～38 lb/ft³（405～615 kg/m³）之间为宜。

当窑炉体积大于 0.25 m³ 时，无论是悬拱还是弓形拱，其厚度至少要为 11.5 cm，这样才能保证强度以及结构支撑力。购买上述材料时应向厂家或代理商咨询其是否适用于你设计的窑炉。

第 2 章

窑炉建造方法

用耐火砖建造窑炉时需要使用特殊的砌筑技术。按照规则施工才能建造出坚固的整体结构，才能令窑炉在高温环境中具有良好的使用性能以及持久性。

2.1 砌筑直壁

砌筑直壁时必须遵守以下规则：①厚度为 11.5 cm 的无支撑墙体高度不宜超过 91.5 cm；②厚度为 23 cm 的无支撑顺丁组合结构墙体高度不宜超过 2.44 m；③厚度为 34.5 cm 的无支撑顺丁组合结构墙体高度不宜超过 3.66 m。

直壁的砌筑方式包括五种基本类型：全丁式、全顺式、顺丁组合式、侧砌式和竖砌式。

2.1.1 全丁式

采用全丁式砌筑法建造直壁时，需将耐火砖（23 cm×9 cm×6.3 cm）长边垂直于墙面砌筑，上下两层砖块交错叠摞，让耐火砖上 9 cm×6.3 cm 那一面直面热源（图 2-1）。全丁式墙体构造坚固，因为接触热源的面积很小（9 cm×6.3 cm），所以在烧窑的过程中墙体背部温度很低，适用于建造窑炉内部直面热源的那部分直壁，其原因是受热面积小有利于耐高温。

以全丁式作为墙体的主要砌筑形式时，通常使用一顺多丁的组合形式，即 3~4 层丁砖组合 1 层顺砖（图 2-2）。这样砌筑的墙体比全丁式墙体更具稳固性。

◁ 修整窑炉内表面

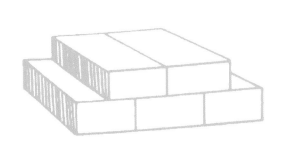

◁ 图 2-1　全丁式墙体，砖块长边垂直于墙面砌筑，
上下两层砖块交错叠摞

◁ 图 2-2　1 顺 4 丁墙体，具有绝佳的稳固性

2.1.2 全顺式

采用全顺式砌筑法建造直壁时，需将耐火砖（23 cm×9 cm×6.3 cm）长边平行于墙面砌筑，上下两层砖块交错叠摞，让砖块上 23 cm×6.3 cm 那一面直面热源（图 2-3）。当全顺式墙体的高度超过 91 cm 时，其坚固程度会大为缩减，除非另做加固处理。

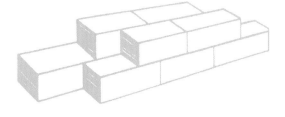

◁ 图 2-3　全顺式墙体，砖块长边平行于墙面砌筑，
上下两层砖块交错叠摞

以全顺式作为墙体的主要砌筑形式时，通常使用一丁多顺的组合形式，即 3~4 层顺砖组合 1 层丁砖（图 2-4）。这样砌筑的墙体具有绝佳的稳固性，同时还具有一个重要的优势，砌筑窑炉的耐火砖难免会落渣或被侵蚀，尤其是在柴窑或盐釉窑中，而采用上述方法砌筑窑炉直壁时，其表面可以通过更换直面热源的那部分耐火砖（23 cm×6.3 cm）或者直接另做一层 11.5 cm 厚的内衬（冲压混合料）来修复。

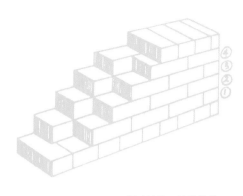

图 2-4　1 丁 4 顺式墙体，这种结构有利于更换砖块

2.1.3　顺丁组合式

23 cm 或者 34.5 cm 厚的顺丁组合结构墙体具有绝佳的稳固性。实践证明这种砌筑方式效果极佳。

在砌筑直壁的过程中建议大家交错叠摞耐火砖，这样做的目的是防止墙体结构上出现通缝（图 2-5）。

在英国，用重质耐火砖砌筑窑炉直壁时普遍运用顺丁组合式砌筑法，因此这种方法有时也被称为"英式砌墙法"。用顺丁组合法砌筑一堵厚度为 23 cm 的无通缝结构的直壁需要使用规格为 23 cm×15 cm 的大型耐火砖、边长为 11.5 cm 的半直形砖以及直形耐火砖（图 2-6）。

图 2-5　交错叠摞耐火砖有利于墙体的稳定性

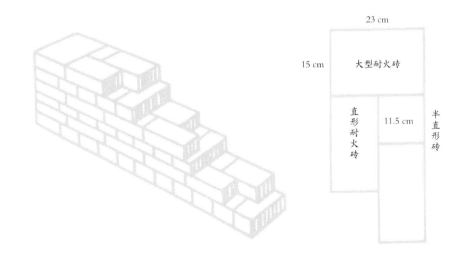

图 2-6　采用顺丁组合式砌筑法建造厚度为 23 cm 的墙体

2.1.4　侧砌式以及竖砌式

采用侧砌式砌筑法建造直壁时，需将耐火砖（23 cm×9 cm×6.3 cm）侧立起来铺设，正面相接或者顶面相接均可（图 2-7）。采用竖砌式砌筑法建造直壁时，需将耐火砖（23 cm×11.5 cm×6.3 cm）竖立起来铺设，正面相接或者侧面相接均可（图 2-8）。

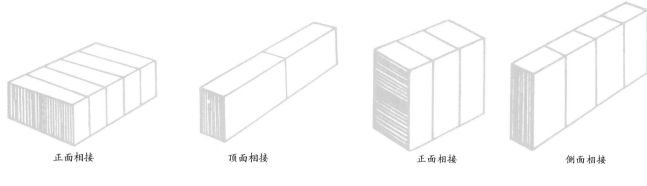

正面相接   顶面相接   正面相接   侧面相接

< 图2-7　侧砌式砌筑法　　　　　　　　　< 图2-8　竖砌式砌筑法

2.2　墙体组砌方式

2.2.1　34.5 cm厚度墙壁的组砌

砌筑一堵厚度为34.5 cm的墙体时，通常会运用以下三种组砌方式。

(1) 方式一：选用规格为23 cm×11.5 cm×6.3 cm的耐火砖以及规格为23 cm×15 cm×6.3 cm的耐火砖砌筑。图2-9中的墙体厚度为34.5 cm，通体无通缝。观察图可以发现，借助顺丁组合法将23 cm×15 cm×6.3 cm的耐火砖交错叠摞时不会在墙体上形成通缝。

(2) 方式二：直面热源那面墙的耐火砖采用1丁4顺，即1层丁砖（背后由顺砖支撑）组合4层顺砖（背后由丁砖支撑）（图2-10）的方式砌筑。这种组砌方式的优点是有利于更换直面热源的砖块。

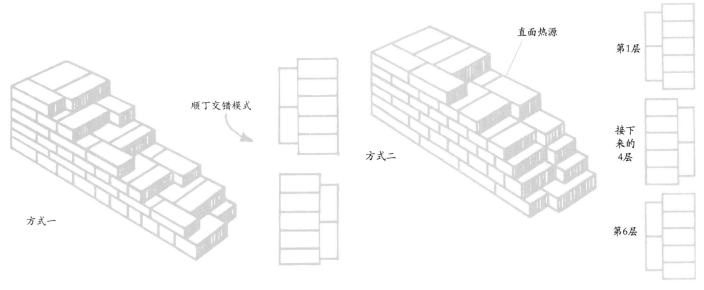

顺丁交错模式　　　　　　　直面热源

方式一　　　　　　　　　方式二　　　第1层　接下来的4层　第6层

< 图2-9　用第一种方式砌筑一堵34.5 cm厚的墙体　　　< 图2-10　用第二种方式砌筑一堵34.5 cm厚的墙体

(3) 方式三： 直面热源那面墙的耐火砖的砌筑方式与方式二类似，采用 1 丁（背后由顺砖支撑）3 顺（背后由丁砖支撑）方式，每隔 3 层顺砖则砌筑 1 层长边为 34.5 cm 的全丁砖（图 2-11）。

用上述组砌方式建造出来的墙体具有极好的稳定性，便于修补，也便于在其上砌筑弓形拱。

2.2.2　烟道

在窑壁上建造烟道时，每两个烟道之间的距离为 23 cm 或者为一块耐火砖的长度。通常情况下烟道的大小为一块耐火砖以 23 cm×11.5 cm 这一面竖立起来的尺寸。用 6.3 cm 系列的耐火砖建造烟道时，4 层耐火砖可以建造出 11.5 cm×25 cm 的烟道口。而由 3 层 6.3 cm 系列的耐火砖建造的烟道已适用于绝大多数窑炉。烟道太大或者太小均不利于烧成，但相比之下，烟道宁可大不可小。

烟道下面的那层耐火砖必须为全丁式结构（图 2-12），使烟道口正下方的那块耐火砖为丁砖，便于拆卸、调整烟道大小。可以借助顺丁组合式砌筑法建造宽度为 23 cm 的烟道。

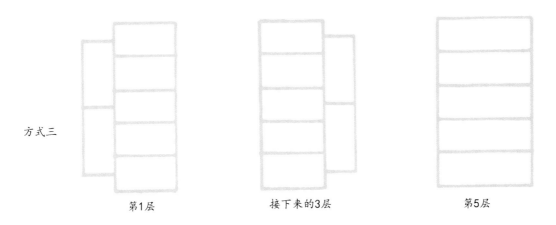

方式三

第1层　　　　接下来的3层　　　　第5层

图 2-11　用第三种方式砌筑一堵 34.5 cm 厚的墙体

全丁式砖层　　可拆卸耐火砖　　　　　　　可拆卸耐火砖

图 2-12　烟道建造在全丁式结构的耐火砖上

2.2.3　曲壁

曲壁多见于穹顶窑、倒焰窑以及间歇性圆窑。与直壁相比，曲壁更加坚固更加稳定。曲面具有楔入作用，这种作用力可以防止耐火砖向内坠压。其唯一的缺点是上层耐火砖会对底层耐火砖造成巨大压力。这也是很多原始窑炉墙壁特别厚重（一般厚度为 46～56 cm，有些窑壁的厚度甚至高达 91.44～152.4 cm）的原因。在不对窑壁进行任何加固措施的前提下，只有这样的厚度才能令窑壁承受来自窑炉穹顶的巨大压力。

建造曲壁时需要选用以下材料：

（1）建造厚度为 11.5 cm 的曲壁时最好使用环形砖（拱形砖虽然也能用，但是不建议大家这么做）。

（2）建造厚度为 23 cm 的曲壁时最好使用楔砖（或者将环形砖和楔砖组合在一起使用）。

（3）建造厚度不小于 34.5 cm 的曲壁时最好使用楔砖（或者将环形砖和楔砖组合在一起使用；不建议大家使用楔形砖）。

建造曲壁与建造直壁一样，必须交错叠摆耐火砖以避免结构中出现通缝（图 2-13）。

2.2.4　隔离墙（或称公共墙）

隔离墙位于两间窑室之间。通常来说，内侧窑室的温度高于外侧窑室，所以隔离墙靠内侧窑室的那一面温度要高于靠外侧窑室的那一面，但是有时也会出现两侧窑温一样高的情况。因此，必须使用耐高温性能极好的耐火砖砌筑隔离墙。同时，隔离墙还要承受来自两侧窑室拱顶的压力（图 2-14）。

隔离墙的厚度以比窑壁厚 11.5 cm 为宜；其厚度亦不能小于两侧窑室拱顶拱脚砖的总宽度。

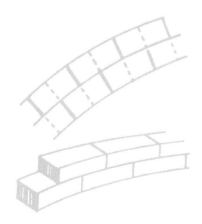

＜ 图 2-13　建造曲壁时必须交错叠摆耐火砖

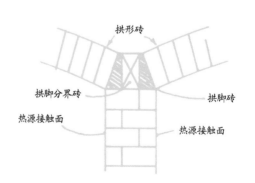

＜ 图 2-14　同时支撑两侧窑室拱顶的隔离墙，墙体两侧均受热

2.3 拱

2.3.1 弓形拱

窑炉中的拱有两大类——作为窑炉的拱顶以及作为窑门或者投柴孔的拱。此处的"弓形"特指圆柱体上的弧线形，这是建造窑炉时最常使用的拱形。

拱形结构两侧设有拱脚砖。拱脚砖具有两个功能，一是决定拱形结构的跨度，二是将拱形结构与窑壁紧紧地结合为一体（图 2-15）。拱形结构下方的窑壁同时承受着来自拱的下压力以及外推力。一旦拱脚砖出现问题，拱形结构就会松动，因此拱脚砖与窑壁必须紧密地结合在一起才行。

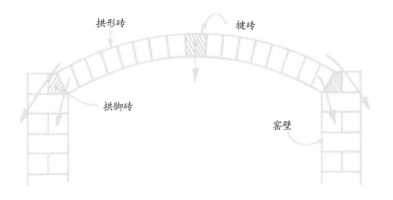

图 2-15　建造在拱脚砖上的拱顶，下方窑壁同时承受着来自拱形结构的下压力以及外推力

市面上出售的标准规格的拱形耐火砖、楔形耐火砖以及犍砖，它们都是模塑烧制的重型耐火砖。这类特殊形状的耐火砖具有不同的型号，同一种型号的拱形耐火砖可以拼合成一个圆。将 S 号、1 号、2 号、3 号楔形耐火砖与直形耐火砖组合在一起使用时可以形成各种曲线，建造出各种拱（参见本书附录 2　窑炉拱形结构耐火砖计算）。

下面这些是建造不同厚度的拱时所需选用的耐火砖形状及其组合方式：

(1) 拱的厚度为 11.5 cm　全部使用楔形耐火砖砌筑，或者将楔形耐火砖和直形耐火砖组合起来使用。

(2) 拱的厚度为 17.2 cm 或者 19 cm　全部使用 23 cm 大号楔形耐火砖砌筑，或者将 23 cm 大号楔形耐火砖和 23 cm 大号直形耐火砖组合起来使用。

(3) 拱的厚度为 23 cm　全部使用楔形耐火砖砌筑，或者将楔形耐火砖和直形耐火砖组合起来使用。当拱脚砖较窄时也可以全部使用犍砖砌筑，或者将犍砖和直形耐火砖组合起来使用，但这种砌筑方式很少见，仅适用于特殊情况。

(4) 拱的厚度大于 23 cm 全部使用特殊的楔形耐火砖砌筑。但需要说明的是，很多厂家只生产 34.5 cm 的标准规格楔形耐火砖。

弓形拱分为四大类型：咬合拱、环拱、肋拱、直拱。

(1) 咬合拱 咬合拱是最常使用的窑炉拱形，同时它也是公认的最佳拱形。咬合拱通体无通缝，整个拱形是一个整体（图 2-16）。即便是拱形结构上的一块或者几块耐火砖脱落了，其周围的耐火砖也能吸收负载，使拱保持原有的形状。

(2) 环拱 环拱如其名称，每一行耐火砖组合在一起之后都是一环（图 2-17）。只要有一块耐火砖脱落，整环就会随之坍塌。正因如此，替换环拱上的耐火砖是一件非常困难的事。我曾建造过一座环拱柴窑，发现在烧制中环拱的跨度增加了 1.3 cm，或许用钢筋将其绑在一起会好一些。相比之下，咬合拱就不会出现这种问题。环拱的主要优点是操作简便，特别是组合使用各种规格的标准耐火砖时。

(3) 肋拱 肋拱主要适用于平炉。即便是中间部位的耐火砖因反复烧窑严重受损，作为加固体的肋状结构也能令整个拱继续保持稳定性以及强度（图 2-18）。

(4) 直拱 直拱亦为咬合结构，由规格为 23 cm×11.5 cm×6.3 cm 的直形耐火砖建造而成。当手边没有合适型号的拱形耐火砖或者想要建造一个自由弧度的拱时，直拱是最佳选择（图 2-19）。

用直形耐火砖砌筑拱时必须将砖体的顶点摆正摆齐（图 2-19，点 A）。先将 1 号耐火砖放到拱顶框架上，2 号耐火砖的内侧边缘要放在 1 号耐火砖外侧边缘的上方。换句话说，后一块耐火砖是以前一块耐火砖作为砌筑起点的。这种拱要从两侧同时向中央砌筑砖块，在接近中心部位时要根据

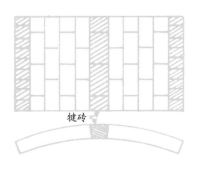

図 2-16　咬合拱通体无通缝

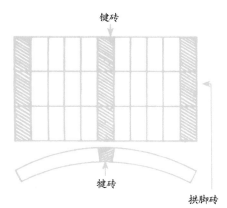

図 2-17　环拱跨度会在烧制的过程中有所加大，只要有一块耐火砖脱落，整个拱就会随之崩落

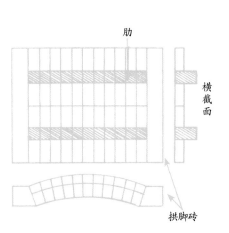

図 2-18　肋拱结构有助于提升拱的稳定性、强度以及抗侵蚀能力

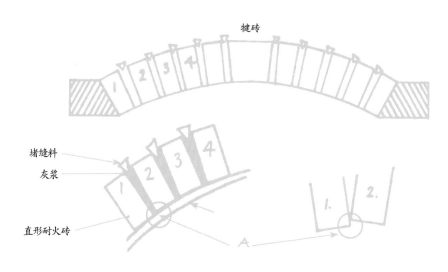

図 2-19　咬合拱的正确砌筑方式以及堵缝方式

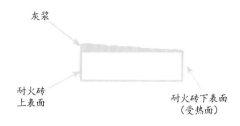

图 2-20 借助灰浆堵缝

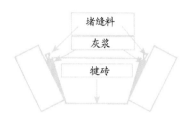

图 2-21 必须将犍砖夯至低于其左右两侧相邻耐火砖的位置

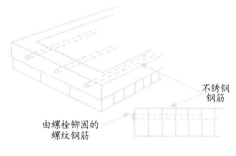

图 2-22 悬拱的金属框架

图 2-23 斗拱适用于建造投柴孔或者烟道

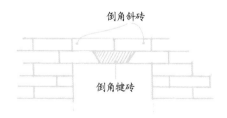

图 2-23A 将耐火砖以及犍砖倒角并将两者组合,砌筑出稍长跨度的斗拱

开口的形状以及大小将犍砖修整成适宜的形状后再填入。在建造时,要将耐火砖块之间的缝隙全部堵实(用耐火砖碎料补缝),务必保证最下层耐火砖严丝合缝。但需要注意的是,过度填堵碎料或者将尺寸过大的堵缝料填得太深,都会导致最下层耐火砖无法严丝合缝。这可能会导致拱砖脱落,进而影响拱的整体强度。在往耐火砖上涂抹灰浆时,特别是在往砖块之间的缝隙里填堵灰浆时,需仔细操作(图 2-20)。

同时,必须将犍砖夯至低于其左右两侧相邻耐火砖的位置,这样可以有效提升拱的整体强度(图 2-21)。

2.3.2 悬拱

悬拱是绑固并放置在窑壁上的独立结构,并没有直接穿插在窑壁结构中。其支撑结构是由金属框架借助杆、管、丁字杆等连杆组合配件固定在耐火砖上的孔洞内、沟槽内或者缠绕在特殊形状的耐火砖外部(图 2-22)。悬拱最常见的厚度为 11.5 cm 以及 23 cm。

在顶开式电窑以及气窑中,悬拱的优点显而易见。只要窑壁上没有支撑结构,维修悬拱就算不上什么难事。同时,其水平方向以及垂直方向的热膨胀承受能力都很强,这有利于增强耐火砖的坚固性。

与咬合拱相比,悬拱的造价较高,因为其结构内部使用了金属框架以及连杆组合配件。

2.3.3 斗拱

斗拱的适用范围较小。这种特殊的拱适用于建造诸如投柴孔或者烟道之类的过梁跨度极小的部位(图 2-23)。斗拱所能达到的最大跨度为 61 cm。

我曾见过一些使用斗拱结构的小窑炉(0.28~0.45 m³)。斗拱具有以下缺点:① 结构不稳定;② 由于其内表面不光滑,所以极易导致热量及火焰分布不均;③ 耐火砖极易受到侵蚀;④ 设计形式较为单一。

当手边缺少较长的耐火砖时,可以通过将耐火砖以及犍砖倒角并将两者组合起来的方式砌筑出稍长跨度的斗拱。这种构造方法特别适用于建造跨度较大的烟道口以及烟囱内部的风门槽(图 2-23A)。

2.3.4 拱顶框架

在正式建造拱顶之前,需先制作一个木质拱顶框架。制作拱顶框架的方法有很多种。第一种方法适用于建造一次性的自由弧度拱顶(图 2-24);还有一种方法适用于建造可重复使用的常规型拱脚拱顶(图 2-25)。

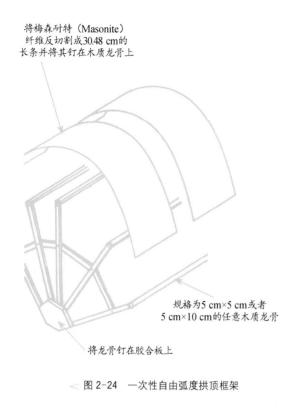

将梅森耐特（Masonite）纤维反切割成30.48 cm的长条并将其钉在木质龙骨上

规格为5 cm×5 cm或者5 cm×10 cm的任意木质龙骨

将龙骨钉在胶合板上

图 2-24　一次性自由弧度拱顶框架

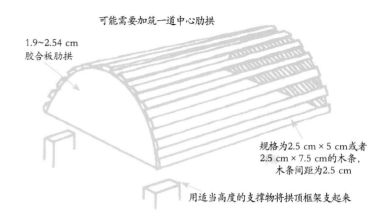

可能需要加筑一道中心肋拱

1.9~2.54 cm 胶合板肋拱

规格为2.5 cm×5 cm或者2.5 cm×7.5 cm的木条，木条间距为2.5 cm

用适当高度的支撑物将拱顶框架支起来

图 2-25　可重复使用的常规型拱脚拱顶框架

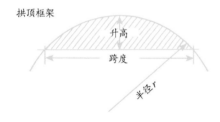

拱顶框架

升高

跨度

半径 r

图 2-26　以削边砖作为拱脚砖的常规型拱顶框架

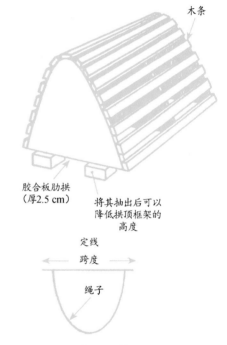

木条

胶合板肋拱（厚2.5 cm）

将其抽出后可以降低拱顶框架的高度

定线

跨度

绳子

图 2-27　建造自支撑式悬链线拱

为以削边砖作为拱脚砖的常规型拱顶制作框架时，需要注意以下两点：拱的跨度（支撑拱的墙体间距）以及矢高（图 2-26）。跨度每增加 30.48 cm，矢高就会提升至少 3.8 cm。

可以借助以下公式计算出拱的半径 r：

$$1.0625 \times 跨度 = 半径\ r$$

图 2-25 是拱顶框架的构造形式；图 2-26 是拱顶框架的模板。

对于悬链线拱而言，当其矢跨比超过 3.8~7.6 cm 时，拱的结构强度最高。构建悬链线拱时可以先定其跨度，再将一根具有弹性的绳子的两端分别固定在跨度两侧，让绳子自由垂落出拱形（图 2-27）。悬链线拱具有自支撑性。窑壁曲线以及窑顶曲线都是悬链线结构中的一部分。

图 2-27A 斯温德·拜耳（Svend Bayer）依照拱顶框架砌筑耐火砖（摄影：斯温德·拜耳）

另外，不单是建造拱及悬链线拱时需要搭建支撑框架，建造穹顶穴窑以及各类管式窑时也需要（图 2-27A，图 4-46）。

2.3.5 拱的制定

将标准规格的削边砖作为拱脚砖使用时，跨度每增加 30.48 cm，矢高就会提升至少 3.8 cm（最高提升高度通常为 7.5 cm）。高度低于最低值时很难建造成功。提升的数值越大，拱的强度越好。我曾将矢高提升至 15 cm，其强度非常好，所以在这方面并没有什么硬性规则。

将硬质耐火砖、标准尺寸的拱形耐火砖、楔形耐火砖和键砖与直形耐火砖组合在一起使用时，可以建造出任意半径的拱。将各类耐火砖组合起来使用时，由于其规格各异很难直接拼接，必须进行切割及修整。切割耐火砖时需要使用切砖锯。绝缘耐火砖的质地相对松软，借助木工锯就可以将其切割成所需的形状及尺寸。经过切割的砖块可以紧紧地倚靠在一起并形成一个整体结构，拱的强度也会随之加大。当然，如果可以使用标准规格的耐火砖，人力以及时间成本会相对较低。

2.3.6　单圆心穹顶和双圆心穹顶

穹顶和弓形拱是有区别的：穹顶是球体上的一部分，而弓形拱是圆柱体上的一部分，即前者的弧线是多向的，而后者的弧线是单向的。穹顶分为两种：一种是单圆心穹顶，另外一种是双圆心穹顶。单圆心穹顶只有一个半径（图 2-28）。一般来讲，双圆心穹顶的顶部设有烟道，而单圆心穹顶的顶部是闭合的。跨度每增加 30.5 cm，矢高就会提升 6.3～7.6 cm。用标准规格的耐火砖建造穹顶时，既可以采用全顺式砌筑法也可以采用全丁式砌筑法。借助亨杜（Hendo）穹顶规可以建造出圆维度及上升曲线都十分精确的穹顶。在使用时，要先将穹顶规锚固在穹顶顶点的正下方，接下来只需朝水平以及垂直方向转动安装在球头座上的摆臂，就可以绘制出穹顶的结构了；每砌完一层耐火砖就要将穹顶规的摆臂向上挪一层，逐层砌筑直至整个穹顶全部建成（图 2-28A）。需要说明的是，穹顶规的摆臂下方设有一个挡板，摆臂末端划出的轨迹为穹顶的外轮廓线，而挡板外沿划出的轨迹为穹顶的内轮廓线（耐火砖的内表面）。但是，与耐火砖相比，我更喜欢用绝缘耐火浇注料建造穹顶，其优点是操作简单且节省时间（参见后文"用耐火浇注料建造单圆心穹顶"）。

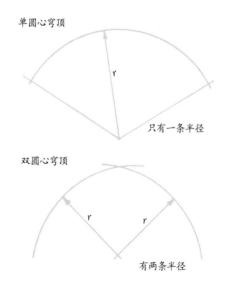

图 2-28　无论单圆心穹顶还是双圆心穹顶，其弧线都是球体上的一部分

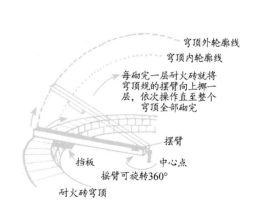

图 2-28A　亨杜穹顶规

2.4　伸缩缝

在升温以及降温的过程中，耐火砖会在水平以及垂直方向膨胀/收缩。其每英尺（30.48 cm）的膨胀/收缩数值介于 1～2 mm 之间。倘若在砌墙时不考虑耐火砖膨胀/收缩率，砖块就会因机械外力以及结构散裂力而受损。某些带有钢筋加固件的窑炉完全不能承受膨胀以及收缩。在这种情况下，窑壁会出现弯曲、下陷以及开裂现象，钢筋加固件也会随之变形、弯折。

在建造诸如柴窑之类的自立式窑炉时，无须设置伸缩缝，除非窑壁与拱顶是穿插在一起的。当窑炉上的主墙与侧墙穿插在一起，且相接处的灰浆层较薄时必须设置伸缩缝以及转角伸缩缝。这样尽管墙体内未设置钢筋加固件，穿插在一起的主墙和侧墙也会作为一个整体结构自由收缩。当墙体内设置了拉杆结构的钢筋加固件时，在烧窑之前必须将固定螺栓铆紧，这样做有利于提升窑壁的抗热膨胀/收缩性能。

当窑炉中设有封闭的钢框架或者硬钢背衬时，耐火砖块之间必须设置伸缩缝（图 2-29，图 2-30），墙体上每隔 30.48 cm 设置一条 1.5 mm 宽的伸缩缝。如果墙长 150 cm，那么墙体两端要各设一道 5 mm 宽的伸缩缝。需要注意的是，不要把伸缩缝设置在墙体上，而是要将其设置在墙体两侧转角处（图 2-31）。

对于带有钢框架、薄金属背衬或者钢筋网背衬的绝缘耐火砖窑炉而言，由于其背衬材料本身就具有弹性，所以当墙体的长度小于 122 cm 时，无须设置伸缩缝（图 2-32）。当墙体长度超过 150 cm 时，绝大多数情况下需要设置伸缩缝，即在墙体两侧各预留一道 6 mm 宽的缝隙并借助灰浆把相同厚度的纤维板填塞进去。需要注意的是，150 cm 仅是一个参考数值，建造合理时（墙体结构比较松散或者并未与金属加固体穿插在一起）也完全可以不设置伸缩缝。当墙体长度超过 150 cm 时，墙体上必须设置竖向伸缩缝，可以借助诸如纤维条、纤维毯或者纤维板之类的陶瓷纤维制品将缝隙封堵住（图 2-33）。

图 2-29　窑壁伸缩缝（硬质耐火砖）

图 2-30　窑壁转角伸缩缝（硬质耐火砖）。需要注意的是，只有 23 cm 的受热层需要设置伸缩缝，且需将伸缩缝用伸缩缝板或陶瓷纤维制品填满

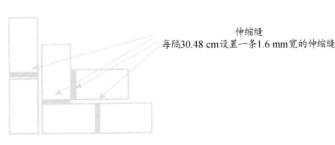

图 2-31　墙体上每隔 30.48 cm 设置一条 1.6 mm 宽的伸缩缝。墙体两侧与窑壁相接处的伸缩缝宽 7 mm，缝隙内填塞陶瓷纤维板并用灰浆堵实

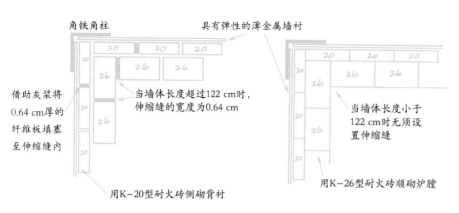

图 2-32 用绝缘耐火砖建造的窑炉,当窑壁厚度小于 10.2 cm 且墙体内设有钢框架时无须设置伸缩缝

图 2-33 借助陶瓷纤维板或者纤维将墙体上的竖向伸缩缝堵实

2.5 拱脚砖

拱的稳定性取决于拱的高度、厚度以及拱脚砖的结构支撑。可以将 23 cm×6.3 cm 的标准耐火砖作为拱脚砖使用。把一块标准尺寸的耐火砖斜切（11.5 cm×6.3 cm 那一面）后作为拱脚砖,跨度每增加 30.48 cm,矢高会提升 3.8 cm。当拱脚砖的基座角度为 60°时,跨度每增加 30.48 cm,矢高会提升 4 cm。市面上出售基座角度为 60°的特制拱脚砖,其厚度有 11.5 cm 的、23 cm 的以及 34.5 cm 的（图 2-34）。将 23 cm 标准侧偏斜拱脚砖和 6.3 cm 端斜拱脚砖组合起来作为拱脚砖使用时,跨度每增加 30.48 cm,矢高会提升 5.9 cm。需要注意的是,必须将拱脚砖水平砌筑在窑壁上,任何的角度差异都会导致拱的弧度不正确。

拱脚砖的功能是将拱的压力传递到支撑它的窑壁以及窑壁内部的加固框架上（如果有的话）。当拱脚砖、窑壁以及拱所形成的角度为锐角时,必须设置金属加固框架,只有这样才能令拱脚砖足够稳固,窑壁具有足够的支撑力（图 2-35A）。图 2-35B 中的拱角度较大,其压力作用于倾斜的窑壁上,因此具有一定的自支撑能力。

拱能否建造成功取决于拱脚砖的砌筑位置。如果使用直形耐火砖作为拱脚砖,拱上紧靠拱脚砖的那一块耐火砖的底边必须靠在窑壁上（图 2-36,图 2-37）。

在图 2-36、图 2-37 中的拱,与拱脚砖相邻的第一块耐火砖的底边均靠在窑壁上。观察图 2-37 可以发现,第一块砖与窑壁之间的夹角是被封堵住的（将切割成相同形状的耐火填充物填塞进去）。这样摆放是为了防止砖体滑落。另外,注意不要让拱脚线与窑壁齐平（图 2-38）。

图 2-34 基座角度为 60°的特制拱脚砖

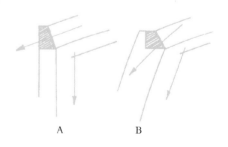

图 2-35 拱的下压力分布

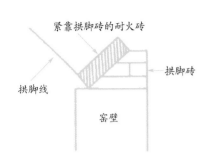

图 2-36　紧靠拱脚砖的那一块耐火砖的底边必须靠在窑壁上

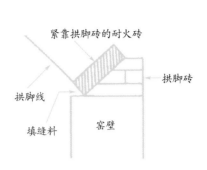

图 2-37　用填缝料填充窑壁与紧靠拱脚砖的耐火砖之间的空隙

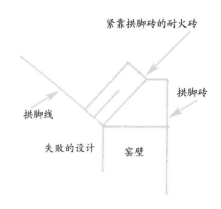

图 2-38　拱脚线与窑壁齐平的设计形式是非常不合理的

2.6　用泥质砖坯建造窑炉

泥质砖坯是在一个或多个木质模具中压制出来的。先将木板制作成槽形砖坯模板，再把泥料填进模板内部并压实，最后借助割泥线将多余的泥料切割下来，一块泥质砖坯就做好了。模具的长度至少要与窑炉的宽度相等。将切好的砖坯从模具中取出来之后放到阳光下晒干。我们可以按照窑炉的尺寸制作出各种规格的泥质砖坯。可以将轻质耐火砖粉末加水调和成浆，以此作为灰浆把泥质砖坯砌在一起并将砖缝抹平。与适用于涂抹或者浸渍的灰浆相比，这种灰浆相对较稠（呈软泥状）。用泥质砖坯建造窑炉时所用的砌筑方法与普通耐火砖一样。

照片中的这座窑炉建造于 1971 年，该窑设有 6 间窑室，其建造者为理查德·霍奇科斯（Richard Hotchkiss）、瑞马斯·维斯基达（Rimas VisGirda）以及多位助手。他们所使用的泥质砖坯配方如下：基础材料为林肯 60 耐火黏土（Lincoln 60 fireclay，50%）——一种产自加利福尼亚州林肯的耐火黏土、粗沙（50%）。他们制作了三种规格的泥质砖坯：23 cm×25 cm×46 cm、23 cm×25 cm×23 cm、23 cm×12. 5 cm×12. 5 cm。

他们的建窑过程如下：先从最主要的一间窑室（第六间）开始建起，待前后两侧窑壁砌至预定高度后再建造拱顶。在建造第六间窑室拱顶的时候开始建造第五间窑室的前壁，依次类推直至第一间窑室。由于泥质砖坯已经彻底干透，所以只需借助锯子就可以把它们切割成建造拱顶所需要的各种形状。砌墙、修形以及填补砖缝时使用了大量灰浆。每砌好一座窑炉拱顶后就用绳子将其绑紧，待下一间窑室的拱顶砌好后再将绳子解开，绳子在此处起到了临时性扶壁的作用。最后，在拱顶下砌侧墙，在一侧侧墙上预留出窑门，两侧窑壁上均留有投柴孔和观火孔。具体如

图 2-39～图 2-49 所示。

　　窑室的平均尺寸为 150 cm×150 cm×180 cm。每建好一间窑室就在里面点燃篝火以利于其快速干燥。在后四间窑室砌好之前，最先建好的两间窑室已被烧至素烧程度。烟囱的高度为 3.6 m，是用商业出售的耐火砖制成的，之后其上部立一根 5.5 m 高的水管。需要注意的是，首次烧窑要小心，以免在快速升温阶段水管被毁坏。

　　理查德·霍奇科斯以及汤姆·奥尔（Tom Orr）至今仍在使用这座窑炉。

◁ 图 2-39　借助木质模具压印泥质砖坯，再切割、晒干

图 2-40　从直壁开始建起，墙体上设有烟道（摄影：瑞马斯·维斯基达）

图 2-41　软泥状灰浆是为了建造窑炉拱顶而专门调配的（摄影：瑞马斯·维斯基达）

图 2-42　借助锯子切割出窑炉拱顶楔砖的外形并将其安装到位（摄影：瑞马斯·维斯基达）

◁ 图 2-43　建造窑炉侧壁——注意那根用于绑固窑炉拱顶的绳子

◁ 图 2-44　建造投柴孔以及窑门

◁ 图 2-45　从第六间窑室开始建起，依次是第五间窑室、第四间窑室……

图 2-46　由撑杆加固的炉膛穹顶

图 2-47　在建造后面的窑室之前，
把先建好的窑室素烧一下

图 2-48　燃烧的炉膛，1997 年 5 月

图 2-49　从投柴孔往窑室内投放木柴，逐间投放
（摄影：瑞马斯·维斯基达）

2.7　用耐火浇注料建造单圆心穹顶

使用诸如 2600LI PLUS 型高岭石轻质耐火浇注料（Kast-o-lite 2600 LI PLUS）等耐火浇注料相对容易，调配时最多只需 6 min 就可以达到理想的稠稀程度。一袋 25 kg 的浇注料需要的加水量为 5 L，但需要注意的是不能将水一次性全部加入耐火浇注料干粉中。在混合时，将一块揉成球形的耐火浇注料浆液向上抛出数十厘米，再用双手接住它。如果落在手掌里的泥球摊成一片就说明水加得太多了，必须再多加些浇注料干粉；如果泥球烂了就说明水加得太少了，必须再多加些水；只有当落在手里的泥球仍旧保持其原有形状时，调配比例才刚好合适。

调配好的耐火浇注料在 20 min 之内使用效果最佳。后续调配耐火浇注料时也应与前次配料保持同样的时长，这样才能保证后接上去的或者后铺上去的耐火浇注料与前面的或者下方的耐火浇注料紧密相接。用耐火浇注料建造单圆心穹顶时必须一步到位。

窑壁所用耐火浇注料与穹顶所用耐火浇注料的制备方法是一样的。由耐火浇注料制作的穹顶重量借助拱脚砖传递到窑壁上，这需要通过将 2～3 层绝缘耐火砖倾斜摆放（利用楔形堵缝料）来实现（图 2-50），最底层耐火砖的形状以及摆放角度决定着拱顶的弧度。2500 型绝缘耐火砖以及 2600 型绝缘耐火砖是组砌拱脚砖以及建造窑壁的最佳材料（图 2-51）。

接下来，在窑壁顶部摆放一块木板，其位置与拱脚砖齐平，可以借助工具将其支稳并保证具有足够的负重力。需要说明的是，该木板必须是可拆卸的，以便在后期被拆除。仅用泥建造的穹顶外形很不规则，可以通过往上铺湿沙并打磨、修整的方式塑造出形状完美的穹顶。随后用塑料布将建好的穹顶以及拱脚砖覆盖住，这样做有助于耐火砖和耐火浇注料牢固粘结。谨记，与耐火浇注料相接的面上不能有孔洞。

当耐火浇注料被调和至理想的黏稠度后，用手或者借助抹刀将其涂抹在窑炉结构上，要从拱脚砖开始抹起并逐渐向四周扩散，直至将整个结构全部覆盖住。一定要按照穹顶的结构涂抹，即角度向内向下倾斜，这样做的目的是便于继续完成上部构造。涂抹浇注料的时候需注意其厚度——避免第一次抹薄了，之后又往上补一层的做法。涂抹以及修整耐火浇注料外表面的时候务必适可而止，过度修整不利于粘结，这会将浆料中的水分引至涂层表面，进而形成超细水泥隔离层并会导致以下两种缺陷：表面被封不利于干燥；表面强度减弱不利于耐高温。除此以外，过度搅拌会令耐火浇注料涂层下

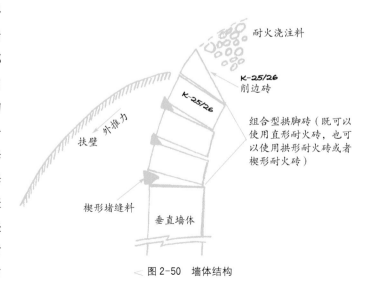

耐火浇注料

K-25/26
削边砖

组合型拱脚砖（既可以使用直形耐火砖，也可以使用拱形耐火砖或者楔形耐火砖）

扶壁

外推力

K-25/26

楔形堵缝料

垂直墙体

图 2-50　墙体结构

陷，进而导致穹顶厚度不一致。在绝大多数情况下，对于直径为 3～3.6 m 的穹顶来说，涂层厚度为 15 cm 时效果最佳；对于直径较小的穹顶来说，厚度为 11.5 cm 时效果最佳。可以借助筷子探测穹顶的浇注厚度，将其插入耐火浇注料涂层中（图 2-52）。没有必要用手或者抹刀将耐火浇注料外表面的每一个部位都修整平滑（图 2-53，图 2-54）。

图 2-51　窑壁由 K-26 型绝缘耐火砖（K-26IFB）砌筑而成，穹顶由耐火浇注料建造而成

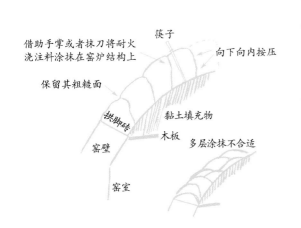

图 2-52　借助手掌拍压的耐火浇注料穹顶

浇注结构建好后，先在其上覆盖一层潮湿的布，再往布上罩一层塑料布，待 24 h 之后再揭开。接下来就可以往上面加盖封面料了（一般是泥、锯末以及水泥的混合物，和土坯的配方差不多）。在将支撑木板抽出来之前，务必保证窑炉侧壁已经具有足够的支撑力。一旦将木板拆掉，木板上的黏土就会随之塌落，此时来自耐火浇注料穹顶的重量就会全部下压至窑炉侧壁，其下压力约为 39 kg/m²。由耐火浇注料建造的穹顶外表面通常都是粗糙的，由于铺设了塑料布，穹顶的内部相对较光滑。当然这也是暂时的，因为经过初次烧窑后，塑料布会熔结在穹顶的内表面上，进而形成类似于粗糙耐火砖般的肌理。

我用耐火浇注料建造异形穹顶时没有设置过伸缩缝，原因是我认为这种材料完全可以自由收缩（瓷窑工程师们或许不建议这样做，但对我来说效果还不错）。

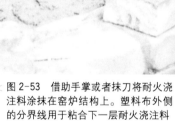

⟨ 图2-53　借助手掌或者抹刀将耐火浇注料涂抹在窑炉结构上。塑料布外侧的分界线用于粘合下一层耐火浇注料

⟨ 图2-54　修整耐火浇注料的外表面

2.8　用陶瓷纤维建造窑炉内衬

　　用陶瓷纤维建造窑炉内衬并不难，但是使用这种材料时有很多必须要注意的事项，其中最主要的就是磨损以及收缩。当窑温为1093℃时，纤维毯或者纤维板会收缩0.3%～3.5%，其具体收缩数值取决于陶瓷纤维材料的组成成分。因此在设计一座烧成温度为10号测温锥熔点温度（1305℃）的窑炉时必须小心，必须对金属支撑框架、铆固系统的布局、纤维材料的分层设置以及材料类型做整体考虑，确保所有因素完美相融。除此之外，陶艺家或者窑炉建造者要知道铺设陶瓷纤维内衬成本相对较高；且与绝缘耐火砖建造的窑炉相比，其保养维护周期短、维护费用高；同时，纤维内

衬的抗外力性能以及抗腐蚀性能相对较弱。摩根热陶瓷公司旗下的超级棉 ［Superwool（r）］、高密度超级耐火模块（pyro-fold and pyro-stack modules）以及 607 号超级板（607 boards）等系列产品均严格遵守美国环保署（EPA）以及世界卫生组织（World Heath Oranization，WHO）对硅基产品的生产规定。超级棉由硅酸钙镁生料制作而成，可以被人体体液溶解，符合环保、健康以及安全要求。这类制品能承受的最高烧成温度为 1300℃。但是，实践经验告诉我们：陶瓷纤维会在建造窑炉内衬、装窑以及出窑的过程中刺激人体皮肤、眼睛、鼻子、喉咙以及肺部。因此，在使用或者接触陶瓷纤维材料时务必要做好自身防护工作，例如佩戴防尘面具、穿保护服、佩戴手套以及严格遵守产品使用说明书中的注意事项。

2.8.1　螺栓铆固系统的布局

为窑炉设计陶瓷纤维内衬时必须让金属框架或者金属外壳与焊接在一起的螺栓铆固系统完美相融。螺栓铆固系统的布局应与直面热源的纤维毯或者纤维板铺设方案相协调，而并不仅仅起到支撑作用。在绝大多数情况下，固定螺栓是和支撑陶瓷纤维内衬的金属框架焊接在一起的，其本身也具有一定的耐高温性能。除了金属外壳之外，借助铆固系统将金属框架和金属拉杆连接在一起，并在其外侧铺设纤维板/水泥板/硅石板也是一种不错的选择。背衬材料是通过固定螺栓铆固在适当位置上的，而不是焊接上去的。单位面积中需要使用的固定螺栓数量应参考产品的使用说明书。表 2-1 以及表 2-2 中列举了几个使用案例。

表 2-1　摩根热陶瓷

	61 cm 宽纤维毯	122 cm 宽纤维毯
窑壁	1.5	1.0
窑顶上部 1038℃（1900℉）	1.8	1.5
窑顶 1038℃（1900℉）	2.3	1.9

表 2-2　约翰斯曼维尔固定螺栓每平方英尺内需要设置的固定螺栓间距及其数量

	1010～1204℃ （1850～2200℉）	1204℃ （2200℉）及以上
窑壁	30.48 cm（1.56 个固定螺栓/ft²）	22.86 cm（2.1 个固定螺栓/ft²）
窑顶上部 1038℃	22.86 cm（2.1 个固定螺栓/ft²）	15.24 cm（4 个固定螺栓/ft²）

与窑顶相比，单位面积的垂直窑壁上需要使用的固定螺栓数量相对较少。除此之外，烧成温度越高，所需要的固定螺栓数量越多。需要注意的是，无论是什么部位，固定螺栓与纤维毯或者纤维板边缘的距离都应为

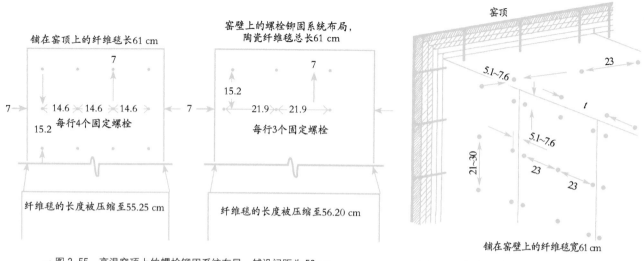

铺在窑顶上的纤维毯长61 cm

7

7

14.6　14.6　14.6

15.2

每行4个固定螺栓

纤维毯的长度被压缩至55.25 cm

窑壁上的螺栓铆固系统布局，陶瓷纤维毯总长61 cm

7

15.2

7

21.9　21.9

每行3个固定螺栓

纤维毯的长度被压缩至56.20 cm

窑顶

5.1~7.6

23

5.1~7.6

21~30

23

23

t

铺在窑壁上的纤维毯宽61 cm

< 图 2-55　高温窑顶上的螺栓铆固系统布局，铺设间距为 58 cm，预留 3 cm 伸缩空间（单位：cm）

< 图 2-56　窑壁上的螺栓铆固系统布局，铺设间距为 58 cm，预留 3 cm 伸缩空间（单位：cm）

7 cm。通过观察图 2-55 和图 2-56 可以发现，螺栓铆固系统最适用于中温烧成环境。

大多数陶瓷纤维生产企业建议水平以及垂直方向每隔 60 cm 设置一根固定螺栓。但是，当陶瓷纤维制品的耐热温度较高（10 号测温锥的熔点温度）时，其收缩率介于 0.4%～1.5% 之间甚至更小，60 cm 的布局结构就显得有些稠密了。因此在部署螺栓铆固系统时，除了参考产品使用说明书之外，还需以所选用的陶瓷纤维制品类型及其收缩率（通过做烧成试验得出结论）为标准。

2.8.2　固定螺栓

摩根热陶瓷旗下产自意大利米兰约翰斯曼维尔的旋拧式固定螺栓差不多算是世界上最适合高温烧成的螺栓了（表 2-1）。在使用时，要先将螺母焊接在金属框架上，之后将陶瓷垫圈套上去，最后再把螺栓拧转 90° 使其紧紧地固定在螺母上（图 2-57）。这种铆固系统可以承受的最高烧成温度为 1427℃。

摩根热陶瓷生产的高乐克（Kao-Lok）高温固定螺栓具有相似的设计，唯一的区别是这种螺栓的螺母呈套筒状，因此螺栓不是拧上去的而是插进去的，需要先把金属螺母焊接在窑炉外墙上，之后借助陶瓷垫圈将纤维毯或者纤维板固定在相应的部位上（图 2-58）。

我没使用过上述两种固定螺栓，但我使用过高乐克高温锥形螺栓（图 2-59）。这种螺栓的螺母是由铬镍铁合金制成的，使用时先将螺母焊接到金属框架上，之后再将锥形陶瓷螺栓插进螺母中并拧转 90° 使两者牢牢地铆固在一起。此外，需要借助陶瓷纤维将锥形陶瓷螺栓的下部堵实，这

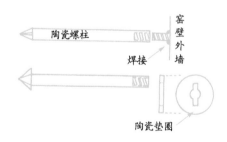

陶瓷螺柱

窑壁外墙

焊接

陶瓷垫圈

< 图 2-57　约翰斯曼维尔旋拧式固定螺栓

10.48 或 6.03

15.24~20.32

金属螺母

插针

陶瓷螺柱

陶瓷垫圈

< 图 2-58　高乐克高温固定螺栓（单位：cm）

样可以防止金属螺母被氧化。但需要注意的是，安装不紧密或者固定螺栓本身受损都会导致铆固系统失效，进而难以达到理想的效果，因此锥形陶瓷螺栓需要经常更换，定期加固也必不可少。通常，锥形陶瓷螺栓上带有螺旋形塞子（图 2-59）。使用者必须先把保护金属螺母的纤维材料裹在螺栓外面，之后将螺栓上的螺旋形塞子放进灰浆或者掺杂了高岭棉的水泥中浸一下，之后再将塞子拧到螺母上。我发现，尽管这种方法可以有效避免螺栓受损，但是若以每周 7 天、每天 2 次的频率烧制烧成温度为 10 号测温锥的熔点温度的窑炉，其使用寿命仍然不长。锥形陶瓷螺栓导热会引发其周围的纤维材料收缩，特别是当纤维的耐高温强度较弱时。纤维收缩后会形成缝隙，进而难以达到保护金属螺母的目的。

第三种方法是使用铬镍铁合金螺母搭配金属垫圈，先将其拧转 90°令两者牢牢地铆固在一起，之后再将陶瓷纤维胶合到铬镍铁合金螺母以及金属垫圈上部（图 2-60）。倘若陶瓷纤维不脱落，这种铆固系统的使用效果很好，而且即便是在陶瓷纤维收缩之后，铬镍铁合金螺母以及金属垫圈也不会暴露出来。不过其所能承受的最高烧成温度只有 1204℃。

使用内支撑式热解模块（Pyro-Bloc module）可以构筑出非常简便的铆固系统，模块中间设有螺栓、螺母以及铝管（图 2-61 和图 2-61A 为热解模块的剖面图，可以看到其内部支撑物）。在使用时，要先将热解模块按压在浇注窑体上，之后借助螺栓枪将其固定在相应的位置上。螺栓枪可以将螺栓、螺母以及螺母基座紧紧地铆固在一起。把螺栓枪和铝管移走之后，热解模块上会留下孔洞，只需用陶瓷纤维将孔洞填堵平滑即可。

除了上述几种铆固方式之外，还有一些窑炉建造者用金属丝将纤维毯或者纤维板绑固在窑体内部。我不建议大家这么做，只要看一下图 2-62 大家就可以明白：由于金属丝不具有足够的绑固能力，窑顶以及窑壁上的纤维内衬容易脱落。

螺柱
15.24~20.32
锥形陶瓷螺栓
旋转拧紧
螺旋形塞子

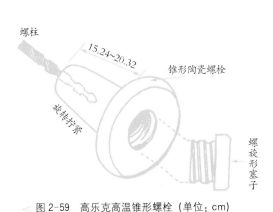

图 2-59　高乐克高温锥形螺栓（单位：cm）

螺母
金属垫圈
垫圈或者套筒
螺柱
耐热温度为1427 ℃的纤维毯（密度为3.63 kg/m³）
耐热温度为1204 ℃的纤维毯（密度为1.81 kg或者2.72 kg/m³）
耐热温度为649 ℃的纤维板背衬
窑炉金属外壳

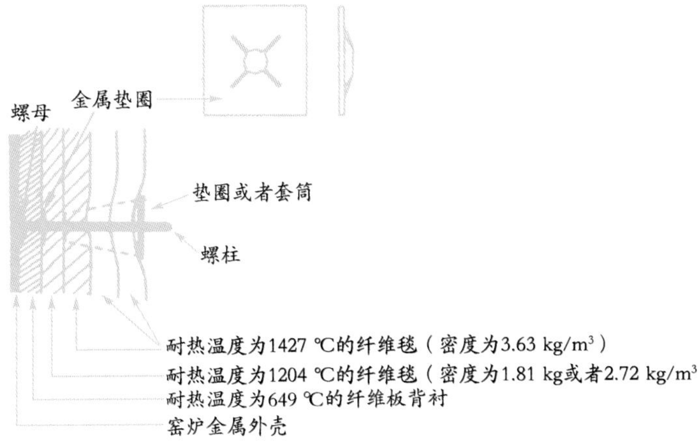

图 2-60　带有金属垫圈的螺栓的正确旋拧方法

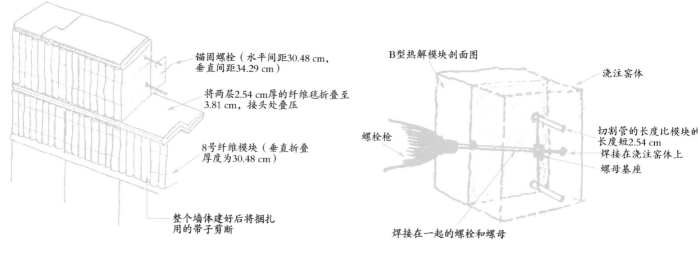

锚固螺栓（水平间距30.48 cm，垂直间距34.29 cm）

将两层2.54 cm厚的纤维毯折叠至3.81 cm，接头处叠压

8号纤维模块（垂直折叠厚度为30.48 cm）

整个墙体建好后将捆扎用的带子剪断

B型热解模块剖面图

浇注窑体

切割管的长度比模块的长度短2.54 cm

焊接在浇注窑体上

螺母基座

螺栓枪

焊接在一起的螺栓和螺母

< 图2-61A　M型热解模块（Pyrofold-M module）铆固系统

< 图2-61B　B型热解模块（Pyro-bloc）铆固系统

< 图2-62　窑顶上的纤维内衬已经脱落；不建议用金属丝固定纤维毯或者纤维板窑炉内衬

2.8.3　纤维内衬的层次结构

对于高温窑炉（烧成温度为 1204℃）而言，其内衬应为多层结构：一层刚性砌块（厚度为 2.5～5 cm）；两层耐热温度为 1204℃的纤维毯或者纤维板（单层厚度为 2.5 cm，总厚度为 5 cm，密度为 1.8～2.7 kg/m³）；两层高温纤维毯或者纤维板（单层厚度为 2.5 cm，总厚度为 5 cm，密度为 3.6 kg/m³）。需要特别注意的是，逐层铺设时务必将每层纤维毯或者纤维板上的缝隙错开，即不仅要将直面热源的那一层纤维毯或者纤维板缝隙错开，也要将所有层次上的缝隙全部错开（图 2-63）。

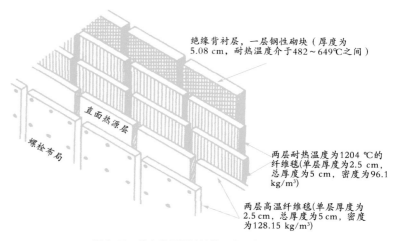

绝缘背衬层，一层钢性砌块（厚度为5.08 cm，耐热温度介于482～649℃之间）

直面热源层

螺栓布局

两层耐热温度为1204 ℃的纤维毯（单层厚度为2.5 cm，总厚度为5 cm，密度为96.1 kg/m³）

两层高温纤维毯（单层厚度为2.5 cm，总厚度为5 cm，密度为128.15 kg/m³）

< 图2-63　垂直分层错缝结构，水平方向亦然

(1) 绝缘背衬层

无论选用纤维模块还是纤维板都必须满足下列要求：温度介于 482～649℃ 之间，质地坚硬，密度介于 5.4～6.8 kg/m³ 之间。用纤维模块铺设窑炉背衬时，其线性收缩率应小于 1%。纤维模块的常见厚度为 2.5 cm、5 cm、10 cm，宽度为 61 cm，长度为 91 cm 或者 122 cm。可以借助金属垫圈将纤维模块固定到螺栓上。

(2) 中间层

在绝大多数情况下，中间层以及直面热源层都是用纤维毯铺设的。密度为 64.07～96.11 kg/m³（4～6 lb/ft³），耐热温度为 1204℃ 的纤维毯或纤维板是最佳选择。耐热温度低于上述数值的纤维毯也能用，但其耐热温度不宜低于 1038℃。在建造时，首先要借助螺栓将第 1 层纤维毯锚固在背衬层上，注意将纤维毯上的缝隙与底层结构上的缝隙错开；接下来再将第 2 层纤维毯铆固在第 1 层纤维毯上，要像砌墙那样做错缝处理。

(3) 直面热源层

在高温环境下，摩根热陶瓷生产的高岭毯（Thermal Ceramics Kaowool Blanket，1427℃）或者塞拉毯（Cerachem Blanket）都是不错的选择。在铺设时，需要铺两层纤维毯，每层厚度为 2.5 cm，密度为 3.6 kg。同样需要注意错缝以及确保纤维毯已经被牢牢地铆固在其下层结构上。对于高温窑炉而言，窑壁内衬的最大厚度为 15.2 cm，厚度超过此数值时成本会过高。窑壁内衬的最小厚度为 10 cm，其具体结构如下：直面热源层的纤维毯耐热温度为 1427℃，密度为 3.6 kg/m³，每层厚度为 2.5 cm，铺设两层；中间层的厚度为 2.5 cm；绝缘背衬层的厚度为 2.5 cm，密度为 1.8～2.7 kg/m³。除了可以用纤维毯铺设直面热源层外，诸如摩根热陶瓷生产的印度纤维板（Thermal Ceramics Indo-Form，耐热温度为 1427℃）或者任意一种耐热温度为 1427℃ 的陶瓷纤维板都能用来铺设直面热源层，其具体结构如下：一层厚度为 2.5 cm 的纤维板加上一层 2.5 cm 厚的纤维毯（耐热温度亦为 1427℃），中间层，绝缘背衬层。反复烧窑之后，纤维板的边缘会出现曲翘现象，因此必须像铺设纤维毯内衬那样为其设置铆固系统，不过其布局结构相对较稀疏。

铆固直面热源层上的纤维毯时，单块纤维毯上不能只使用一根螺栓（参见图 2-63 的垂直层错缝结构），也不要在纤维毯的接缝处设置螺栓（图 2-64）。

2.8.4　转角结构

在铺设纤维内衬的工程中，转角部位是重点。高温窑炉转角部位的纤维内衬结构宜简不宜繁，建议大家采用"拐角"形式。用纤维板铺设直面热源层时，转角处应设为拐角，但是其下层结构上的转角应设为直角（图 2-65）。

不要在纤维毯的接缝处设置螺栓

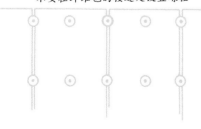

图 2-64　不恰当的螺栓布局

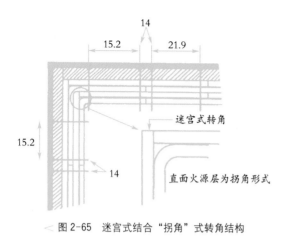

图 2-65　迷宫式结合"拐角"式转角结构

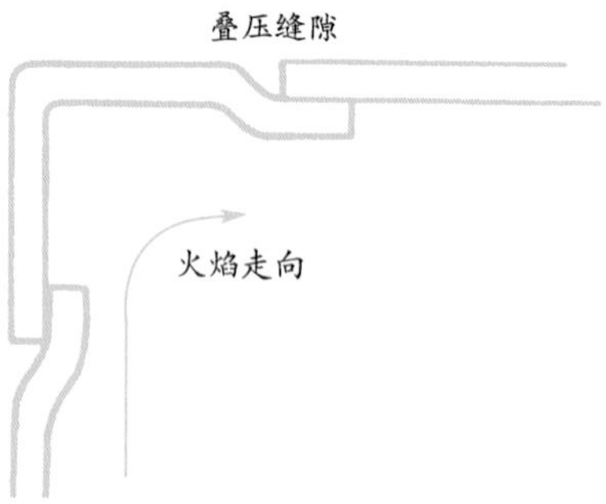

图 2-66　特殊部位上的叠压式转角结构

当纤维毯上的缝隙为螺栓铆固的叠压式缝隙时，其转角缝隙亦应设为叠压式（图 2-66）。叠压结构有利有弊：其优点是可以保护螺栓，其缺点是会降低内衬的厚度进而削弱其耐高温性能。

2.8.5　门框密封

纤维毯受到腐蚀后很快就会损坏，因此用纤维毯密封门框时务必要将其设计得严丝合缝。铰链式窑门是最简单的设计。悬吊滑动门以及闸刀式门也可以使用，只需将门闩竖向别紧即可。需要注意的是，陶瓷纤维毯或者纤维板本身不具有弹性以及抵抗压力的能力。在闭合窑门的过程中，门框必然会受到挤压进而损伤到陶瓷纤维。倘若使用的纤维材料在高温环境下收缩率为 0.5%，门缝上直面热源或靠近热源的所有部位都会出现一定程度的收缩，再加上长时间的挤压，门框与窑门之间的缝隙会越来越大。出现这种情况后，下次烧窑时应当将门闭合得再紧一些。若对之放任不管，门缝会越变越宽以至无法密闭，而门框一旦被氧化就会弯曲变形无法继续使用了。

图 2-67 以及图 2-68 展示了常见的陶瓷纤维内衬窑门的密封方式及其常见问题。

为窑门设计陶瓷纤维密封结构时需注意以下几点：

（1）应当设置出一块独立的、可以随时更换新纤维材料的密封区域，且不要让该区域与窑门上直面热源的部位紧挨在一起。

（2）对于高温窑炉而言，密封区域应远离热源，以便让其保持低温、降低收缩率、延长使用寿命。

（3）可以借助钩环等配件将门闭合起来，这样可以有效减弱关门时密封部位所受到的压力。摩根热陶瓷公司就闭合窑门的力度给出如下建议：将其原始厚度缩减 25%～30% 即可；无论在何种情况下，缩减值都不宜超过 50%。

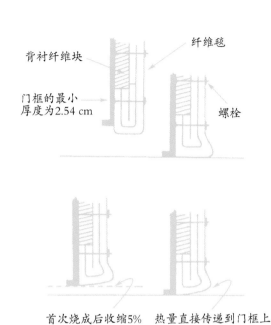

首次烧成后收缩5%　热量直接传递到门框上

图 2-67　典型的上开式门或者闸刀式门底部密
封结构，此图下半部分展示了这种构造的缺点

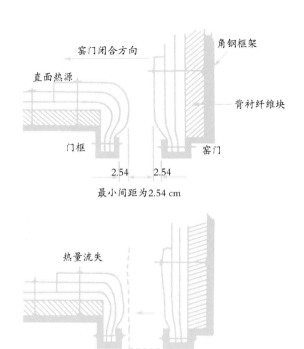

图 2-68　典型的窑门密封结构。此图下半部分展示了这
种构造的缺点：收缩 5% 且压力会导致窑门无法密闭

2.8.6　用陶瓷纤维模块建造窑炉内衬

纤维模块是由边缘经过打磨的条状（厚度有 7.5 cm、10 cm、12.5 cm、15 cm；长度为 30.5 cm）纤维毯或者纤维板叠压后制成的，其标准规格为 30.5 cm×30.5 cm。制作模块时，先将叠压在一起的陶瓷纤维轻轻按压至一定程度，之后再借助纱质绷带或者具有弹性的金属质绷带将其绑紧定型。用纱质绷带绑固的纤维模块适合安装在耐高温内衬的外部。纤维贴面块有三个温度等级。表 2-3 是摩根热陶瓷公司的产品信息表。需要注意的是，必须在内衬结构的外表面上设置一些孔洞，以便于粘结饰面灰浆。可以选用摩根热陶瓷公司生产的 K-Bond R 型饰面灰浆〔K-Bond（R）〕。

建造时，首先要将所有不平整的部位清理干净并用饰面灰浆找平。随后要将纤维模块修整平滑，再在其粘结面上涂抹一层 6 mm 厚的接缝灰浆。让纤维模块保持在原位并自垂直方向按压 10～20 s，这样灰浆就会凝固。砌筑时可以以横竖交替的方式砌筑纤维模块，这种砌筑方式会令纤维模块上经过打磨处理的那一面呈现纵横交错式结构（图 2-69）。砌筑纤维模块时通常从窑炉内部较低的角落处铺起，之后逐渐向其周围及上部铺开直至全部完成。

在高温窑炉内衬上铺设陶瓷纤维模块时，铺设方式为横竖交替式，这种样式可以有效降低其收缩率，进而增强模块之间的紧密度。待所有的

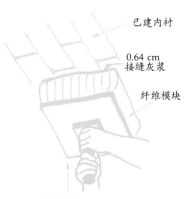

已建内衬

0.64 cm
接缝灰浆

纤维模块

垂直按压10～20 s

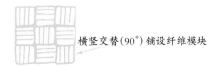

横竖交替(90°)铺设纤维模块

图 2-69　在已建成的窑炉
内衬上铺设陶瓷纤维模块

高温纤维模块/高岭棉模块等级	R 型	ZR/HP 型	C 型
最高烧成温度等级	1316℃（2400°F）	1427℃（2600°F）	1427℃（2600°F）
反复烧窑时所能承受的最高烧成温度 高温纤维模块 高岭棉模块	1204℃（2200°F） 1177℃（2150°F）	1342℃（2450°F） 1177℃（2150°F）	1371℃（2500°F） 1343℃（2450°F）

表2-3　摩根热陶瓷生产的纤维贴面块温度等级表

模块铺设完毕后，直面热源的区域需要另铺一层罩面材料［可以使用优尼科特公司（Unikote）生产的 M 型或者 S 型表面涂层料］，这种罩面有助于提高陶瓷纤维模块的抗化学侵蚀能力以及热稳定性。用于绑固纤维模块的纱布会在烧成的过程中化为灰烬，失去束缚的纤维模块会体积膨胀进而形成质地紧密的整体型内衬结构。如果铺得好，纤维模块的膨胀率和收缩率会接近等值，纤维模块之间的缝隙也会一直保持紧密状态。

2.8.7　陶瓷纤维模块的砌筑构造

借助防水型陶瓷灰浆将纤维模块粘合到金属背衬上并配合焊接螺栓铆固系统的建造方法相对较新颖（参见前文"固定螺栓"）。螺栓可以将纤维模块紧紧地固定到相应的部位上。各类铆固系统适合固定不同规格的纤维模块。图 2-61A，图 2-61B 中介绍的纤维模块内部设有两根连接在基座上的铝管，借助螺栓枪可以将其紧紧地铆固到窑壁上。这种安装方式无须使用螺栓铆固系统。每固定好一行纤维模块后，需要在其上部铺设一道由纤维毯叠压而成的平台，这个平台将作为下一行纤维模块的铺设基础。

除此之外，还有一种焊接在金属铸件上的内支撑式 C 形滑动铆固系统。单位面积中需要使用的铆固配件数量取决于所选用的纤维模块类型。转角模块也有类似铆固系统，即将转角模块的一个角切掉使其外观近似口袋便于其他模块插入，从而令窑炉转角部位的内衬结构严丝合缝。

2.8.8　叠压式陶瓷纤维内衬墙及其构造

在建造时，先将陶瓷纤维毯折叠起来并将其体积按压至原始体积的67%，在将其固定到窑炉背衬结构上或者窑顶上之前不要对其解压（图 2-70）。背衬结构可以为金属网、由金属丝加固的钢板或者薄金属板，但金属网必须是规格精确的硬质金属网，以便于铆固到窑炉金属框架上。建议大家使用金属网或者由金属丝加固的钢板，原因是这两种材料可以从其后方加固。将螺栓或者螺母固定到窑炉背衬结构上的最常见方法是点焊。除此之外还有一些特殊的固定方法，例如借助高温金属丝捆扎以及借助重型规准杆钩挂等。

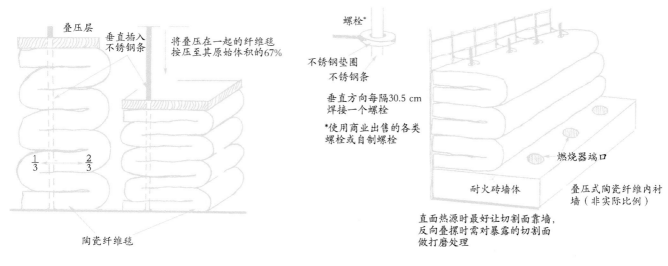

图 2-70 窑壁及按压的纤维模块

图 2-71 叠压式陶瓷纤维内衬墙结构

（叠压层）

垂直插入不锈钢条

将叠压在一起的纤维毯按压至其原始体积的67%

螺栓*

不锈钢垫圈

不锈钢条

垂直方向每隔30.5 cm焊接一个螺栓

*使用商业出售的各类螺栓或自制螺栓

燃烧器端口

耐火砖墙体

叠压式陶瓷纤维内衬墙（非实际比例）

直面热源时最好让切割面靠墙，反向叠摞时需对暴露的切割面做打磨处理

陶瓷纤维毯

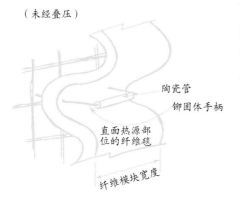

（未经叠压）

陶瓷管

铆固体手柄

直面热源部位的纤维毯

纤维模块宽度

图 2-72 叠压式陶瓷纤维内衬的铆固方式

建造叠压式陶瓷纤维内衬墙时，需先将陶瓷纤维毯裁好：宽度为窑壁厚度的一倍，长度与窑壁相等，随后将其对折并靠窑壁叠摞，最好让切割面靠墙，因为反向叠摞时需对暴露的切割面做打磨处理，之后再用直径10 mm 的不锈钢条将其垂直串紧（图 2-71）。在固定叠压好的纤维毯之前，需先在固定点周围放置边衬纤维以便折叠起来后堵实缝隙。

陶瓷纤维毯的叠压需要与预定高度相匹配，例如预定高度为 30.5 cm，经过叠压的纤维毯厚度应为 20 cm 或者预定高度的 1/3。当整个叠压式陶瓷纤维内衬墙达到其预定高度后，要经过特殊设计的液压冲压机对整个墙体垂直方向均匀施压，而在施压之前要先在纤维毯上预留出不锈钢条的穿刺孔洞。最后每隔 30.5 cm 垂直穿刺一根不锈钢条并借助螺栓将不锈钢条铆固到窑炉的金属框架上（图 2-71，图 2-72）。以上述方式砌筑的叠压式陶瓷纤维内衬墙结构极其坚固。

除此之外，还可以将纤维毯折叠成模块：首先按照预定的墙体高度及内衬宽度裁剪纤维毯，经过按压后的模块高度为 30.5 cm；随后将其按照预定宽度叠压起来（经过按压后的体积为原始体积的 67%），裁切边缘朝外；再借助金属铆固配件——例如带有螺柱的垂直不锈钢条——将纤维折叠模块固定到相应的位置上。可以用带子、纱布或者金属条将经过压缩的纤维毯折叠模块绑固定型，稍后再将这些绑固物解开。倚靠窑炉背部框架摆放纤维折叠模块时，摆满一整行后再在其上部叠摞下一行。上层模块摆好之后就可以将下层模块上的绑固带子松开了。铺设纤维折叠模块时必须从相反方向给予其一定的按压力度。逐层叠摞模块时必须从上部施压，以便让层层叠摞的模块能够紧紧地倚靠在一起。需要在模块上设置对接角（图 2-73，图 2-74）。在操作的过程中必须做好自身防护，例如穿连体工作服，佩戴手套、帽子以及护目镜。对于像我这类偶尔接触陶瓷纤维制品的人来讲，上述防护措施听起来似乎有些夸张，但是对于那些长年与这种材料打交道的人而言，这种种防护措施都应当严格遵守。图 2-73、图 2-75、图 2-76、图 2-77 中的这座大型窑炉位于澳大利亚塔斯马尼亚州霍巴特市塔斯马尼亚艺术学校（Tasmanian School of Art）内，该窑炉由莱斯·布莱克布劳（Les Blakebrough）主持建造。典型纤维模块化学分析见表 2-4。

图 2-73　将陶瓷纤维毯裁好：宽度为窑壁厚度的一倍并对折，裁切口朝外。注意：纤维毯后面的木板是用来压缩纤维毯的

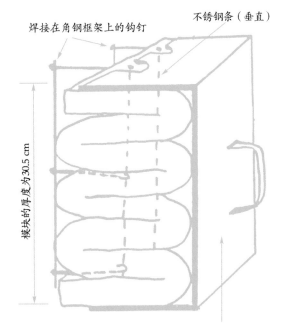

图 2-74　借助带把手的模块压缩框架挤压陶瓷纤维毯

图 2-75　将纤维毯垂直穿入不锈钢条中

图 2-76　铺设窑炉内衬墙，陶瓷纤维的压缩厚度为 30.5 cm。注意：周围那一圈纤维毯在整个墙体完成后需折叠进去以便封堵缝隙

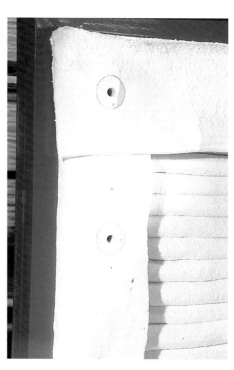

图 2-77　将纤维内衬墙周围预留的纤维毯叠压并铆固在墙体上

表 2-4　典型纤维模块化学分析

化学成分	高岭棉模块（%） 1427℃（2600℉）	焊接式高岭模块（%） 1649℃（3000℉）	高岭模块或者 萨菲尔（Saffil） 高岭模块（%） 1649℃（3000℉）
氧化铝（Al_2O_3）	54.9	55.5	95.0
二氧化硅（SiO_2）	44.8	44.9	5.0
无机物	0.3	0.1	—

2.9　总结

实践证明，用陶瓷纤维建造窑炉内衬的效果非常好。在绝大多数情况下，其所能承受的最高烧成温度为 1204℃，但若用新型陶瓷纤维材料建造窑炉内衬，其所能承受的最高烧成温度还会更高一些。用陶瓷纤维建造的窑炉内衬特别适用于在中性气氛以及氧化气氛中持续烧成或长时间保温烧

成的情况。近几年研制的高级陶瓷纤维制品还克服了传统陶瓷纤维在高温烧成环境中的种种缺点，包括：

- 收缩率高（新材料在这一方面有很大的提升）；

- 抵御外力的能力非常差，特别是不具有弹性；

- 在还原气氛中金属铆固配件极易被腐蚀（如今的铆固系统都是经过改良的，被腐蚀的情况很少出现）；

- 陶瓷纤维内衬的边缘曲翘变形（如今使用新型陶瓷纤维材料，而且建造窑炉内衬的纤维模块边缘经过了打磨，很少再出现内衬边缘曲翘变形的现象）；

- 多次烧窑后陶瓷纤维制品的外表面会出现结晶；

- 陶瓷纤维材料易析出极其微小的硅/铝纤维粉尘，这些粉尘会刺激人体皮肤和肺部（接触陶瓷纤维制品时或者用陶瓷纤维建造窑炉内衬时必须佩戴长袖套、手套以及脸鼻口一体式防尘面具）；

- 与大多数陶艺家经常使用的绝缘耐火砖窑炉烧窑相比，使用陶瓷纤维建造的窑炉在快速烧成时（6～12 h）对燃料的节省几乎可以忽略不计；

- 与用绝缘耐火砖建造的窑炉相比，陶瓷纤维窑炉的建造费用相对较高。

近年来，出现了更耐高温的新型陶瓷纤维毯、纤维板以及纤维模块。由于我本人没有使用这些新型陶瓷纤维模块，事实上我从来不使用陶瓷纤维制品，所以我对它们的性能不是很了解，在此无法向各位读者给出建议。

建造方式不恰当时，陶瓷纤维制品也会出现诸多问题。但无论如何，实践证明前文中介绍的以叠压纤维毯的形式建造出来的窑炉内衬使用效果相当不错。意大利一家名为乔布·福尼（Job Forni）的窑炉公司所建造的窑炉就是用上述建造方法，其结构设计以及持久性都极其卓越。由于我从未使用过前文介绍的纤维饰面模块结合焊接铆固系统，所以我只能说相关制品的生产厂家建议大家在窑炉中直面热源的部位上使用上述建造形式。

我还见过一种使用效果很差的窑炉内衬建造形式，它将纤维饰面模块铺设在硬质耐火砖内衬上，这两种材料根本不适合搭配使用。需要注意的是，无论使用何种陶瓷纤维制品，只有当其设计形式恰当时才可以呈现出最佳的使用效果以及最长的使用寿命。因此，在购买陶瓷纤维制品之前，请务必向生产厂家咨询各类产品的特征及其适用范围，只有这样才能建造出使用性能良好的窑炉内衬。

总而言之，对于陶艺家或者学校这类需用高温烧成且使用频率相对较低的使用者来说，用绝缘耐火砖建造窑炉内衬是最佳选择。摩根热陶瓷公司旗下出品的高岭棉系列产品符合美国环保署以及世界卫生组织硅基产品生产规范，这也使它们成为广大陶艺家的首选建窑材料。假如有一天所有的陶瓷纤维制品都能被人体体液所溶解，且不会对人体健康造成任何危害的话，那么陶艺家和教师们在选择建造窑炉内衬的材料时就只需关注窑炉的设计形式以及成本了。

最后我还想作一点补充说明。倘若我的工作室不是在乡下的话，我很乐意使用陶瓷纤维铺设窑炉内衬。乡下有很多林鼠、家鼠以及各种啮齿类小动物，它们特别喜欢偷窑炉中的陶瓷纤维并将其用作建窝材料。因此，在乡下建造陶瓷纤维内衬窑炉的话，用不了多久就会被这些小动物们破坏掉。

第 3 章

窑炉设计原理

在你开始设计窑炉之前必须了解六个基础知识点，本章开篇部分将对这些知识加以讲述。随后，本章将介绍九项设计准则，一个好的窑炉设计方案需要以这九项准则为基础。本书之后的章节会将所有基础知识点和设计准则融为一体，详细介绍如何设计交叉焰窑、倒焰窑、顺焰窑以及多火向窑。

3.1　基础知识点

在开始设计窑炉之前，你必须了解以下六个基础知识点。

（1）窑炉类型：你想建造顺焰窑、倒焰窑、交叉焰窑、穹顶窑还是盐釉窑？窑炉的体积是 $0.28 \, m^3$、$0.57 \, m^3$、$0.71 \, m^3$、$1.27 \, m^3$、$4.25 \, m^3$ 还是更大一些？在你开始设计窑炉之前必须在脑海中清楚地罗列出所有的需求。

（2）要烧什么类型的黏土：你所要烧制的黏土类型决定着窑炉的种类、体积、燃料等。你需要针对赤陶泥、沟管土、陶器泥料、炻器泥料、瓷器泥料或者任何一种特殊的泥料专门设计建造一座最适合它们的窑炉。事实上，陶艺家应当对黏土以及陶瓷制品了如指掌，只有这样才能建造出可掌控的、烧成效果良好的窑炉。

（3）烧成气氛：窑室的形状取决于烧成气氛——氧化气氛、还原气氛或者中性气氛。燃烧器以及烟囱挡板的设置能在很大程度上影响窑炉内部的烧成气氛；而烧成气氛反过来又会影响陶瓷制品的坯料、釉料以及它们的烧成效果。

（4）燃料类型：在城市里建造柴窑的想法虽浪漫却不实际。可供我们选择的燃料类型包括：天然气、丙烷/丁烷、油、木柴、煤/焦炭以及电。由于丙烷/丁烷以及电随处可见且十分环保，因此以它们作为燃料的窑炉适合建造在任何一个地方。天然气广泛应用于城市以及人口密集区，但需要注意的是，倘若你想建造一座以天然气作为燃料的窑炉，在正式建造之前必须先计算出烧窑所需的用气量。以木柴、煤/焦炭以及油作为燃料的窑炉适合建造在乡下。

（5）窑炉选址：无论是在城市、郊区、自家后院、车库、厂院还是乡下，所有的地方都能"自行设计"窑炉。这里所谓的"自行设计"是指每一个地方都有其最适合建造的窑炉类型，比如柴窑不适合建造在车库里，穹顶穴窑不适合建造在郊区。很多地区都制定了建造窑炉时必须遵守的建筑规范，因此可供选择的窑炉类型就会相应地受到制约。在你开始投资建造之前，必须先打听好所在区域的建筑规范。

（6）硼板规格：确保你所设计的窑炉容积与标准的硼板规格相适宜。

3.2　设计原理

当前文中所介绍的各项准备工作都完成后，你就需要仔细考虑以下这 9

< 《影子》，茱莉亚·奈玛。穹顶穴窑烧制、透光度极好的瓷器纸浆泥

项设计准则了。无论是哪种窑炉，其设计方案都是在此基础上制定出来的。

3.2.1　准则 1

对于窑炉而言，立方体堪称万能形状。但需要注意的是，这不包括下部窑室为立方体而上部窑室为拱形的窑炉（图 3-1），这种窑炉的容积相对更大。拱顶部分同时具有容纳陶瓷制品以及烟气的功能。在宽度保持不变的情况下，提升立方体形窑室的高度会导致窑温分布不均（图 3-2）。我说不清高度提升的数值与温度分布之间的具体比率，但我通过烧成实践发现，一座底面为 61 cm×91 cm、拱顶最高处为 152 cm 的底部出火式顺焰窑，无论按照什么烧成速度烧窑，顶部区域和底部区域的窑温差都介于 0.5～1 个测温锥的烧成温度之间；但假如该窑炉的高度下降 30.5 cm（成为 61 cm×91 cm×122 cm），其内部各区域的窑温便会均匀分布。类似的情况还出现在一座 91 cm×91 cm×152 cm 的窑炉中，其顶部区域和底部区域的窑温差距亦介于 0.5～1 个测温锥的烧成温度之间，但若将其长度和宽度都增加至 122 cm 后，其内部各区域的窑温便会均匀分布了。因此，就底部出火式窑炉而言，我的建议是将其宽度和高度建成相等的尺寸，这样的比例有利于窑温均匀分布。通过实践我还发现倒焰窑以及交叉焰窑也存在上述问题。由于延长立方体窑室的边长并不会影响窑温分布，所以陶瓷厂家更倾向建造类似于隧道窑（图 3-3）这类体型较长的窑炉。需要注意的是，窑室越长，需要设置的燃烧器越多。对于穹顶窑（图 3-4）而言，穹顶的直径和高度是否应当一致取决于窑炉的类型是顺焰窑还是倒焰窑。在绝大多数情况下，计算小型倒焰窑的高度时要将其穹顶高度一并计算在内，而计算顺焰式间歇性圆窑的高度时则要将其穹顶高度另外计算（参见附录 2　窑炉拱形结构耐火砖计算）。对于高度较高的窑炉（图 3-2）而言，其燃烧器的设置位置极其重要，一般应当设置在窑壁上部。除此之外，诸如管式窑、土拨鼠洞式穴窑等特殊形状的窑炉的外形设计并不以立方体作为基础，而应当遵守下文中介绍的其他几项准则。

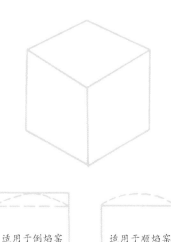

适用于倒焰窑　　适用于顺焰窑

图 3-1　对于窑炉而言，立方体堪称万能形状

图 3-2　提升立方体窑室的高度会影响窑炉的烧成效果

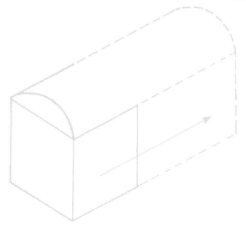

图 3-3　延长窑室的长度不会影响窑炉的烧成效果

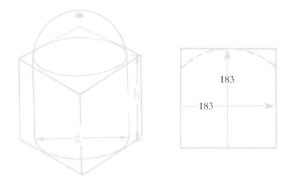

183

183

图 3-4　对于穹顶窑而言，最好让穹顶的直径和高度等值（单位：cm）

3.2.2　准则2

窑室的形状取决于热量以及火焰的流动方向，且必须注意以下两大因素：

（1）热量以及火焰的流动方向会顺着窑炉拱顶的形状走（图3-5），但其走向并不与窑炉拱顶的角度完全一致（图3-6）；

（2）炉膛烟道入口处、烟道出口处以及挡火墙部位的热量以及火焰流动方向呈直角。直角会导致热量分布不均进而影响陶瓷制品的烧成效果。

图3-6展示的是土拨鼠洞式穴窑的基本设计形式。尽管这种设计形式的烧成效果也还不错（参见第4章相关内容），但是热量以及火焰的流动方向如图所示会顺着窑顶形状呈折线形，导致靠近后墙处以及靠近地面处的窑温相对较低，摆放在上述部位的陶瓷制品的烧成效果会受到很大影响。在此介绍一种与上述设计形式完全相反的案例——将燃烧器设在拱形窑壁上，热量以及火焰的流动方向会先顺着拱形结构或者炉膛形状往上走，之后向下走并顺着烟道流出窑炉外部。我在澳大利亚用轻质耐火浇注料建造的"加尔贡赛车窑"（gulgong racer）以及基姆·艾林顿（Kim Ellington）用耐火砖建造的土拨鼠洞式穴窑用的就是上述设计形式。除此之外，尼尔斯·卢（Nils Lou）在美国明尼苏达州建造的平顶窑以及由他建造的以燃气为燃料的假倒焰窑亦采用了上述设计形式。实践证明，只要热量充足再加上烟道与烟囱之间的比率正确，任何形状的窑炉都可以呈现出良好的烧成效果。由于炉膛的形状最简单也最好建造，所以该部位是上述窑炉整体形状的设计出发点。这种设计形式优点突出，烧成效果很好，因此值得深入研究。其中也运用了最传统、最基本的自然气流抽力原理。

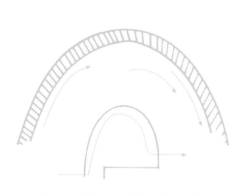

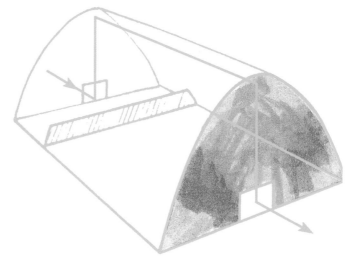

◁ 图3-5　热量以及火焰的自然流动方向会顺着窑炉拱顶的形状走

◁ 图3-6　热量以及火焰的自然流动方向因受到窑炉构造影响呈折线形（参见后文有关土拨鼠洞式穴窑设计的内容）

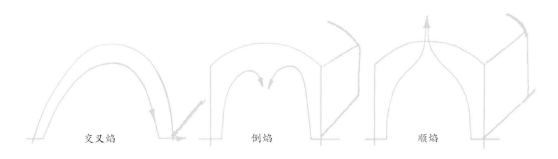

交叉焰　　　　　　　　倒焰　　　　　　　　顺焰

图 3-7　三种窑室的剖面图及其热量以及火焰的自然流动方向

图 3-7 展示了三种不同窑室及其热量、火焰的流动方向。

3.2.3　准则 3

基于自然气流抽力原理，必须将燃烧区域设计的足够大。燃烧区域（炉箅、炉膛）面积的设计要以所选用的燃料类型为基础并遵守以下原则。

（1）柴窑：燃烧区域的面积应当比烟囱的横截面面积大到 10 倍以上，换句话说，燃烧区域的面积∶烟囱的横截面面积 = 10∶1。

（2）煤窑：窑底每 0.56～0.74 m² 中燃烧区域应占 0.09 m²。

（3）油窑：窑底每 0.46 m² 中燃烧区域应占 0.09 m²。

（4）气窑：陶瓷制品与窑壁之间的燃烧区域最小预留间距为 11.5 cm，通常情况下其间距为窑壁的厚度。

上述准则是设计窑炉时最难的一部分，但同时也是最重要的一部分，因为燃烧区域的面积决定着窑炉内部的自然气流抽力数值。在此方面有疑问时，要记住燃烧区域的面积宜大不宜小。同时，将烟囱设置在燃烧区域面积较大的一侧好于将其设置在燃烧区域面积较小的一侧。

设计窑炉的时候首先要设计的是炉膛、燃烧区域以及窑室，之后再根据上述几个部位的面积设计出与之搭配适宜的烟囱。假如经过计算后发现手边的耐火砖尺寸无法与之匹配，可以通过扩大面积的方法解决。为了便于理解上述柴窑燃烧区域的设计原则，我以一个倒焰速烧窑以及一个交叉焰窑为例进行说明。

双炉膛倒焰速烧窑的燃烧区域面积为 5226 cm²，将此数值除以 10 之后得出烟囱横截面面积为 523 cm²。假如燃烧区域的面积为 7838 cm²，将此数值除以 10 之后可得出烟囱横截面面积为 784 cm²（图 3-8）。双炉膛交叉焰窑的总燃烧区域面积为 13935 cm²（其中一间炉膛的面积为 387 cm²，与之相邻的另一间炉膛面积为 232 cm²），将此数值除以 10 之后可得出烟囱的尺寸应为 30.5 cm×45.7 cm，为了能够与耐火砖的尺寸搭配适宜，我将烟囱的设计尺寸调整为 87 cm×116 cm（图 3-9）。通过总结多年的建窑以及烧窑经验，我建议大家在建造柴窑时选用下列比例：燃烧区域的面积：烟囱的横截面面积=7：1，其优点如下：烧成技法更多变、烧成时间更短、高度可调节且烟道、烟囱以及烟囱挡板的高度也可以变换。对于土拨鼠洞式穴窑而言，以燃烧区域的面积：烟囱的横截面面积=4：1 为宜（图 3-10）。

基于自然气流抽力原理建造的窑炉，其烟道入口的面积应当与烟道出口的面积相等，原因很简单，即所谓的"进多少出多少"。如果烟道出口的面积太小会阻碍热量流通，进而影响升温以及烧成效果。各烟道入口的总面积应当与烟囱的横截面面积相等。换句话说，假如烟囱的横截面面积为 1045 cm²，各烟道入口的总面积也应当为 1045 cm²。由于单块耐火砖的标准规格为 23 cm×11.5 cm，所以需要使用 4 块耐火砖建造烟道才能同时令烟囱的横截面面积以及各烟道入口的总面积等值（1045 cm²）（图 3-11）。

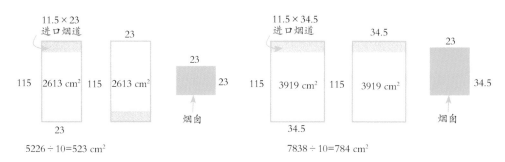

< 图 3-8　倒焰柴窑燃烧区域面积与烟囱横截面面积比例参考建议（比率为 10：1）（单位：cm）

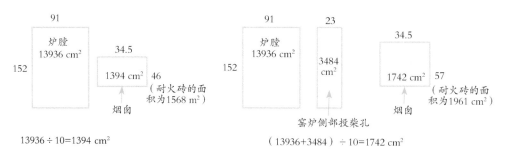

< 图 3-9　交叉焰柴窑燃烧区域面积与烟囱横截面面积比例参考建议（单位：cm）

< 图 3-10　柴烧土拨鼠洞式穴窑燃烧区域面积与烟囱横截面面积比例参考建议（比率为 4：1）（单位：cm）

需要注意的是，当烟道出口伸入烟囱内部时必须将其面积缩小一些，因为只有这样烟囱的横截面面积才会大于烟道出口的面积，也可以通过在窑室后部以及烟囱前面设置烟雾收集箱来解决。基于自然气流抽力原理建造的窑炉，其烟道出口面积被刻意缩小过，因为这种窑炉的烟道出口与烟囱直接连通。

基于自然气流抽力原理建造的窑炉，当烟囱横截面面积远大于其烟道入口面积以及烟道出口面积时，必须将烟囱建造成逐渐收口的形状才能获得良好的抽力。

简便而言，可以将烟道入口的面积、烟道出口的面积、烟囱的底部横截面面积设计成相等的，再把烟囱口设计得小一些。这些措施都有利于窑炉的烧成效果。在预留位置时，切记宜大不宜小，因为想要缩小其面积时只需借助耐火砖将它们适度封堵一下就可以了。

使用加压气体烧窑时，应当将烟道入口的面积以及烟道出口的面积设计成相等的。例如顺焰气窑底部设有 10 个燃烧器端口，每个燃烧器端口（烟道入口）的直径为 6.3 cm，每个燃烧器端口的面积约为 31.6 cm²，10 个燃烧器端口的总面积约为 316 cm²，因此设置在窑炉拱顶上的烟道出口面积亦应当为 316 cm²（图 3-12）。为安全起见，对于倒焰窑或者假倒焰窑而言，可以借助耐火砖将其烟道出口封堵起来。对于顺焰窑而言，可以将其烟道出口（有些时候一座窑炉上会设置多个烟道出口）的面积缩小 5%，当然特殊情况下也可以将其面积增大一些。需要注意的是，扩大孔洞的面积比缩小孔洞的面积难得多。

使用加压气体（强制通风）烧制倒焰窑或者交叉焰窑时，其烟道入口的面积应当与燃烧器顶端的面积相等或稍大一些，因为在供给一次风的同时，燃烧器周围还有二次风加入。在绝大多数情况下，先使用标准规格的

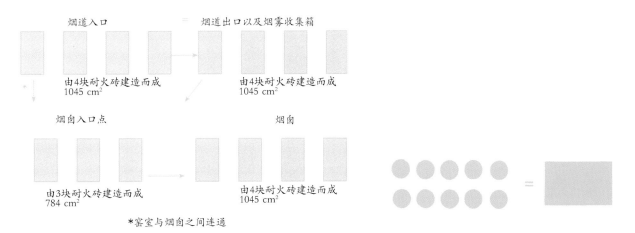

图 3-11　烟道与烟囱之间的关系

图 3-12　顺焰气窑的烟道入口面积与烟道出口面积必须相等

耐火砖建造烟道入口，如果需要对烟道面积进行调整再缩减其尺寸。对于既使用燃气也使用木柴作为燃料的窑炉而言，必须再额外设置几个通风口。要用标准规格的耐火砖建造烟道出口（需要调整时再缩减其尺寸），除此之外还必须让烟道的出口面积与烟囱的横截面面积比率符合自然气流抽力原理。与基于自然气流抽力原理建造的窑炉相比，使用加压气体烧窑的窑炉其烟囱高度至少低 25%。

3.2.4　准则 4

自然气流的流通速度取决于烟囱逐渐变窄的形状。烟囱逐渐变窄会降低气压并加快自然气流的流通速度，进而影响自然气流的抽力数值。基于自然气流抽力原理建造的窑炉，气流的流通速度应当以介于 122～152 cm/s 之间为宜。在烧窑的过程中必须时不时地检测一下自然气流的流通速度，同时，烧窑初期自然气流的流通速度非常缓慢。对于一座烧成温度为 10 号测温锥熔点温度的窑炉而言，当窑温达到 1093℃后，自然气流的流通速度可达到 122～152 cm/s，窑炉达到最佳效率。以英尺为单位测算自然气流的流通速度是以气流在窑炉内部的流通轨迹总长度作为基础的，即气流先顺着窑炉前壁上升至穹顶，之后再通过窑炉后壁穿越烟道，最终由烟囱流出窑炉外部的路线总长度（图 3-13 中这座窑炉的自然气流流通路线总长为 13.7 m）。当这座窑炉的自然气流流通速度达到最佳状态时，气流从 X 点流通至 Y 点的时长为 10 s。可以通过以下方法测算窑炉内部的自然气流流通速度：往窑炉内扔一块油布，看几秒钟之后烟囱里会冒出烟雾。当时间过长时可以通过缩减烟囱口面积来提升自然气流的流通速度。对于一个高度介于 3.7～4.9 m 的烟囱，其底部横截面面积与口部横截面面积的大小应为：烟囱底部横截面面积为 30.5 cm×30.5 cm，烟囱口部横截面面积为 23 cm×23 cm。基于自然气流抽力原理建造的窑炉，其烟囱底部横截面面积不宜小于 23 cm×23 cm。

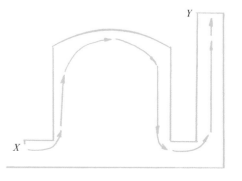

▷ 图 3-13　自然气流从 X 点流通至 Y 点（13.7 m）的时长为 10 s

3.2.5　准则 5

基于自然抽力原理建造烟囱时，其高度为窑室高度的三倍，再加上窑炉纵深总数值的三分之一。例如图 3-14 中的窑室高度为 183 cm，窑室纵深 152 cm，烟雾收集箱纵深以及烟囱纵深均为 30.5 cm，因此，烟囱高度的第一步计算：3×183＝549 cm。烟囱高度的第二步计算：152＋30.5＋30.5＝213 cm；213÷7＝71 cm。将两步相加得出烟囱的最终高度为：549＋71＝610 cm。因此，基于自然抽力原理建造的窑炉烟囱高度计算公式为：（3×窑室高度）＋（窑炉纵深总数值÷3）＝烟囱高度。

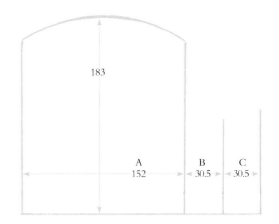

图 3-14　基于自然气流抽力原理建造的窑炉（单位：cm），其烟囱的高度等于：窑室高度×3，再加上窑炉纵深总数值÷3
A—窑室；B—烟雾收集箱；C—烟囱

上述公式仅作为参考，当烟囱的形状下宽上窄时还需从其总高度内再减去大约 61 cm。这是计算窑炉烟囱高度的一般准则。当烟囱的高度看上去有些超标时，可以通过扩展烟囱底面积的方式降低其高度：烟囱底部的横截面面积与烟囱顶部的横截面面积相差越大，烟囱的高度越低。烟囱的收口起点位置可以与窑炉拱顶顶点的高度齐平。

基于自然气流抽力原理建造的窑炉与使用加压气体烧窑的窑炉相比，前者的气流流通以自然抽力为动力，后者的气流流通以压力为动力，因此为后者建造烟囱时没必要把烟囱建的那么高。后者的烟囱高度约为前者烟囱高度的 2/3 或者更低一些，这取决于窑炉的建造位置。顺焰窑没有烟囱，大多数商业出售的交叉焰窑（假倒焰窑）的烟囱高度与窑炉拱顶几乎齐平，烧窑时排放出来的烟雾是借助排风扇排出室外的（当窑炉建在室内时）。

3.2.6　准则 6

烟囱的直径为窑室直径的 1/5～1/4。假如窑室的直径为 152 cm，那么烟囱的直径至少为 30.5 cm。为基于自然气流抽力原理建造的窑炉建造烟囱时，将本条准则与前文中的准则 3 结合在一起可以设计出特殊尺寸的烟囱。

3.2.7　准则 7

烟囱越高火焰的流通速度越快。烟囱过高会加大自然气流的抽力，进而导致热量无法在窑室内集聚，窑炉内部热量分布不均，烧成速度明显减缓。相反，烟囱过低会降低自然气流的抽力，导致大量烟雾聚集在炉膛内部或者燃烧区域而无法排出窑外，窑炉内部供氧不足，窑温难以提升。

3.2.8　准则 8

多窑室交叉焰窑的烟囱高度应当等于窑炉斜坡角度在垂直面上的投影长度。根据这一准则可以计算出多窑室交叉焰窑烟囱的最低高度。如图 3-15 所示，沿着窑炉的斜坡角度画一条直线，线尾与窑炉最高处的交汇点垂直向下直至地平面的长度即为烟囱的高度。

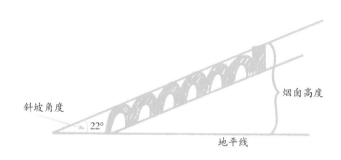

〈 图 3-15　多窑室交叉焰窑烟囱的高度取决于窑炉的斜坡角度

3.2.9　准则 9

必须将窑炉上所有的关键区域设计以及建造成可以调整的。对烟道尺寸、炉算面积或者烟囱大小有疑问时，最基本的设计原则是宜大不宜小。面积超标时仅需借助耐火砖将其封堵住一部分就可以了。使用 23 cm×11.5 cm×6.3 cm 标准规格耐火砖或者 23 cm×11.5 cm×7.5 cm 大型标准规格耐火砖建造窑炉相对较便捷。在绝大多数情况下，烟道的尺寸为一块耐火砖直立起来的尺寸（23 cm×11.5 cm）。相邻两个烟道之间的距离为 23 cm。

将烟道设计成可以调节式的，即只需添加或者去除若干块耐火砖就可以改变其尺寸，将烟囱入口处的烟道也设计成可调节式的，再建造烟囱，这样烟囱的高度也可以调节。这些都是窑炉设计得以成功的秘诀。

3.3　海拔调整

在高海拔地区建造窑炉时必须考虑缺氧对烧窑造成的影响并做出相应调整。这种影响在海拔超过 1158 m 的热带沙漠及海拔为 1524～3048 m 的山区尤为明显。室外温度以及海拔都会直接影响空气中的含氧量。例如美国科罗拉多州的阿斯彭海拔为 2621 m，当室外温度为 22℃时，该处的空气氧含量与海拔为 3048 m 处的空气氧含量相等。因此，在当地最好选择夜晚烧窑，因为空气凉下来之后密度就会增加，供氧量也会更加充足。

为高海拔空气稀薄地区设计以自然气流抽力原理烧窑的窑炉时，需按照以下 5 个步骤作出设计调整：

（1）按照窑炉的基本设计准则计算出烟囱的直径、烟道入口和出口的面积以及烟囱的高度。

（2）将烟囱的直径拓展大约 50%（此数值最接近耐火砖的砌筑要求）。例如，当烟囱的原始直径为 23 cm 时，其拓展后的直径为 34.5 cm（图 3-16）。

（3）将烟道入口及出口的面积拓展 50%。假如窑炉中设置了 3 个烟道入口以及 3 个烟道出口，每个烟道入口以及出口的面积为 23 cm×11.5 cm，应当将其面积拓展为 34.5 cm×11.5 cm（图 3-17）。

（4）将烟囱的高度至少提升 30%，以便于更多氧气流通。

（5）调整烟囱（柴窑）或者窑底（煤窑以及油窑）时，没必要扩展炉箅的面积。烟道的数量可以不增加，但氧气的摄入量必须增加。

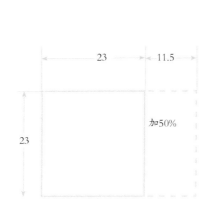

图 3-16　在高海拔地区建造窑炉时，应当把烟囱的直径拓展 50%（单位：cm）

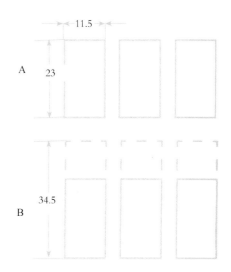

图 3-17　在高海拔地区建造窑炉时，应当调整烟道入口以及烟道出口的面积（单位：cm）
　　A—常规尺寸；B—将烟道口的面积扩展 50%

第④章

交叉焰窑

交叉焰窑内部的火焰流通路线为窑室一侧烟道入口至窑室另一侧烟道出口。交叉焰窑包括四大类型：单窑室交叉焰窑、多窑室交叉焰窑、阶梯窑、平地管式窑（图4-1）。

交叉焰窑起源于远东地区。或许其具体地域以及时间已经无法考证，但是中国、朝鲜半岛以及日本的窑工大约在同一时期开始建造形态类似的交叉焰窑——穹顶穴窑。穹顶穴窑普及于日本奈良时代、中国隋代以及朝鲜半岛新罗时期。日语中穹顶穴窑写作"anagama"，"ana"的意思是洞穴，"gama"的意思是窑炉。

日本已故的陶艺大师富本宪吉曾向我讲述了穹顶穴窑的发展演化史。在长达数个世纪的烧窑实践中，窑工们逐渐意识到将原始坑窑封闭起来有利于提升烧成温度以及陶瓷制品的持久性。用黏土将窑坑四周围合起来可以提高烧成温度（图4-2）。

（a）单窑室交叉焰窑　　　（b）多窑室交叉焰窑　　　（c）阶梯窑　　　（d）平地管式窑

> 图4-1　交叉焰窑四大类型

当地中海东部以及中东的窑工开始建造简易式顺焰间歇性圆窑时，远东的窑工走上了一条完全不同的发展道路。由于黏土矿藏极其丰富，这些地区出现了以陶瓷产业为主的陶艺村（中国、朝鲜半岛以及日本炻器黏土矿藏丰富，开采之后可以立即做陶，而相比之下中东地区的黏土矿藏就显得十分贫瘠了）。窑工们在河岸边以及山里挖洞，初期的洞口大小仅容一人匍匐进入（图4-3，图4-4），之后将主洞位置扩大并倾斜向上一直挖至地面，形成烟囱和烟道（图4-5），待洞内黏土被彻底清除干净之后，慢慢塑造出炉膛、窑底以及窑壁的形状并让其彻底干透，在窑门或者炉膛内点燃篝火并逐渐扩大火势，持续烧成数周直至窑壁烧结。烧成令窑室逐渐转变为一个坚固的整体式结构。

几次烧窑之后，窑室的墙壁上以及窑顶上会逐渐出现釉料（草木灰）沉积层。随着窑温逐渐提升、烧成时间逐渐延长，草木灰落到放置在窑炉内部的陶瓷坯体上。窑工们起初将落灰视为一种烧成缺陷，但随着时光流逝，落灰逐渐被窑工们认可和接受，这就是最原始的草木灰釉。穹顶穴窑进一步演化，其尺寸越变越大，在挖洞的过程中稍有不慎就会引起塌方。按照富本宪吉的说法，单窑室交叉焰窑也因此逐渐演化为多窑室交叉焰窑。

> 图4-2　封闭式坑窑，穹顶穴窑雏形

图 4-3　穹顶穴窑入口

（a）透过穹顶穴窑的烟囱向里望

（b）透过穹顶穴窑的烟囱向外望

图 4-4

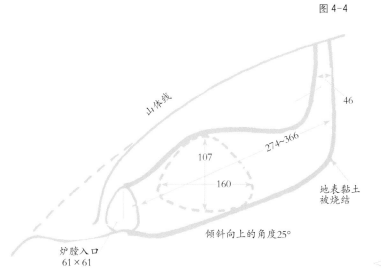

图 4-5　穹顶穴窑剖面草图（单位：cm）

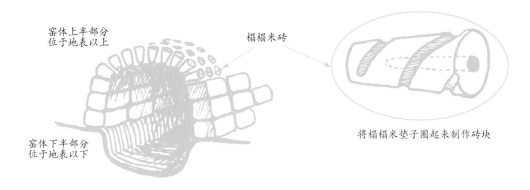

< 图 4-6 管式窑的结构以及榻榻米砖。这种砖块是在圈起来的榻榻米垫子里制作完成的

后来随着制砖技术的提高以及锥形榻榻米砖的出现，窑拱变得越发稳定，窑炉也从全地下结构转变为半地下结构（图 4-6）。

4.1 丹波管式窑

丹波管式窑（Tamba Tube Kiln）是日本古代烧陶器的窑炉。在过去的650年中，丹波管式窑的形态、丹波陶器制作者的姓名、制陶用的黏土和釉料类型均从未改变过。日本政府将现存于世的23座丹波管式窑视为民间传统文化瑰宝小心地保护了起来。这些窑炉是由镰仓早期（1185～1392年）的朝鲜移民窑工建造的，他们在立局井制作并烧制炻器制品。对于当年的窑工而言，在一座窑炉内同时烧制500个大型坯体（高度介于33～61 cm之间）是一件极其困难的事情。来自朝鲜半岛的窑工是通过以下方法解决这一问题的：将窑炉的长度延长至大约36.5m，将窑体建造成半地下结构，建造烟囱并在窑室内摆满陶瓷坯体（图4-7～图4-9）。

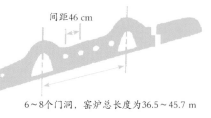

6～8个门洞，窑炉总长度为36.5～45.7 m

< 图 4-7 丹波管式窑剖面图

< 图 4-8 丹波管式窑的入口以及投柴孔

< 图 4-9 丹波管式窑

图 4-10　垫饼支撑

当时还没有硼板以及可以容纳大型坯体的匣钵。窑工们在坯体底部垫上垫饼（图 4-10）以作找平之用，然后将所有坯体逐行摆放在窑炉侧面的投柴孔之间。

丹波管式窑内部的火焰流通十分顺畅。每个窑门前的烟道入口面积都是相等的，烟道入口的面积与烟道出口的面积极其近似（图 4-11～图 4-15）。炉膛的深度为 183 cm，宽度为 152 cm，炉膛位于烟道入口与第一间窑室的交汇处（图 4-16）。烧窑时先在炉膛入口处点燃一小堆火，接下来逐渐投放更多更大的木柴以便加大火势。当炭火以及木灰积累到一定厚度之后，用铁棍子将其耙至炉算下。往窑炉两侧最前部的三四个投柴孔里添加木柴，持续烧成约 36 h 后窑温可以达到 1000℃。由前向后逐级添柴直至所有投柴孔都开始添柴为止。长时间烧成会令窑炉各部位以及素坯彻底干透，自然气流抽力逐渐提升。如今的窑工们多用带鼓风机的燃油燃烧器烧丹波管式窑。这种烧成方式有利于提高陶瓷制品的烧成效果以及缩短烧窑时间。

从窑炉侧部投柴孔往窑炉内投放木柴时很容易击伤坯体，因此装窑的方式很重要。窑工必须匍匐进入窑室内并将坯体稳稳当当地放在垫饼上。对于投柴孔位于窑身两侧的窑炉而言，在投柴孔旁放置坯体时必须在坯体两侧预留出 23 cm，此空间将作为木柴掉落以及燃烧的区域。同时从窑炉两侧投柴孔投放木柴直至木柴掉落以及燃烧区域内已经堆满燃料，且从投柴孔内冒出的火苗长度达到 30.5 cm 为止（图 4-17～图 4-19）。待火焰平息后再次投放木柴直至达到预定的烧成温度为止。连续投柴三四次之后借助铁棍子将堆积在一起的炭火和灰烬耙到炉算下，以便能为新投放的木柴腾出足够的空间。木柴在窑炉内部猛烈燃烧并释放出极高的热量。

图 4-11　丹波管式窑内景

51×30.5
+
61×30.5

▨ 中部窑室烟道口

▨ 尾部窑室烟道口

< 图4-12　丹波管式窑窑室烟道（单位：cm）

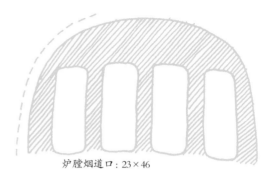

炉膛烟道口：23×46

< 图4-13　炉膛烟道（单位：cm）

< 图4-14　从另一个角度观察丹波窑炉的入口

倘若两次投柴间隔过长，烧成温度就难以保持或者难以提升。在这种情况下必须重新规划投柴时间。当投柴时长介于14～18 h时，木柴的投放量约为200捆（单捆木柴的尺寸为38 cm×38 cm×76 cm），除了木柴之外还需投放大量小木块。当烧至窑炉尾部时，炉膛以及窑炉前部的温度已经下降至可以出窑的程度了。在冷空气穿越炉膛的过程中会导致窑炉前部温度急剧下降，相当数量的坯体会因无法抵御热震的影响进而出现炸裂现象。待烧成结束后将烟道出口、烟囱以及炉膛封堵住。即便如此，窑炉前部在半天之内就可以达到出窑条件了。

柴烧虽然能在陶瓷坯体的外表面形成极富趣味且异常美丽的火焰流走纹饰以及木灰沉积图案，但是也可能出现吸烟和诸多釉料烧成缺陷（图4-20）。分段逐级烧管式窑是一项伟大的创新，这种烧成方式将每一间独立的窑室连通成一个整体。现代陶艺家很少使用丹波管式窑烧陶瓷作品，除非是将窑身缩小后用于烧制极其特殊的效果。随着历史的发展，管式窑逐渐过渡为阶梯窑。

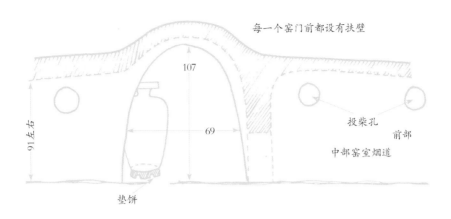

图 4-15　丹波窑炉的入口构造（单位：cm）

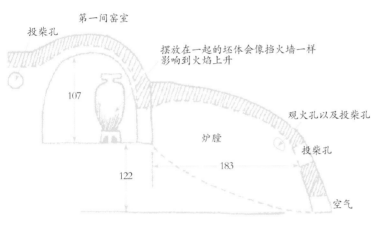

图 4-16　炉膛剖面图（单位：cm）

图 4-17　装窑位置

图 4-18　丹波管式窑尾部的烟道出口

图 4-19　丹波管式窑尾部窑室俯视图

（a）成品

（b）从近处观察可以发现釉层表面起泡了

图 4-20　丹波陶瓶

4.2　多窑室阶梯窑

　　京都坐落在本州岛中部，曾是日本的首都以及文化中心。在这座美丽的城市中，文化古迹随处可见，庙宇和神社多达数千座，其中最有名的包括银阁寺、京水寺、施仙堂、日莲神等。这些历史遗迹令京都熠熠生辉。在京都，诸如时代祭以及祇園祭之类的传统庆典一直延续至今。在市郊东南部面对群山处几座巨大的庙宇间夹着几条僻静的街道，数百座京都阶梯窑就建造在此处，即便是数千名陶工日以继夜的工作也需要至少两周时间才能将这些窑炉装满坯体（图 4-21～图 4-23）。

＜　图 4-21　多窑室交叉焰窑速写

＜　图 4-22　多窑室阶梯窑炉膛

图 4-23　坐落在日本京都境内的京水多窑室阶梯窑。我当年学习柴烧时用的就是这座窑，我每个月都会烧窑，一共烧了两年半

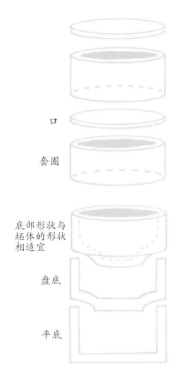

口

套圈

底部形状与坯体的形状相适宜

盘底

平底

图 4-24　匣钵有利于节省窑室空间

20 世纪 60 年代早期多窑室窑开始衰落，其原因是燃料供应不足以及烧成费用太高。如今为了保护环境、减少雾霾，坐落在京都东南部的京水、五条、泉涌这三个地区的多窑室阶梯窑被强制改造成电窑或者气窑。阶梯窑在京都盛行了将近 600 年后终于退出了历史舞台。

将丹波管式窑的各间窑室分段后就演化为多窑室阶梯窑了。分段处理既有利于控制烧成，也有利于拓展每间窑室的容量。匣钵和多窑室窑是同时发展起来的。匣钵由耐火黏土制作而成，可以将陶瓷坯体放入其内部之后再码放到窑炉中烧制。匣钵盛行于中国宋代（960～1279 年），闻名世界的天目茶碗就是装在匣钵内烧制出来的，中国南方地区如福建、湖南等地以及中国北方的青瓷瓷窑都用匣钵烧窑。1265 年，一位名叫加藤景正（Toshiro）的日本人因十分钟爱建窑瓷器而来到中国福建省建安市，他在当地潜心学习制陶以及窑炉建造技术，并将大量有关匣钵、窑炉设计以及黑釉（兔毫釉）的知识带回日本濑户（图 4-24）。

京都境内最大的多窑室窑位于户边村（毁于 1963 年 7 月）。其总容积为 425 m³，这座窑炉共有 7 间窑室，其中最大的一间窑室长 7.6 m、宽 3 m、高 3 m，烧这座窑需要使用 40 t 木柴。京都境内的阶梯窑是所有多窑室窑中设计的最好的，也是最经典的（图 4-25～图 4-31）。

与其他地区的多窑室窑相比，京都的多窑室窑较窄。其原因是窑工们在长年建窑实践中发现，将窑室建造的高一些窄一些更利于窑温平均分布以及控制还原。每间窑室都有一个双圆心拱顶，靠近窑炉前部一侧较圆，靠近窑炉后部一侧较尖。如图 4-32 所示，自然气流在这种结构内会形成旋涡短时间内无法顺畅排出，因此特别有利于形成还原气氛。在还原烧成的

过程中必须缩减投柴时间的间隔，进而让炉膛内的炭火堆积厚度达到理想
程度。

图 4-25　京水多窑室阶梯窑的第五间窑室内摆满了陶瓷坯体

图 4-26　弗雷德里克·奥尔森正在烧京水多窑室阶梯窑的第五间窑室，1962 年

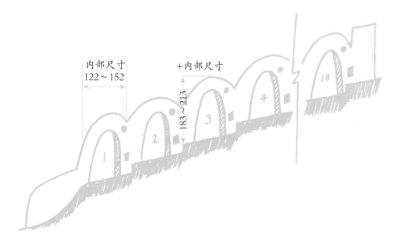
图 4-27　京水多窑室阶梯窑剖面图（单位：cm）

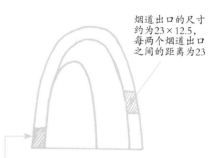

京都多窑室阶梯窑尺寸：
高183～213，宽137～183

烟道出口的尺寸约为23×12.5，每两个烟道出口之间的距离为23

烟道入口的尺寸：
（23×15）～（23×11.5）

图 4-28　京都多窑室阶梯窑尺寸（单位：cm）

图 4-29　京都多窑室窑烟道出口近景

图 4-30　第二间窑室内景，该窑室仅烧还原气氛

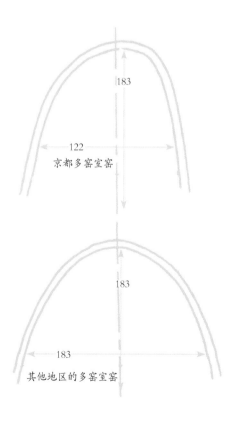

图 4-31　京都多窑室窑与其他地区的
多窑室窑对比图（单位：cm）

适用于烧制中性气氛以及氧化气氛的窑室拱顶弧度较小，近似于单圆心拱顶，这种形状有利于自然气流快速流通进而形成氧化气氛。有些窑炉，例如坐落在四国岛上的户边窑（Tobe kiln）、九州岛上的恩田窑（Onda kiln）以及小石原窑（Koishibara kiln），其窑室宽度和高度几乎是等值的。该比例适合烧氧化气氛，想要烧还原气氛是比较困难的。烧氧化气氛的时候，让前次投放的木柴彻底烧尽之后再投放新柴，这样可以营造相对纯粹的氧化氛围。

京都的多窑室窑地面包含三个特殊区域，分别是近投区（hana）、中投区（tsunaka）、远投区（donaka）（图 4-33）。区域划分以木柴的投掷距离为衡量标准：近投区最近、中投区居中、远投区最远。烧窑的时候同时从窑炉两侧的投柴孔往窑内投放木柴。因此，当首席窑工喊"中投区"的时候，其他人就知道应该往哪里投放下一块木柴了。

图 4-34 为窑室垂直截面图，通过观察可以发现窑室部分被划分为三个区域。前火区位于窑室前部（包括炉膛在内），距离前窑壁23 cm，区域界线为摆放在窑底上的一行空匣钵，这行匣钵可以起到挡火墙的作用。上火区位于主窑室上半部分，下火区位于主窑室下半部分。如图所示，每一个区域内都设置了该区域专用的投柴孔，其中下火区的专用投柴孔位于两行匣钵之间。

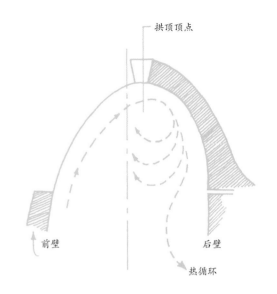

图 4-32　拱顶弧度偏移有利于形成还原气氛

图 4-33　窑室地面划分

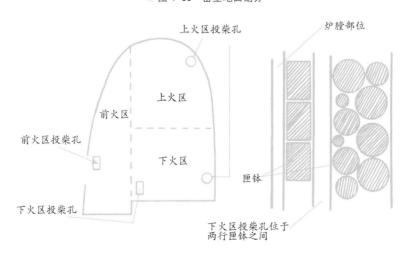

图 4-34　京都多窑室窑垂直截面图

将一座七窑室窑［例如图 4-35 中的铃木健窑（Suzuki kiln）］烧至8～9 号测温锥的熔点温度大约需要 56 h。每一间窑室的规格为 4.3 m×2 m×1.4 m。持续投柴 15 h 之后窑温可以达到 1000℃。接下来窑工开始从第一间窑室两侧的投柴孔同时投放木柴，每次的投柴量为 1/4 捆（每捆木柴的直径为 38 cm，长度为 46 cm），此环节的投柴时间约为 1 h。随后逐渐加大投柴量：第二小时半捆柴，第三小时 3/4 捆柴，到第四小时每隔 3～4 min 投一捆柴以便形成还原气氛，到第七小时（最后 1 h）每次投两捆柴。第一间窑室、第二间窑室、第三间窑室内形成还原气氛共需 7 h，在此期间内窑室每侧的投柴量约为 75 捆。第四间窑室、第五间窑室、第六间窑室、第七间窑室内形成氧化气氛共需 5 h，在此期间内窑室每侧的投柴量约为60 捆。

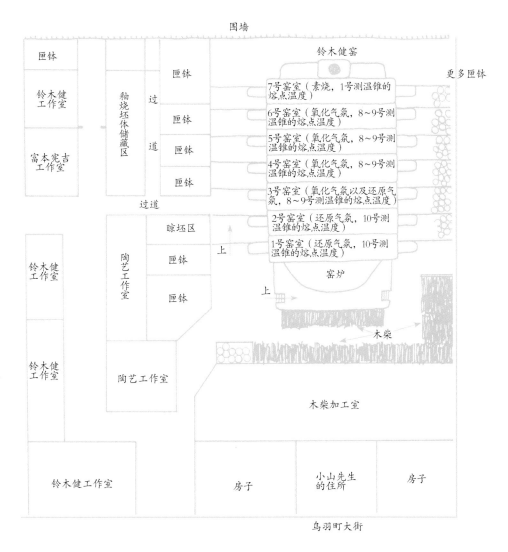

图 4-35　铃木健的多功能窑

烧多窑室窑的时候必须时不时地检查一下烧成情况，保持一定的烧成节奏非常重要。烧中性气氛以及氧化气氛的时候，必须在木柴即将烧尽之前投柴，否则就难以达到预定的窑温。要在烧窑实践中学习和总结每次所需投放的木柴量，投柴过量会导致自然气流受阻；投柴不足量窑温难以提升。

4.3　京都日大阶梯窑以及河合卓一阶梯窑

4.3.1　京都日大阶梯窑

京都日大阶梯窑（Bidai climbing kiln）的体量并不大，其地基挖在一个小缓坡上（图4-36）。窑壁根基是用大耐火砖（28 cm×23 cm×18 cm）砌筑而成的，灰浆接缝。窑壁高度直至拱顶起点，烟囱部分也包括在内，但不包括炉膛。砌筑窑壁用的耐火砖有两种规格：15 cm×9 cm×24 cm以及15 cm×15 cm×24 cm，砌砖用的灰浆是由耐火黏土调配的稠泥浆。窑炉前壁高97 cm，向窑室方向微微内倾直至拱顶起点（图4-37）。在建造第

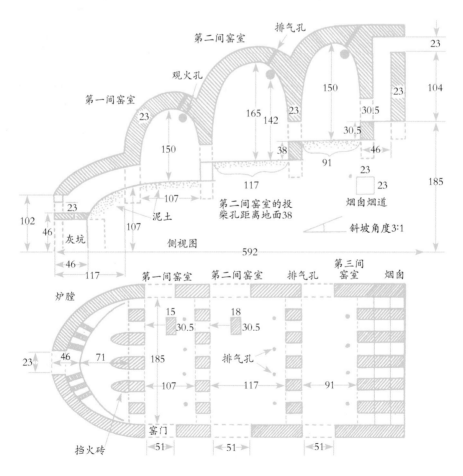

＜图4-36　京都日大阶梯窑（单位：cm）

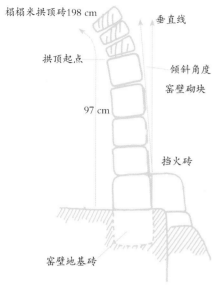

榻榻米拱顶砖198 cm

垂直线

拱顶起点

倾斜角度
窑壁砌块

97 cm

挡火砖

窑壁地基砖

> 图 4-37　前壁的结构

一个拱顶之前必须用木棒将第一间窑室的墙壁支撑住（图 4-38）。拱顶的弧线向后微倾，以便使拱顶产生的压力更多分布在窑室后墙以及烟囱上。

第一间窑室的墙壁以及炉膛的拱顶承重相对较轻。假如来自上部的压力过大的话，就必须借助木棒将第一间窑室的墙壁支撑住。第二间以及第三间窑室的拱顶（图 4-39）是从两侧底部逐渐向顶点方向砌筑起来的（图 4-40）。待三间窑室的拱顶全部建造好之后（图 4-41）开始建造炉膛，砌筑炉膛的拱顶时并没有使用拱顶支架（图 4-42，图 4-43）。整个窑体全部建造完之后，其外表面上涂抹了一层灰浆，灰浆的厚度为 7.5 cm，罩面用的灰浆是由耐火黏土、地表黏土以及稻草调配而成的。支撑观火孔以及排气孔等部位的木棒不用拆掉，待稍后烧窑时它们自然会化为灰烬。有关这座窑炉的炉膛以及其他部位的细节将在第 8 章中作详细介绍。由于建造窑炉时所使用的耐火砖并不是标准规格的耐火砖，所以砌筑出来的烟道尺寸以及各部位空间都很特别。材料虽然不同但烟道的面积依然以标准耐火砖为准（11.5 cm×23 cm），两个相邻的烟道口间距为 23 cm。

> 图 4-39　第二间窑室的构造

> 图 4-38　第一间窑室的拱顶

> 图 4-40　砌筑拱顶

< 图 4-41　窑室部分已经建造完成

< 图 4-42　砌筑炉膛

< 图 4-43　炉膛构造

4.3.2　河合卓一阶梯窑

1984 年春天，河合卓一在京都郊外建造了一座四窑室阶梯窑。20 世纪 60 年代早期，河合卓一、约翰·夏贝尔和我成为挚友，1963 年秋天我们三个人结伴去澳大利亚参加展览。1984 年 5 月，我回到日本探望重病中的良师益友近藤雄三，来探望他的人还有我在京都学艺期间的好友富本宪吉以

图 4-44　我和河合卓一在工作室前合影，1984 年

及河合卓一（图 4-44）。去河合先生家造访非常开心。我们回顾旧时光、翻看旧照片、谈论往事并沿街走到他叔叔河合宽次郎（Kanjiro Kawai）的博物馆和工作室参观。河合先生迫不及待地将我引至他的新工作室参观他新建造的窑炉（图 4-45）。我发现这座窑炉的建造技法与 1962 年建造的日大阶梯窑完全相同。河合卓一建造的这座窑炉内部尺寸如下：长 213 cm、宽 122 cm、高 173 cm，最后一间窑室的烟道面积稍大（23 cm×25 cm），其他窑室的烟道面积略小（18 cm×25 cm，图 4-46）。窑室之间的台阶尺寸为 30.5 cm×38 cm。炉膛高 152 cm，搭建在灰坑上的炉算条长 46～61 cm。炉膛两侧各设有两个附加的投柴孔。拱顶和炉膛是用榻榻米砖砌筑而成的（图 4-6、图 4-40、图 4-45～图 4-48）。河合卓一阶梯窑和日大阶梯窑的地面布局几乎是一模一样的。与此同时我还发现，为了承受来自拱顶的压力，炉膛和前部窑室的外墙上都支着木棒。对于诸如此类的多窑室窑而言支撑是必不可少的。

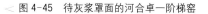

图 4-45　待灰浆罩面的河合卓一阶梯窑

图 4-46　第二间窑室上的投柴孔形似窑门

095

< 图 4-47　烟囱上的烟道出口

< 图 4-48　第 3 间窑室内景。每一间窑室内部的烟道都是相同的

4.4　藤原惠的备前阶梯窑

与其他日本传统窑炉相比，备前窑的功能和设计都很独特，它是由冈山县忌部氏原住民发明的土著窑炉。目前只有极少数依然以传统制陶方式工作的民间艺人还在使用这种窑炉，其烧成效果非常特别。

在正式了解这种窑炉之前，你必须先了解关于这种窑炉的一个重要知识点，那就是所要烧制的坯料类型。市面上出售的备前坯料由半精炼黏土和灰色炻器黏土［一种信乐烧黏土（Shigaraki）］调配而成，其含铁量为 4%～5%，二者间的调和比例为 2∶1。商业出售的备前烧陶瓷制品通常是在多窑室阶梯窑内烧制而成的。但陶艺家们使用的坯料配方却比较特殊。陶艺家藤原惠所使用的坯料配方中包含三种类型的黏土。主料为一种灰黑色黏土，其在配方总量中所占的比例为 60%，这种黏土中含有至少 10% 的铁以及其他有机物质。该黏土挖掘自稻田地表下 213 cm 处，使用之前需放置至少一年时间。配方中的第二种黏土是从海岸边地表下 61～152 cm 处挖掘的碱性海相沉积黏土，其在配方总量中所占的比例为 20%。配方中的第三种黏土是黄色山地黏土，这种黏土质地细腻且极富可塑性，其在配方总量中所占的比例亦为 20%。烧制由上述三种黏土调配的坯料时，倘若烧成速度过快极易出现变形、起泡、开裂以及塌陷等现象。在烧窑的过程中即便是将各环节都控制得不错，其烧成缺陷的出现概率也依然高达 50%。

〈 图 4-49　正处于烧成阶段的藤原惠窑　　　　　　　　　　　　　　　　　〈 图 4-50　藤原惠在家中，1962 年

与陶艺家藤原惠自己配制的坯料相比，商业使用的备前坯料出现上述烧成缺陷的概率相对较低（20%）。

所有的备前烧陶瓷制品均不施釉。一切烧成效果都取决于耐火黏土的颜色、烧成气氛、火焰走向、装窑位置、自然落灰以及各种装饰方法［例如用稻草（hidasuki）和用松针（matsuka）形成天然肌理，图 4-49］。只有那些富有冒险和开拓精神的陶艺家才能真正挖掘出备前烧陶瓷制品的独特美感（图 4-50）。

适用于备前烧陶瓷作品的窑炉必须克服天然黏土的烧成缺陷，同时具有展现备前烧陶瓷制品独特美感的功能。为了达到上述目的，就窑炉设计方面特给出以下几项建议：

（1）窑室空间宜大不宜小，以便于火焰流走。

（2）窑室高度宜低不宜高，以便于炭火沉积。

（3）各间窑室采用不同的设计方式，以便形成多种烧成气氛。

（4）在为期一周的烧窑过程中，可以通过缩减投柴间隔以及强还原的方式发挥出燃料的最大效率。

（5）在升温的过程中尽量减少热损耗。

备前窑的炉膛非常有趣，原因有以下两点：①与其他日本传统窑炉相比，备前窑的炉膛结构最开放；②炉膛就是第一间窑室，其地位最重要。投柴孔与下一间窑室的烟道入口之间没有夯筑阻隔，仅在中部设了一道倾斜的台阶（图 4-51）。炉膛台阶由硼板铺设而成，其宽度与窑炉宽度等值，坯体就放在这个台阶上烧制。该装窑位置既能让坯体直接接触火焰，又能在强还原气氛中接受更多落灰。

多窑室阶梯窑的窑壁厚度通常为 23～25 cm，墙体结构较为松散，排

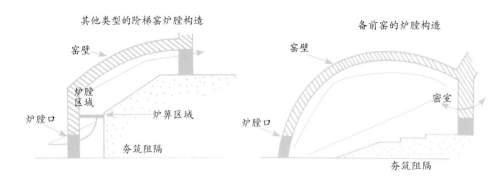

> 图 4-51　备前窑的炉膛就是第一间窑室，内部不设夯筑阻隔，这种设计形式有利于形成还原气氛

气孔纵向排列在每一间窑室的顶部。但备前窑的窑壁厚度介于 25～33 cm 之间，墙体结构相当紧致，窑室的顶部不设排气孔，窑身的外表面上罩着一层由耐火黏土、稻草和地表黏土调配而成的绝缘性灰浆。紧致的窑身具有防止热量流失的作用，能在每次升温的过程中发挥出燃料的最大效率。窑炉的膨胀率以及收缩率可以满足长时间烧成以及频繁升温降温的需要。

在炉膛与第一间窑室之间设有一个 61 cm 宽的烟道，烟道内设有一间极小的窑室名曰密室（图 4-52）。连接密室的烟道口面积很小（7.5 cm×15 cm），这种设计形式有助于提升第一间窑室的自然气流抽力。可以将茶碗、酒壶之类的小型坯体摆到密室里烧。由于烟道和密室的尺寸都很小，所以可以在坯体周围形成快速交叉焰效果，放在该部位烧制的坯体上火焰流走肌理和落灰效果都很好。由于烟道入口以及烟道出口的位置没有被提升，所以极易形成交叉焰环境。

第一间窑室是所有窑室中最大的一间（图 4-53，图 4-54）。联通密室与第一间窑室的烟道口面积为 15 cm×23 cm。这一尺寸有助于气流从密室快速流至第一间窑室。相比之下，第一间窑室内的自然气流抽力相对较低，其原因是窑室空间较大。第一间窑室一侧设有内置式投柴孔，这些孔洞具有提升窑温以及形成火焰流走肌理的作用，其设置位置不仅分布在窑室底部也分布在窑室顶部。第一间窑室既能烧中性气氛也能烧还原气氛。连通第一间窑室与第二间窑室的烟道口面积为 15 cm×23 cm。

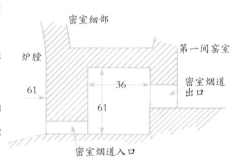

> 图 4-52　密室剖面图（单位：cm）

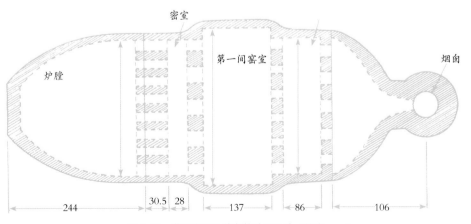

> 图 4-53　藤原惠的备前窑炉地面设计（单位：cm）

与第一间窑室相比，第二间窑室的高度以及宽度相对较小。第二间窑室内不铺硼板，所有的坯体都是直接摆放在地面上或者叠摞在一起烧的。第二间窑室设有一个投柴孔，有时候可以利用它形成丰富多彩的火焰流走肌理，除此之外在需要的时候也可以通过它提升窑温。第二间窑室的烟道出口相对较大（15 cm×25 cm），在该烟道出口与烟囱之间还设有一个长度为 107 cm 的排烟通道。所有窑室内部的地面均呈阶梯形，每隔 30.5 cm 就有一个高度为 12.5 cm 的台阶。但需要注意的是，最后一间窑室与烟囱之间的地面是水平的（图 4-55）。

备前窑的烟囱高 7.6 m，差不多是窑身高度的三倍。连接烟囱的排烟通道与第二间窑室的烟道出口高度相同，均为 25 cm。在排烟通道的上部设有挡板，其作用是控制自然气流的抽力以及控制第一间窑室和第二间窑室的烧成气氛。烟囱的主要作用是在烧窑初期形成强大抽力以及在烧窑尾声减弱抽力。用第一间窑室或第二间窑室烧窑时，闭合排烟通道上的挡板会阻碍自然气流流通，进而形成还原气氛；相反，开启挡板则会形成氧化气氛。烧窑结束后将挡板闭合起来，以便让摆放在窑炉内部的坯体缓慢且匀速降温（图 4-56）。

图 4-54　第一间窑室的入口

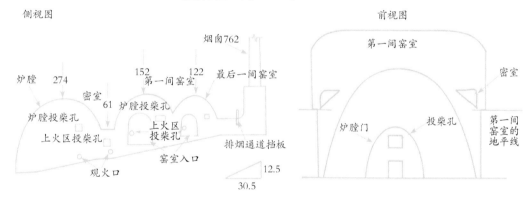

图 4-55　备前窑前视图以及侧视图（单位：cm）

图 4-56　炉膛内景

4.4.1　备前窑的装窑方法

往炉膛内（炉膛空间比较大：107 cm×61 cm）装窑时需要从炉膛门进去，从前往后依次摆放坯体。在三级台阶上借助硼板和立柱将坯体逐层摆好，直至装满整间炉膛为止（图 4-57）。第一级台阶上摆放的坯体数量最多。台阶越高摆放的坯体数量越少，其原因是炉膛地面至密室烟道为逐级升高样式。在每级台阶上摆放坯体时，让底层硼板距离地面 7.5～12.5 cm，顶层坯体的最高处距离窑顶 15 cm，预留上述空间的目的是让自然气流顺畅穿行。相比之下坯体之间则不需要预留空间，因为抽力会引导热量穿行其中。基于自然气流的抽力原理，热量会先升至窑顶，随后向下游走，最终从炉膛后部烟道以及密室烟道小口进入下一间窑室。

<　图 4-57　装窑细节

往密室内装窑时既可以将坯体直接摆放在地面上，也可以将坯体层层叠摆起来（图 4-58），逐个摆放坯体直至最高处达到密室烟道口的一半高度为止。相比其他部位而言，往密室内摆放坯体是最难的，因此该部位的装窑工作必须早于炉膛以及第一间窑室。通过密室烟道口以及第一间窑室的烟道口将坯体摆到地面上。除此之外，密室一侧开有一个小洞口，体型较小的人可以爬进去装窑。上述两种装窑方法均可。

往第一间窑室内装窑时亦需借助硼板和立柱将坯体逐层摆好，顶层坯体的最高处距离窑顶 15 cm。就像往炉膛内装窑一样，预留间距是为了便于自然气流顺畅穿行进而形成抽力。在炉膛内摆放的坯体与在第一间窑室内摆放的坯体间距为 23～25 cm，该预留空间正对前火区投柴孔。

往第二间窑室内装窑无须使用窑具，把坯体一个个叠摆起来就可以了。

<　图 4-58　密室内的装窑方式

装坯总量约为该窑室总容积的 2/3。在第二间窑室内摆放的坯体与在第一间窑室内摆放的坯体之间仍要预留间距，以便于得到特殊的烧成效果或者提升窑温。有些时候预留的间距会导致氧化气氛转变为还原气氛。

4.4.2　备前窑的烧窑方法

烧窑时间长达一周，分为三个主要阶段：第一阶段为炉膛预热，耗时两天半；第二阶段烧炉膛内摆放的坯体，耗时 4 天；第三阶段烧窑室内摆放的坯体，耗时 12 h。

炉膛预热很简单。刚开始时用树枝在炉膛添柴口处点燃一小堆火（近似篝火），树枝一半伸进炉膛另一半露在外面（图 4-59）。待其即将燃尽时再多添加一些树枝（单根树枝的长度为 30.5～38 cm，横截面厚度为 2.5～7.6 cm）。待炭火积攒到一定量时将其推入炉膛，并往其上部多添加一些新树枝。

按照上述方式烧成两天半之后，炉膛内部的地面上就会堆积出一个灼热的炭火层。窑炉内部摆放的所有坯体都会在炉膛预热阶段彻底干透，此阶段形成的热量为正式烧制炉膛内的坯体提供了保障。由于温度相对较低，所以此时的坯体还未达到素烧程度。

当堆积在炉膛地面上的炭火层达到足够的厚度时，开始往炉膛内添加更大的木料/劈柴，单根木柴的长度为 91～122 cm，横截面厚度为 5～12.5 cm。刚开始添加大木柴时不要直推进去，要以炉膛对角线作为目标方向交叉推入；待炉膛内两侧木柴堆满之后再往其中部直推更多木柴。当所有木柴彻底燃尽后重复上述步骤。将原木一劈四瓣或者一劈两瓣，用这样尺寸的原木持续烧窑两天。当烧窑进行到第 4 天时，除了原木之外再添入一些粗树枝。原木烧得很慢，火苗也不高。粗树枝被推入炉膛后立刻开始燃烧，火势变大，窑炉内部的空气中飘浮着大量天然草木灰。在此过程中如果你想让坯体呈现出特殊烧成效果，可以往炉膛内投掷大量松针，松针的灰烬会在坯体的外表面形成各种各样的纹饰。六天半后，烧窑接近尾声，窑内达到了预定的烧成温度，此时各间窑室需作保温烧成以收尾。每间窑室的顶部、底部以及后方侧部均设有观火孔，可以通过观火孔观察测温锥的熔融弯曲程度进而了解窑室内部的保温情况。但不管怎样，坯体的烧成颜色才是最值得关注的因素，所以只有达到理想的烧成效果之后烧窑才告结束。

不会为放在密室内的坯体单独划分出一个烧成环节，该部分是与炉膛一并烧成的，密室内的温度会在这一阶段达到理想状态，放置其中的坯体也会同时呈现出该有的烧成效果。

第一间窑室是通过前火区投柴孔烧制的，该投柴孔位于窑室一侧。将长度为 30.5～38 cm、横截面厚度为 2.5～5 cm 的小木柴顺着投柴孔投

< 图 4-59　炉膛预热阶段

入窑室内部，直到火苗从观火孔或者上火区投柴孔冒出来且其长度达到30.5 cm 为止。待火苗不再冒出后再次投柴。按照这种方式持续烧窑直至达到理想的烧成温度。可以通过观火孔观察坯体的颜色以及测温锥的熔融弯曲程度，借此判断窑温是否适宜。想烧还原气氛时需要将烟囱上的挡板闭合，还要多投放一些木柴让火焰持续不断地从观火孔或者上火区投柴孔里冒出来。第一间窑室通常烧中性气氛（介于氧化气氛和还原气氛之间）。

要不要烧最后一间窑室取决于坯体的颜色以及测温锥的熔融弯曲程度。烧最后一间窑室时所使用的木柴大小与烧第一间窑室时所使用的木柴大小一致。每次投柴之后待火焰彻底平息下去之后再投新柴，这样做的目的是形成氧化气氛。倘若你想让坯体呈现出特殊的烧成效果，可以在每次投柴时加入一些松针（图 4-60，图 4-61）。只能将松针投进炉膛内或者最后一间窑室内。相比其他部位，松针在最后一间窑室内的使用效果最佳，因为此间窑室内没有挡火墙且坯体摆放相对较松散，松针燃尽后生成的草木灰可以自由穿梭于坯体之间。

当最后一间窑室内的烧成温度达到理想状态后，将所有的观火孔、投柴孔以及烟囱挡板都紧紧地闭合住。窑炉自然降温是一个漫长的过程，大约需要三天时间。很多访客在参观过备前窑之后都会提出这样的问题："为什么这些民间陶艺家不换一种更易控制的坯料，用普通的多窑室窑烧制作品，这样的话各方面的损失都能小一些？"关于这个问题我在前文中也提到过，事实上商业化生产的备前烧陶瓷器皿就是这么选材、这么烧出来的。

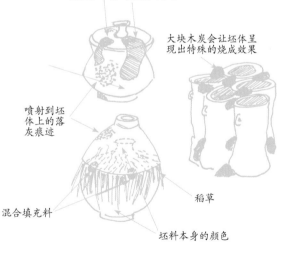

把耐火黏土擀压成特殊形状并将其覆盖在坯体的某些部位上

大块木炭会让坯体呈现出特殊的烧成效果

喷射到坯体上的落灰痕迹

混合填充料

稻草

坯料本身的颜色

木炭碎块
在烧窑接近尾声时借助竹条将木块抛入窑炉内部，坯体与木炭相接触的部位烧后泛灰色

﹤ 图 4-60　各种装饰方法

﹤ 图 4-61　在器皿之间垫稻草

滨田庄司曾经告诉我："当你的技能达到一定高度后，如果不去尝试创新和冒险的话，你就会逐渐对工作以及创作失去兴趣和欲望。"像藤原惠这样的陶艺家以挑战和创新为追求目标，力图让备前烧陶瓷制品呈现出最佳的表现形式，因此像他这样的人是不会更换制陶坯料以及窑炉类型的。

1984 年，我去日本旅行时在一个周五拜会了藤原惠。藤原先生和他的儿子藤原优及其家人刚迁至新居。那是一个美丽的地方，融住宅、工作室、展厅以及窑炉于一处。我很高兴藤原先生依然记得我并带着我四处参观，先生当时已经 84 岁了且身患重病。在我们交谈的过程中，我能感受到先生对传统备前烧陶瓷制品独特美感的那份欣赏，以及对商业化生产的备前烧陶瓷制品的失望。我们谈到富本宪吉，谈到 1960 年初我来日本访问，谈到一些变故，谈到美国的圣何塞市以及赫伯特·桑德斯（Herbert Sanders），谈到我的作品（我曾做过一个大浅盘，那是他最喜欢的一件作品），谈到我的住所，谈到他儿子的成就，谈到他的故居所在地已经被改建成公园，只留下一座古老的窑炉作为纪念。藤原先生对我说他的生命即将走到尽头——为了感谢我的到访以及我将他建造的窑炉收录进我的著作《窑炉指南》中，他送了我两本亲笔签名的书。周日我又一次拜访先生家并同他儿子及家人一起吃午饭，藤原先生当时病重住院了。在那之后不久先生就去世了，我随后回到了加利福尼亚。

图 4-62 金山陶瓷厂（Kanayama Pottery）内的备前窑，该窑专门烧制商业化备前烧陶瓷制品

图 4-63 等待装窑的餐具

4.4.3　商业式备前窑

在宫松亮二的金山陶瓷厂内有一座商业化备前多窑室窑（图4-62，图4-63），窑门的砌筑样式很特别，其设计目的是将炭火投放到每一层硼板上。烧窑时可以借助长柄铲子（图4-64～图4-66）将炭火直接倒在坯体上。当窑室内的温度达到理想状态后将整间窑室密封起来，接下来按照上述方式逐间烧窑直至所有窑室都烧完为止。

< 图4-64　烧金山窑时需借助长柄铲子将木炭倒进窑室中

< 图4-65　向窑室内望去可以看到后窑壁
　　　　上有几个封堵起来的投柴孔，在烧窑的
　　　　过程中可以通过它们往窑室内添加木炭

< 图4-66A　借助长柄铲子往窑室内添加木炭

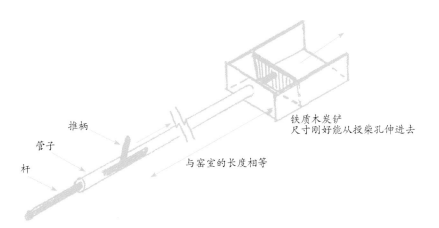

图 4-66B　用于向窑室添加木炭的木炭铲

4.5　韩式砖砌穴窑

1988 年，美国陶瓷艺术教育学会（NCECA）在波特兰举办会议时，第三代民俗陶艺家韩国人裴勇燮（You-sup Bae）曾按照朝鲜半岛新罗时期的传统窑炉式样建造了一座韩式砖砌穴窑。历史上曾有数千座民俗陶艺窑，到 1988 年仅剩下 196 座，如今就更少了。20 年前，大多数民俗陶艺家已过不惑之年，如此算来如今依然在世的人已经年过花甲，而其中还有多少人依然在坚持做陶？民间传统陶瓷艺术能否流传下去着实令人堪忧。韩式砖砌穴窑由耐火砖砌筑而成（图 4-67～图 4-71）。窑炉的外形呈垂露状，窑体后壁上的耐火砖是以人字形图案砌筑的，窑炉后壁上设有两个烟道出口（图 4-72），每个烟道出口的尺寸为 11.5 cm×23 cm。炉膛空间很大，足以容纳长度为 91～152 cm 的扁平状木柴。窑炉地面的上升坡度为 20°，该数值是此类窑炉的常规上升坡度。砌好窑身之后，还要在炉膛与窑室的交汇处砌出一个高度为 46 cm 的台阶，窑室地面部分以 20°作为标准从前向后倾斜提升。

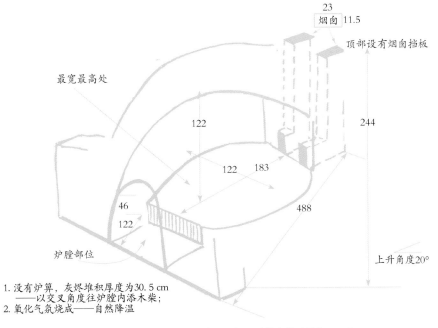

1. 没有炉箅，灰烬堆积厚度为30.5 cm
——以交叉角度往炉膛内添木柴；
2. 氧化气氛烧成——自然降温

图 4-67　韩式砖砌穴窑——新罗时期窑炉（单位：cm）

> 图 4-68　从侧面看韩式砖砌穴窑，裴勇燮先生正在烧窑

> 图 4-69　正视图，氧化气氛烧成

> 图 4-70　裴勇燮先生正往窑内添柴

> 图 4-71　装窑

　　当窑温达到理想状态且窑炉内再无烟雾冒出后，裴勇燮先生开始用耐火砖封堵炉膛门，封堵高度以能满足最后阶段投柴为宜。当炉膛内堆满木柴后，用耐火砖将炉膛门彻底堵死，之后在炉膛门周围支起几块木板并在里面灌满黏土。与此同时，将烟囱挡板闭合并在上面加盖一层黏土（图 4-73，图 4-74）。

　　裴勇燮先生用点燃的报纸测试甲烷燃气有无泄漏情况。发现泄漏位置后用稠泥将其堵住。为了让坯体呈现黑色，必须将窑炉的各个部位都密封起来，让窑炉在充满烟雾的还原气氛中逐渐降温。

图 4-73　烧窑结束后用黏土将烟道出口覆盖住

图 4-72　烟囱的烟道出口

图 4-74　烧窑结束后裴勇燮先生用黏土将窑门封堵住

4.6　拉伯恩隧道窑

隧道窑出现在多窑室窑之前，其外形颇似加长版的管式窑。大型隧道窑曾在中国、朝鲜半岛、东南亚以及欧洲地区广泛应用。欧洲的隧道窑与东方的隧道窑相似，但两者之间又有明显的区别：远东地区的隧道窑通常从窑室一侧投柴，而欧洲的隧道窑从炉膛口投柴，所以欧洲的隧道窑不分段，投柴位置也只有一处。在这类窑炉中最具代表性的当属法国的拉伯恩（La Borne）隧道窑以及德国的赫尔·格伦茨豪森（Höhr Grenzhausen）盐釉窑。

拉伯恩是法国中部著名的陶艺村，坐落在高浆果区（Haut Berry）。在当地几乎所有居民都从事制陶、烧陶以及售陶行业。由于日用陶瓷产品的需求量很大，所以在当地有很多座窑炉。受第二次世界大战的影响，很多陶工关闭了自家作坊，当地的制陶传统就此消失。如今在拉伯恩政府的支持下，很多现代陶艺家来到该地进行创作，留存下来的窑炉再次得到利用，拉伯恩陶艺村随之重获新生，拉伯恩当代陶瓷中心（Centre Céramique Contemporaine La Borne）的建立也使拉伯恩再次成为享誉世界的陶瓷文化中心（图 4-75）。

拉伯恩隧道窑的体积介于 50～80 m³ 之间。图 4-76 展示了拉伯恩隧道窑的典型布局。窑门设在窑炉后部（图 4-77）。当把窑门用耐火砖封堵起来后，该部位还可作为烟道出口使用。与其他窑炉相比，拉伯恩隧道窑有两个烟囱，窑门两侧各有一个。两个烟囱有利于整体烧成。

拉伯恩隧道窑的炉膛空间很大，其原因是所有的陶瓷制品都是在这里烧制出来的。炉算的最常见形式为带有九孔结构的咬合拱，每个孔的大小为 12.5 cm×12.5 cm×12.5 cm×18 cm。除此之外还有一些窑炉的炉算呈组合拱结构，相邻的两个拱间距 11.5 cm。

在炉算与挡火墙之间、靠近炉膛后壁处有一个特殊的空间，其宽度约为 61 cm，此处不设任何阻隔物，作用是便于预热空气流通以及将燃尽的木灰耙到灰坑中。假如没有这块区域，当炉算堵塞时窑温就会受到影响。每次烧窑后需重建挡火墙，挡火墙是用未经烧制的砖坯砌筑而成的，正面结构布局呈棋盘状。挡火墙上的孔洞能起到烟道入口的作用，墙体经过烧成后总是向背对火焰的一侧微微倾斜（图 4-78～图 4-84）。建造挡火墙的砖是当地的建筑用砖。当然也不是所有陶艺家每烧一次窑就重砌一次挡火墙。

< 图 4-75　拉伯恩当代陶瓷中心

< 图 4-76　从前面看拉伯恩隧道窑

< 图 4-77　拉伯恩隧道窑的后门，稍后用耐火砖将其封堵起来以作为烟囱的烟道出口

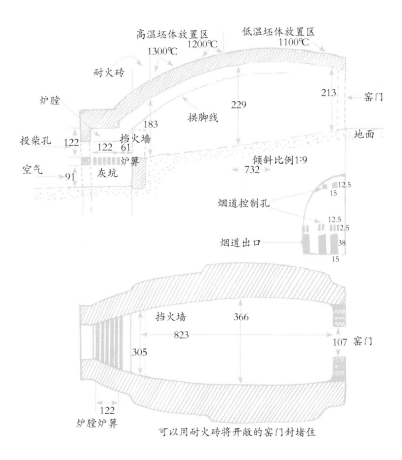

图 4-78　向上倾斜的窑室地面设计（单位：cm）

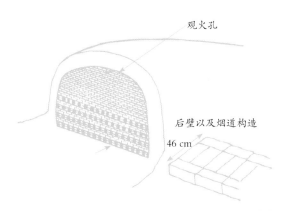

图 4-79　烟道出口砖砌结构

　　拉伯恩隧道窑的地面为煅烧分层结构，这样设计是为了能够承受摆在上面的匣钵以及陶瓷坯体的重量。高温陶瓷制品摆在炉膛前部 1/3 范围内，中温陶瓷制品摆在炉膛中部 1/3 范围内，低温陶瓷制品摆在炉膛后部 1/3 范围内。窑炉前部的烧成温度为 1300℃，中部的烧成温度为 1200℃，后部的烧成温度为 1100℃。

　　预热阶段为期 2.5～3 天，窑炉本身以及素坯会在此期间彻底干透。预热阶段的烧成速度极慢，燃尽的炭火在此阶段一点点地被耙进灰坑中。预热阶段结束后进入小火烧窑环节，选用的燃料为橡木以及/或者桦木劈柴，投柴间隔适中。小火烧窑环节将持续 4 天左右，具体时长取决于窑炉的尺寸以及烧窑时的气候。烧窑的最后阶段为大火烧窑环节，为期 1.5 天。将成捆的树枝投入炉膛内后会升起极高的火苗，此时的窑炉后部呈还原气氛且窑温提升十分迅速。当烧窑接近尾声时，在投柴的间隙往炉膛内投掷少量食盐。我撰写本书的时候，拉伯恩隧道窑大约每隔几年才会烧一次——只有遇到研讨会之类的特殊场合才会用它来烧窑。

< 图 4-80　炉算由架设在灰坑上的拱形构成

< 图 4-81　炉膛以及棋盘状挡火墙

< 图 4-82　新式窑门以及两个烟囱

< 图 4-83　窑室

< 图 4-84　从灰坑开始烧窑

4.7　土拨鼠洞式穴窑

图 4-85 所示的这座长方形的窑炉属于土拨鼠洞式穴窑，因其形状近似土拨鼠在地下挖掘的洞穴而得名。其设计形式起源于中欧地区的交叉焰窑，比如法国的拉伯恩（La Borne）隧道窑、德国的卡塞尔（Cassel）窑以及英格兰的纽卡斯尔（Newcastle）窑。由于中欧地区以及英格兰的陶工用常规式顺焰窑烧陶器，所以绝大多数从上述地区移民至美国的陶工仍旧沿袭着

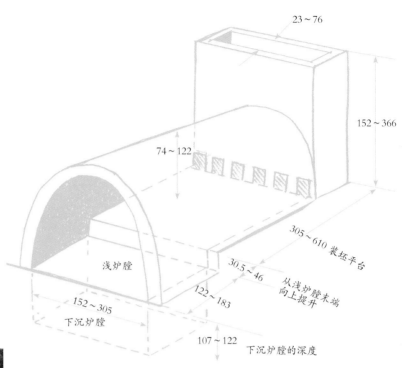

23～76

152～366

74～122

152～305

305～610 装坯平台

30.5～46 从浅炉膛末端向上提升

浅炉膛

122～183

下沉炉膛

107～122 下沉炉膛的深度

图 4-85　土拨鼠洞式穴窑基础尺寸（单位：cm）

图 4-86　切弗·米德斯浅炉膛土拨鼠洞式穴窑的烟道出口

图 4-87　切弗·米德斯建造的最后一座窑炉

他们的传统烧窑形式（参见第 6 章相关内容）。大约在 18 世纪最初的 10 年，对拉伯恩隧道窑、卡塞尔窑、纽卡斯尔窑以及对弗吉尼亚州、卡罗来纳州出品的高岭土、炻器黏土有所了解的南部移民陶工开始制作炻器陶瓷制品。他们在已经完成的坯体表面喷涂泥浆釉以及/或者盐釉，在长方形交叉焰窑——土拨鼠洞式穴窑中烧制作品。随着历史的发展，南方的土拨鼠洞式穴窑因地域因素逐渐演化出各种类型，从大西洋中部海岸线以及佛罗里达北部海域地区直到中西部以及西部内陆地区，乡镇中的陶工都开始使用土拨鼠洞式穴窑烧制日用陶瓷制品。

　　土拨鼠洞式穴窑的地面布局呈长方形，一侧末端设有与窑体等宽的烟囱，另外一侧末端设有与窑体等宽的炉膛。其窑室空间构成颇似一个水平放倒的圆柱体，与烟囱相连接的那部分圆柱体体积稍小，与炉膛相连接的那部分圆柱体体积稍大。窑室的常规尺寸如下：高 73.5～122 cm，宽 213～305 cm，长 3.7～7.4 m。窑室内部区域的划分比例分为两种：对于带有浅炉膛结构的窑室而言，炉膛部分占 1/3，装坯平台占 2/3；对于带有下沉式炉膛结构的窑室而言，炉膛部分占 1/4，装坯平台占 3/4。无论上述哪一种样式，烟囱均位于窑室后部，其宽度与窑室宽度等值。烟囱的常规高度为 152～305 cm，其具体高度取决于窑炉的尺寸以及长度（图 4-85）。土拨鼠洞式穴窑的建造方法有两种：第一种是在地面上挖出来的，窑坑周围的黏土可以起到扶壁的作用，建好后往窑顶上加盖一层黏土以作为绝缘层；

另外一种是在地面上建造出来的，选用这种方式建造土拨鼠洞式穴窑时需要用石头或者其他支撑物支顶窑壁。与带有浅炉膛结构的土拨鼠洞式穴窑相比，带有下沉式炉膛结构（炉膛的深度约为 122 cm）的土拨鼠洞式穴窑烟囱稍矮一些。土拨鼠洞式穴窑既可以从烟囱部位装窑，也可以从炉膛部位装窑。为带有浅炉膛结构的土拨鼠洞式穴窑装窑时，坯体通常是通过炉膛放进去的；为带有下沉式炉膛结构的土拨鼠洞式穴窑装窑时，坯体通常是通过烟囱放进去的。但需要注意的是，以上仅供参考，到底从哪个位置装窑主要以烧窑者自己的喜好而定。

地域不同土拨鼠洞式穴窑的样式也不同，典型性案例包括坐落在佐治亚州克里夫兰地区的切弗·米德斯（Cheever Meaders）浅炉膛土拨鼠洞式穴窑（图 4-86～图 4-89），以及坐落在北卡罗来纳州溪谷地区的雄鹿（Hart Square）长方形下沉炉膛土拨鼠洞式穴窑（图 4-90，图 4-91）。上述两座窑炉的构造极其简单，拱顶是通过往木质拱顶支架上铺耐火砖的方式砌筑出来的，如今用于制作拱顶支架的材料多为灰岩、胶合板或者规格为

图 4-88 切弗·米德斯浅炉膛土拨鼠洞式穴窑近景

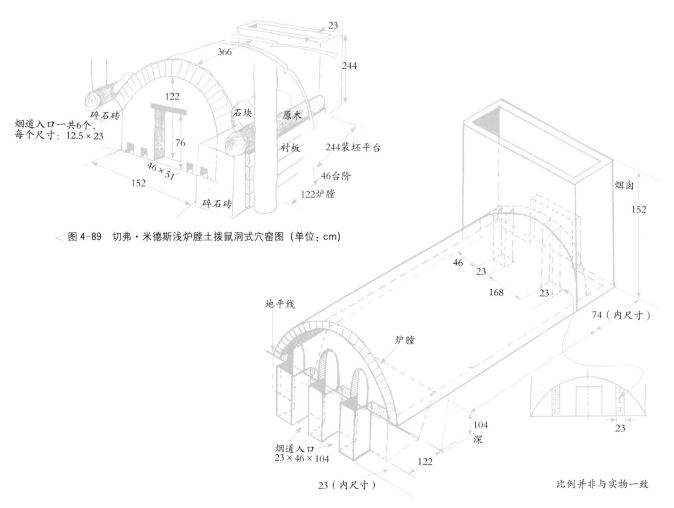

图 4-89 切弗·米德斯浅炉膛土拨鼠洞式穴窑图（单位：cm）

图 4-90 雄鹿长方形下沉炉膛土拨鼠洞式穴窑（单位：cm）

图 4-91 雄鹿长方形下沉炉膛土拨鼠洞式穴窑，该窑炉建造于 1978 年，其建造者为陶艺家基姆·艾林顿（Kim Ellington）

图 4-92 建造雄鹿长方形下沉炉膛土拨鼠洞式穴窑时借用了博隆·克莱格（Burlon Craig）窑炉的拱顶支架，该拱顶支架建造于 19 世纪晚期

2.5 cm×7.7 cm 的木片（参见"第 2 章 窑炉建造方法"中图 2-19 相关砖砌结构的细节）。建造窑炉的拱顶支架很少流传给下一代，也很少为其他窑工借用。1987 年，陶艺家基姆·艾林顿（Kim Ellington）建造雄鹿长方形下沉炉膛土拨鼠洞式穴窑时借用了博隆·克莱格（Burlon Craig）窑炉的拱顶支架（该窑炉建造于 20 世纪 30 年代早期），该拱顶支架建造于 19 世纪晚期（图 4-92）。雄鹿长方形下沉炉膛土拨鼠洞式穴窑的构造非常有趣，全弧形拱顶深入烟囱内部，烟囱的前壁建造在拱顶上（图 4-90）。为了支撑来自烟囱前壁的重量，拱顶与烟囱前壁交汇处设有两个横截面面积为 23 cm×23 cm 的柱子，柱子距窑室侧壁 46 cm（图 4-93）。两根柱子之间的距离为 168 cm，该距离作为烟囱通向窑室的入口。

据基姆·艾林顿讲述，雄鹿长方形下沉炉膛土拨鼠洞式穴窑的前部以及中央区域烧高温（图 4-94），后方以及靠近侧壁处烧低温（参见前文图 3-6）。为适应低温烧造条件，窑工会使用低温釉。由于该位置的窑温过低不足以使坯体玻化，所以此处烧出来的坯体会渗水，只适合烧诸如花盆之类的物品。两根用于支撑烟囱前壁重量的柱子会使这一问题更加明显，因为热量到达此处时更倾向流至窑室中央部位，而不是紧靠窑室内轮廓线游走，当然装窑形式也会在很大程度上影响热量分布。针对上述问题，可以通过以下方式改善：在窑室后壁设置等距离的烟道出口，同时在装坯平台前砌筑与烟道出口尺寸一致的装窑入口。除此之外，还需要在烟囱门顶端正中央位置设立挡板，烟囱挡板可以将来自左右两侧的热量排出窑炉外部。

图 4-93 在雄鹿长方形下沉炉膛土拨鼠洞式穴窑拱顶与烟囱前壁交汇处设有两个柱子，其作用是为了支撑来自烟囱前壁的重量。注意看装坯平台以及前部烟道入口

图 4-94 往炉膛内添柴

4.7.1 基姆·艾林顿新款土拨鼠洞式穴窑

由于雄鹿长方形下沉炉膛土拨鼠洞式穴窑后方以及靠近侧壁处烧成温度过低，其建造者陶艺家基姆·艾林顿在该穴窑的基础上做了一系列改良设计并建造出一座新款土拨鼠洞式穴窑：窑壁一侧设置投柴孔，装坯平台后部呈漏斗形与烟囱相连，在装坯平台前部砌筑装窑入口。投柴孔的设置位置贯穿整个装坯平台，同时还在窑室尾部为投撒食盐以及装窑预留了相应的通道。此外，炉膛底部还设有滚筒式运坯传送带，这种设计形式令装窑更加安全、更加高效（图4-95～图4-104）。

4.7.2 大卫·米德斯土拨鼠洞式穴窑

大卫·米德斯（David Meaders）建造的土拨鼠洞式穴窑是基于其祖父切弗·米德斯建造的浅炉膛土拨鼠洞式穴窑，两座窑炉既有相似之处也有显著区别（图4-105～图4-107）。

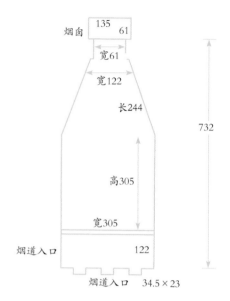

< 图4-95 基姆·艾林顿新建造的土拨鼠洞式穴窑地面布局（单位：cm）

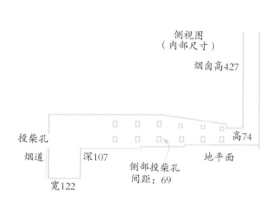

< 图4-96 基姆·艾林顿新建造的土拨鼠洞式穴窑侧视图（单位：cm）

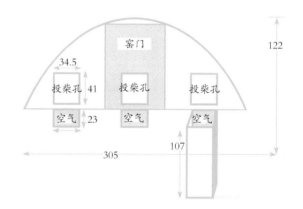

< 图4-97 基姆·艾林顿新建造的土拨鼠洞式穴窑正视图（单位：cm）

< 图4-98 基姆·艾林顿新建造土拨鼠洞式穴窑的地基

图 4-99　从装坯平台上看炉膛的烟道出口，其具有垂直形空气通道

＜ 图 4-100　拱顶支架以及扶壁支架，稍后会在上面铺混凝土层

＜ 图 4-101　砌筑拱顶，后部拱顶呈漏斗状与烟囱相连

＜ 图 4-102　建造好的窑炉，窑壁上设有投柴孔以及撒盐孔

＜ 图 4-103　窑炉前部。注意搭建在炉膛上方的滚筒式运坯传送带

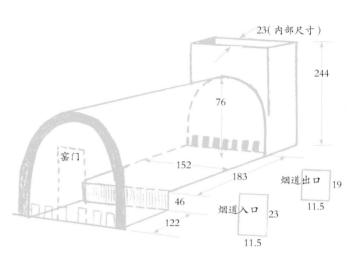

< 图 4-104 借助滚筒式运坯传送带
将坯体运至窑炉内部

< 图 4-105 大卫·米德斯新建造的土拨鼠洞式穴窑尺寸（单位：cm）

< 图 4-106 向炉膛内观望

< 图 4-107 从侧面看重新设计的窑炉

4.7.3 霍利奇尔德（Anagama）管式穴窑

1985 年，我在自家工作室内建造了一座穴窑并将其戏称为"霍利奇尔德管式穴窑"。这座窑炉由两间窑室组成，前部窑室为备前窑样式，后部窑室为管式窑样式。窑炉侧壁、烟道以及炉膛由硬质耐火砖砌筑而成。两间穹顶状窑室由摩根热陶瓷出品的 K-26 型绝缘耐火浇注料浇筑而成，硬质耐火砖与绝缘耐火浇注料之间的过渡地带由轻质耐火砖建造而成（图 4-108～图 4-111）。

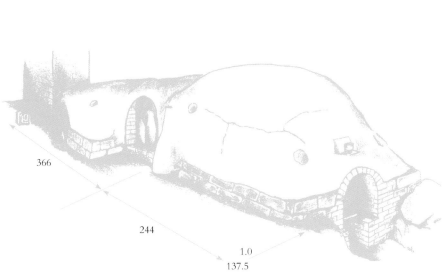

366

244

1.0

137.5

图 4-108　霍利奇尔德管式穴窑（单位：cm）

图 4-109　弗雷德里克·奥尔森在他建造的窑炉前［摄影：康拉德·卡里彭（Conrad Calipong）］

　　在两间窑室之间设有 3 个大烟道出口，其位置位于第二间窑室炉算的正中央，这种设计可以为炉膛侧部投柴孔提供足够的氧气。由于烟道孔的面积足够大，因此还可以作为装窑入口使用。此外，在炉算下方还安装了一个直径为 12.5 cm 的带孔陶管，该陶管可以为炉膛提供二次风。陶管一端与灰坑侧墙相接，可以通过堵塞管口的方式控制氧气供给量（图 4-110、图 4-112）。

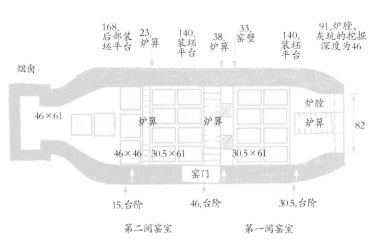

168,
后部装坯平台　　23,炉算　　140,装坯平台　　38,炉算　　33,窑壁　　140,装坯平台　　91,炉膛，灰坑的挖掘深度为46

烟囱

46×61

炉算　　炉算

46×46　　30.5×61　　30.5×61

炉膛

炉算

82

窑门

15,台阶　　46,台阶　　30.5,台阶

第二间窑室　　　　　第一间窑室

图 4-110　霍利奇尔德管式穴窑地面布局（单位：cm）

图 4-111　从侧面看霍利奇尔德管式穴窑。注意看位于窑门下方右侧的二次氧气补给口

< 图 4-112　从前面看霍利奇尔德管式穴窑

< 图 4-113　第一间窑室以及炉膛内景

由于从炉膛进入窑室时需从灰坑上走过去，所以每次烧窑后需将炉算条更换一下。炉算条之间的距离为 2 cm，将破损的硼板插入炉算条之间并借助填充料将其紧紧地固定住。填充料由以下几种物质调配而成：耐火黏土、含有粗硅砂的铝土、稻草或者稻壳，将它们调成稠浆状就可以了，这种填充料亦是防止坯体黏板的最佳物质。此外，还可以用高岭土和铝土调配填充料，两者的调配比例为 1∶1，这种填充料最适合涂抹在硼板、立柱以及炉算条上，可以有效预防坯体黏板。

< 图 4-114　使用了 25 年之后的
浇筑穹顶现状

炉算条之间的距离决定着下落炭火的尺寸，进而决定着灰烬的沉积量。当炭火的堆积位置接近炉算底面时，空气补给就会受到阻隔，烧窑也会随之受到影响。出现这种情况时可以通过将堆积在一起的炭火耙开的方式为窑炉内部再次注入空气。当烧窑时间不超过 60 h 时，不必清理灰坑中的炭火。窑门上设有一个 38 cm×46 cm 的烟道入口以及一个 23 cm×34.5 cm 的投柴孔，与炉算齐平处设有通风口。大量构造图片详细地记录了本窑炉的建造过程（图 4-113）。在过去的 25 年中，这座窑炉平均每年烧两次，每次烧窑时的烧成温度为 11 号以上测温锥的熔点温度，其前部窑室的烧成时间为 35～40 h，其后部窑室的烧成时间为 10～15 h。25 年来，其总烧成时间超过 1500 h，其总烧窑次数超过 40 次。摩根热陶瓷出品的 K-26 型绝缘耐火浇注料的使用效果比我预期的还要好，高温以及木灰沉积令其外表面呈现出坚固无比的烧结状态。窑顶虽因热膨胀出现了不少裂缝，但依然保持着整体结构（图 4-114，图 4-115）。硬质耐火砖已经出现了落渣、开裂以及熔融现象。假如某天由硬质耐火砖建造的烟道区域以及窑壁出现松动、坍塌现象时，浇筑穹顶上的裂缝也会随之加大，到那个时候这座窑炉就该退休了。

< 图 4-115　往窑炉内投柴

4.7.4　加尔贡赛车窑

我喜欢土拨鼠洞式穴窑的原因是它可以快速烧成，炉膛以及装坯平台的面积都很大。基于这些原因我为烧制刻痕威士忌酒杯专门建造了一座土拨鼠洞式穴窑，它是我独一无二的工具。我一直很喜欢日本志野国宝荒川建造的小窑，该窑位于多治见市他的工作室内，是专门用来烧制茶碗的，而我也一直想给自己的刻痕威士忌酒杯专门设计建造一座窑炉。

1995 年，美国陶瓷艺术教育会议在明尼苏达州明尼阿波利斯市举行，我遇到了澳大利亚陶艺家珍妮特·曼斯菲尔德（Janet Mansfield），她本人也是《陶瓷：艺术与感知》（*Ceramics：Art and Perception*）杂志的主编。当她告诉我她正在策划一个名为加尔贡陶瓷雕塑大会的时候，我当即决定在参会期间建造一座窑炉，我想这或许能为大会添色不少。我来到澳大利亚的加尔贡市，每一位应邀参会的艺术家都被要求为指定地点创作一件陶艺作品。当然对于我来说，我的创作地点就是为了建造窑炉而专门搭建起来的一间工棚。由于本次大会的主题是关于雕塑的，所以我一直在考虑如何才能让窑炉富有雕塑感？为什么非得把窑炉建造的像窑炉，难道说我们对窑炉的理解就这么片面吗？难道窑炉就不能像赛车那样有轮胎、毂盖、车灯以及排气设施吗？在我看来窑炉的外观可以是任何形式的，作为窑炉只有一样必须要去遵守的准则，那就是功能性，它必须在可控的前提下达到预定的烧成温度。

于是，我在传统土拨鼠洞式穴窑的基础上将窑炉的外观设计成一级方程式赛车以及跑车的结合体，并将其命名为"加尔贡赛车窑"。

由于这座窑炉的外观设计非比寻常（图 4-116），所以其构造与其他窑炉有所区别。我的最初设想是将窑炉外表面涂成法拉利跑车那样的红色，但因时间问题最终没能实现。在这里，我想就窑炉设计给出第 2 条准则：窑炉的外观绝对可以是任何形式的。

加尔贡赛车窑的装坯平台面积为 152 cm×152 cm，高度为 90 cm。炉膛的内部尺寸为 152 cm×122 cm×91 cm。两个装坯平台之间的台阶高度为 45 cm（图 4-117）。上方窑室的侧壁高度只有 30 cm，窑壁与炉膛平台以及窑门拱顶相接，外观呈流线形。窑顶形状是用当地的黏土塑造出来的，外面罩了一层光滑的、薄薄的湿沙层，窑顶建好之后先用塑料布

图 4-116　加尔贡赛车窑的外部构造

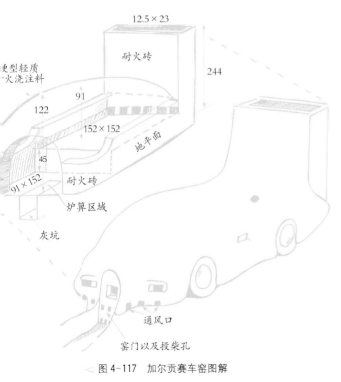

图 4-117　加尔贡赛车窑图解

将其覆盖起来，之后又在上面浇注了一层外壳，所使用的浇注料是澳大利亚摩根热陶瓷公司生产的 140 气硬型轻质绝缘耐火浇注料（Moral Coolcast 140）。建造窑顶用的黏土是挖窑室时挖出来的，使用时需与稻草和水泥调配在一起。这座窑炉的体积为 3 m³，从开工到建成共用了 4 天时间。待窑身建造好之后将毂盖以及车灯安装上去。下午 4：45 从窑门外部开始点火烧起，整个通宵持续烧窑。次日早上 7 点起开始烧炉膛。7 h 后，即下午 2点，放在窑室后壁处的 6 号测温锥彻底熔融弯曲，此时将窑炉上所有通风孔全部打开。再之后还不到 3 h，10 号测温锥彻底熔融成泥浆状，整个窑炉已经达到其预定烧成温度。接下来让窑炉保持这一烧成温度，并通过闭合通风口的方式让窑炉前部形成还原气氛，持续烧成直至上午 12：30 结束烧窑。此时的加尔贡赛车窑通体都还在蒸腾着热气，其烧成情况非常出色。

我在设计窑炉的时候多会追求丰富多彩的烧成效果。加尔贡赛车窑颇似备前窑的前部窑室，这种设计形式会起到阻隔氧气补给（达到预定烧成温度之后）的作用，进而在窑室内形成还原气氛。此外，闭合通风口以及关闭烟囱上部的挡板都可以起到减弱自然气流抽力的目的。处于还原气氛状态中的加尔贡赛车窑很可能会出现窑温难以提升的现象。出现这种情况时可以通过将堆积在炉算中的炭火清理掉，进而为窑炉再次供氧的方式解决之。所以可以说烧成时间、由炭火堆积量决定的窑温变化以及窑炉内部的火焰流通方式都会影响陶瓷制品的烧成效果。

图 4-118～图 4-128 详细记录了加尔贡赛车窑的建造过程。

< 图 4-118　正在建造与烟囱相连接的烟道出口

< 图 4-119　炉膛以及灰坑构造

图 4-120　已经建好的窑门拱顶及其侧部拱脚，为进一步建造窑顶打下基础

图 4-121　窑顶建好之后先用塑料布将其覆盖起来，稍后会在上面浇注一层外壳

图 4-122　用 140 气硬型轻质绝缘耐火浇注料浇注穹顶

图 4-123　在炉膛以及灰坑与装坯平台之间有一个高度为 38 cm 的台阶

图 4-124　先用混凝土以及石头将窑壁支撑住，稍后再修整其外形

图 4-125　用黏土、稻草以及水泥调配出来的罩面泥浆慢慢修出赛车形状

◁ 图 4-126　加尔贡赛车窑的装坯空间，其内部尺寸为
152 cm×152 cm×107 cm

◁ 图 4-127　首次烧窑时放置在窑室内部的
素烧坯以及生坯

◁ 图 4-128　从灰坑下的氧气补给口处开始烧窑，整个窑炉会在此期间彻底干透

4.7.5　赫尔·格伦兹豪森窑

2003 年，我受邀前往联邦德国陶瓷与玻璃艺术学院（Art Institute for Ceramics and Glass）授课，该学院位于韦斯特瓦尔德（Westervald）地区。我的课程是关于建造穹顶穴窑以及速烧倒焰柴窑的。为了节省时间以及耐火砖，我为两座窑炉设计了一个共享式烟囱。其中，穹顶穴窑的构造与加尔贡赛车窑极其相似，唯一的区别是炉箅以及窑门两侧各设有一个高度为 46 cm 的装坯平台。为了方便建造，选择了土拨鼠洞式穴窑的烟囱样式。烟囱左右两侧的烟道出口与穴窑窑室直接连通，而位于烟囱中间的烟道则

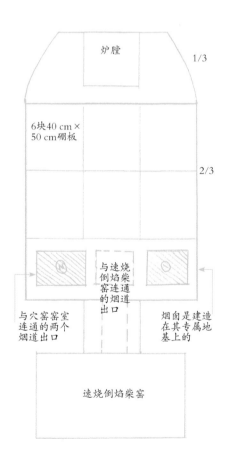

◁ 图 4-129　根据窑炉的地面布局可以发现：炉膛的面积占总面积的 1/3，装坯空间的面积占总面积的 2/3

> 图 4-130　从速烧倒焰柴窑一侧望向前部窑室地基，该地基是以在混凝土底座上铺红砖的形式建造出来的，远处的坑是刚挖好的炉膛地基

通向其后方的速烧倒焰柴窑（图 4-129）。选好窑炉建造地点后，先将地面找平并挖出地基，随后将混凝土倒进地基坑洞中。图 4-130～图 4-139 详细地记录了该窑的建造过程。

初次烧窑进行的还算不错，唯一的遗憾是，夜晚当窑温接近 10 号测温锥的熔点温度时，学生们忘记了我的嘱咐，没有及时观测测温锥的熔融弯曲情况。我在半夜 1 点离开现场，让学生们独自烧窑，等到我早上 4:30 检查烧成情况时发现，放置在窑炉内部的陶瓷坯体已经因过度烧成全部倒塌了。于是我让每一个负责夜间烧窑的学生过来看当时窑炉内的烧成情况。面对坍塌碎裂的硼板以及熔融成一堆的坯体，在场的每一个学生都羞愧不言。这一事件给他们以极大的教训：在烧窑的过程中务必时时刻刻注意检查硼板、坯体以及测温锥的烧成状态。

> 图 4-131　从炉膛以及灰坑一侧望向前部窑室的装坯平台，远处是与穴窑窑室连通的两个烟道出口

> 图 4-132　速烧倒焰柴窑的窑底以及与烟囱相连的烟道入口

> 图 4-133　正在砌筑前部窑室以及炉膛的墙

> 图 4-134　在窑壁顶部砌出一定角度，稍后将在上面放置木质穹顶支架

< 图 4-135　将楔砖放在窑门拱顶的正中央，与此同时开始往木质穹顶支架上涂抹稠泥浆

< 图 4-136　先将泥塑拱顶的外形修整一下，之后在上面覆盖一层薄薄的湿沙并作进一步修整，再之后用塑料布将修整好的拱顶覆盖起来，最后用 2600 型高岭石轻质耐火浇注料（含铁量极低）浇注穹顶

< 图 4-137　从窑门处俯望浇注好的穹顶，浇注穹顶用的材料为 2600 型高岭石轻质耐火浇注料（含铁量极低）。注意看穹顶缓坡上插着两根木棍和一个咖啡罐，前者是预留的通气孔，后者是预留的侧部投柴孔

< 图 4-138　借助混凝土以及大大小小的石头将窑壁稳稳地支撑住

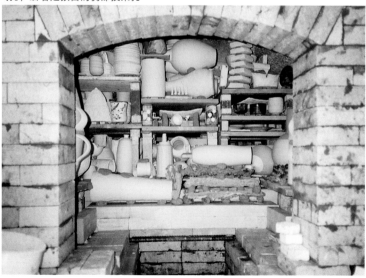

< 图 4-139　前部窑室内摆满了坯体，炉膛的壁架上稍后会安装炉算条

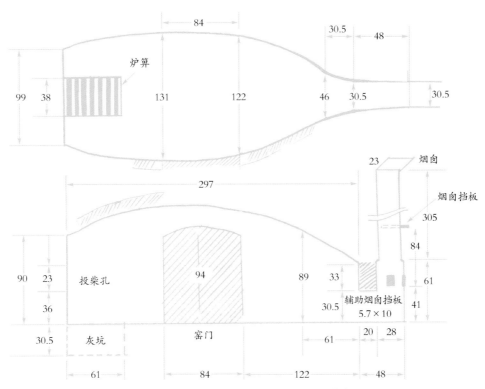

图 4-140　康拉德窑的地面布局以及侧视图（单位：cm）

4.7.6　康拉德窑

1985 年，康拉德·科里彭（Conrad Colimpong）来我的工作室帮忙建造霍利奇尔德管式穴窑，并向我学习柴烧。几年之后他的烧窑技术大为长进。在过去的二十多年中，只要我需要帮忙他都随叫随到。现在的他已经可以独立建造窑炉了，他曾建造过一座外观呈泪珠形的单窑室交叉焰窑（图 4-140～图 4-147）。窑门设在窑体侧部，炉膛、炉箅两侧均设有装坯平台。在我看来这是一座很有趣的窑炉，因为它的烟囱呈正方形（23 cm×23 cm）且烧成效果极好。

图 4-141　从烟囱基础部分开始建起，之后是窑底以及窑壁，最后是前部炉膛区域

图 4-142　窑底以及炉膛构造，窑门两侧立起了两根门柱

< 图 4-143　炉膛投柴孔以及前壁拱顶，窑室的木质穹顶支架已搭建好

< 图 4-144　用稠泥建造穹顶，用耐火砖砌筑两侧窑壁

< 图 4-145　借助石头和混凝土支撑窑体

图 4-146　浇注穹顶。注意穹顶的浇注厚度——第一次浇注得太薄了，所以正在用手往上面加盖新一层浇注料

< 图 4-147　从正前方看康拉德窑时可以看到投柴孔以及灰坑上的通风口

4.8 盐釉交叉焰窑

早在 1962 年，约翰·夏贝尔在日本堂村（Domura）就提出过想建造一座盐釉交叉焰窑（图 4-148）。该窑炉为串联结构，地面布局非常有趣（图 4-149），两间窑室中间隔着一堵墙，一间窑室的体积为 1.13 m³，另外一间窑室的体积为 1.42 m³。两间窑室共用一个烟囱。狭长且低矮的窑室最适合烧盐釉，可以将盐直接投撒到坯体上面。

盐釉交叉焰窑的地基分为三层：底层由混凝土浇注而成，中层铺红砖，顶层铺中质耐火砖（图 4-150）。对于盐釉窑而言，不建议使用硅含量较高的耐火砖，绝对不能使用硅含量较高的绝缘耐火砖。盐釉窑的最佳选材为铝含量中等以及中等偏上的耐火砖，倘若你手边没有这类耐火砖时也可以选用任何一种中质、硬质耐火砖。对于不含铝的耐火砖来讲，唯一的缺点就是用这类耐火砖建造的盐釉窑使用寿命不长，因为苏打会导致耐火砖落渣。

图 4-151 是拉坯中的约翰·夏贝尔。

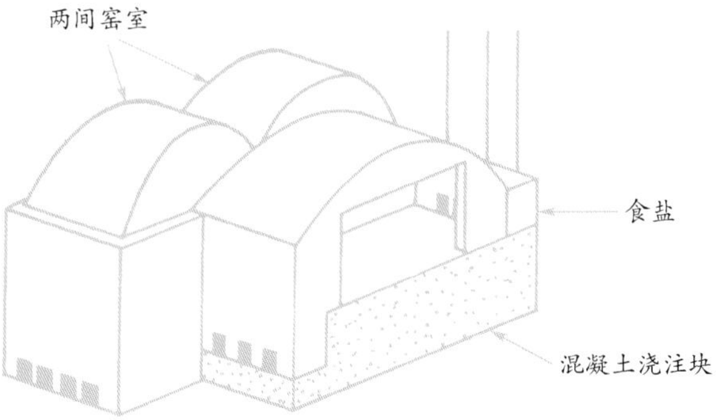

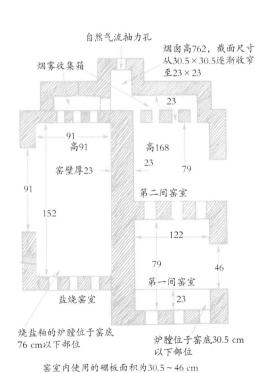

图 4-148 约翰·夏贝尔建造的窑炉

图 4-149 约翰·夏贝尔设计的
堂村窑炉地面布局（单位：cm）

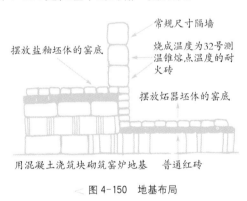

图 4-150 地基布局

图 4-151 约翰·夏贝尔正在拉坯

　　和约翰一起建造窑炉，我从他身上学会了一件事，那就是建窑不要过分为材料所束缚，先建了再说，什么时候窑塌了再重新建一座就是了。之所以会产生这样的想法，主要是因为当时（20世纪60年代早期），我们没有钱买任何材料，建造窑炉所需要的所有耐火砖都是其他窑炉替换下来的二手耐火砖以及售价最低廉的壁炉砖，因此当时的窑工在建造窑炉时都有一种即兴创作的心态。在约翰看来如果他建造的窑炉能烧50次就够本了。1963年11月，我抱着同样的心态在澳大利亚陶艺家科尔·利维（Col Levy）的工作室内建造了约翰之前讲过的盐釉交叉焰窑。这座窑炉是我的处女作，由于当时我的建窑经验还很浅薄，所以我错误计算了炉膛的深度，但功能方面还是不错的，用这座窑炉烧制的盐釉作品还被送到悉尼巴瑞·斯特恩（Barry Stern）画廊参加展览，那是我第一场全盐釉作品展。

　　整个窑体和拱顶是用最廉价的以及我能找到的二手直形砖建造的，且用免费的曲轴箱润滑油以及木柴烧窑。图4-152是约翰设计的盐釉交叉焰窑的改良版，新炉膛适合用天然气、油以及木柴烧窑，将各类燃料混合起来烧窑也可以。后文第8章将详细介绍炉膛方面的知识。

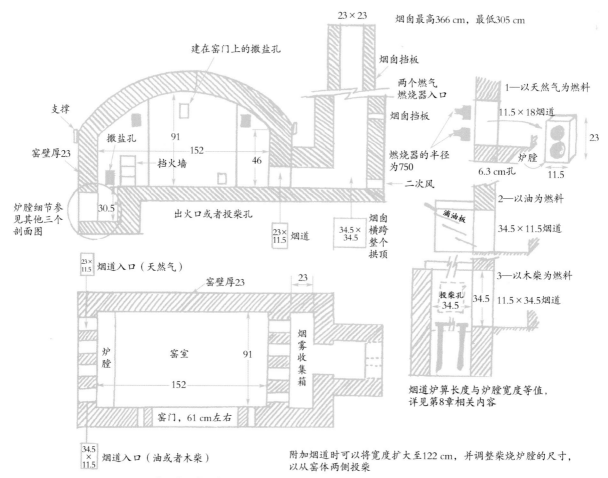

图4-152　弗雷德里克·奥尔森在澳大利亚陶艺家科尔·利维（Col Levy）工作室内建造的博文山（Bowen Mountain）窑（单位：cm）

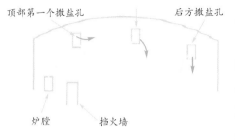

顶部第一个撒盐孔　　　后方撒盐孔

炉膛　　　挡火墙

＜ 图 4-153　撒盐位置

往硬质耐火砖建造的盐釉窑内撒盐，每次烧窑需要撒二三次，盐的使用量很大。一般来说，用一座新建成的盐釉窑烧窑，撒盐量为 15.9 kg/m³ （0.45 kg/ft³）。在盐烧的过程中，必须摆放方便拿取的盐釉试片，时不时地检查一下釉面的烧成情况。当窑温达到预定烧成温度后，撒盐量有所减少。盐是通过劈成一半的竹筒撒入窑室内部的，竹筒的直径约为 6.3 cm，其长度与窑室的宽度等值。先在竹筒内装满食盐，之后将竹筒插入撒盐孔并将盐轻轻地弹落在坯体的上面（图 4-153）。一根竹筒能重复使用三次。要等到窑温达到最高烧成温度之后再开始撒盐。图 4-153 中的窑炉设有 4 个撒盐孔。先往炉膛以及顶部第一个撒盐孔内撒盐，每隔 5～10 min 撒一次，之后再往顶部其他撒盐孔以及后方撒盐孔内撒盐。倘若同时往四个撒盐孔内撒盐，窑温要经过 15～20 min 之后才能恢复如前。

往炉膛内撒盐时需将盐从挡火墙上撒进去，而不是从窑炉顶部撒进去。图 4-153 中的深色箭头为第一次撒盐时的投掷方向。蓝色箭头为第二次撒盐时的投掷方向，通过顶部撒盐孔以及后方撒盐孔往炉膛内撒盐。如果想就着还原气氛撒盐的话，可以将烟囱上的挡板闭合住再撒盐，撒盐后稍待片刻等窑炉中的气压恢复之后再把烟囱挡板打开。如果想就着氧化气氛撒盐，撒盐之前将烟囱挡板以及烟道口彻底打开。每次撒盐过后窑温会下降 56℃，所以必须要等窑温恢复如前之后才能再次撒盐。千万不要通过燃烧器端口或者烟道口撒盐，其原因显而易见：这些部位窑温极高，盐遇到高温后会对耐火砖造成极大损伤。在烧窑的过程中，这座窑炉的后部通常都是凉的，因此必须通过点燃侧方燃烧器或者从侧部投柴孔烧窑的形式使窑温得以均匀分布。窑室的长度至少应当为 122 cm，距离太短不利于升温。

建造中的博文山窑见图 4-154。

＜ 图 4-154　弗雷德里克·奥尔森正在建造博文山窑，该窑既能烧油也能烧盐釉

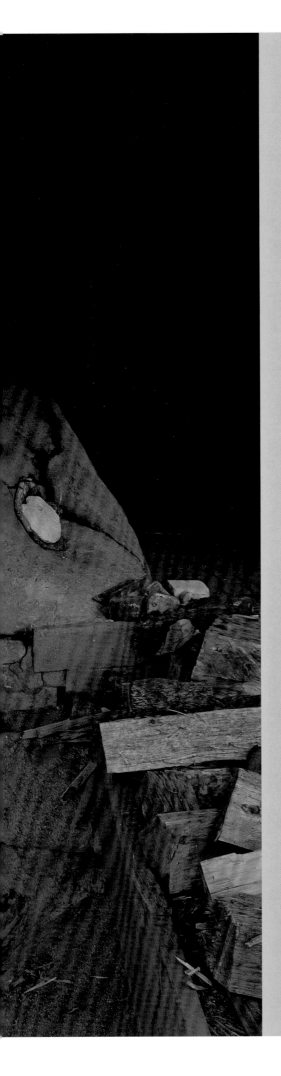

第 5 章

倒
焰
窑

倒焰窑中的自然气流流通路线如下：空气从烟道入口进入窑炉内部，在窑室内转一圈之后进入烟道出口，最后顺着烟道出口进入烟囱并排出窑炉外部（图 5-1）。

倒焰窑起源于 1800 年之后，其发源地在欧洲，或许是德国。欧洲烧瓷器的历史要追溯到 18 世纪早期，一位名叫贝特（Better）的德国人最先建造出烧成温度为 1300℃ 的高温窑炉。在之后的 100 年中耐火材料得到发展，匣钵得到广泛应用（上述因素对京都多窑室窑的发展亦起到非常重要的推动作用）。窑工开始使用煤和焦炭烧窑，在窑炉构造方面也出现了很多新样式，高温烧成得以实现。炉膛、烟囱、自然气流抽力系统进一步发展，烧成效率显著提升。贝特先生建造的窑炉烧成稳定，陶瓷制品的烧成质量高，燃料和花费均较节省，在很大程度上满足了工业化生产的需求。因此，倒焰窑逐渐替代了欧洲传统的瓶形升焰窑（参见第 6 章相关内容）。

倒焰窑的设计形式使其具备很多与生俱来的优点：窑温分布更加均衡，可以控制烧成温度以及烧成气氛，燃料消耗较低，将体形很小的窑炉扩大很多倍后也依然能够保持其烧成特性。

1868 年即明治维新时期，日本本土出现了欧洲倒焰窑。一位名叫瓦格纳（G. Wagner）的奥地利化学家应日本政府邀请负责组建国立陶瓷器研究所。据富本宪吉说，瓦格纳博士当时从诸多学生中挑选出一位到欧洲学习倒焰窑的建造方法以及烧成方法。该学生学成归国后便将倒焰窑及其烧成知识传播到岐阜县的濑户以及多治见。

弗雷德里克·奥尔森
制作的柴烧瓷瓶

5.1 原始天然倒焰窑的比例关系

关于原始天然倒焰窑的比例关系，要注意以下事项：

（1）高度以及宽度之间的比例对烧成效果、窑温分布影响甚重（参见前文"第 3 章 窑炉设计原理"中的"准则 1"）。

（2）图 5-2 展示了基于自然气流抽力原理建造的倒焰窑各部位尺寸比例。

（3）烟囱与炉膛烟道入口之间的角度必须正确（90°），只有这个角度才能产生最适宜的自然气流抽力。

（4）设计建造倒焰窑的时候必须遵守前文"第 3 章 窑炉设计原理"中的所有准则。

这里提到的尺寸比例以远东地区的窑炉为范本。基于自然气流抽力原理设计倒焰窑时必须遵守上述基本尺寸。对比第 3 章讲述的 9 项窑炉设计准则，倒焰窑的尺寸在两方面稍有差异。

第一，准则 5，关于烟囱的高度前文中曾讲过：烟囱的高度等于：窑室的高度 ×3，再加上窑炉纵深总数值 ÷3。对于倒焰窑而言还必须在此基础上额外加上 46 cm，该数值是窑室到烟囱的距离。当窑室与烟囱紧挨在一起时可以按照第 3 章中讲述的烟囱高度计算方法取其最小值；当窑室与

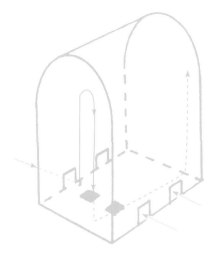

图 5-1 自然气流进入倒焰窑后从地面直至烟囱的流通路线

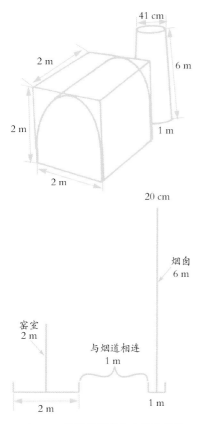

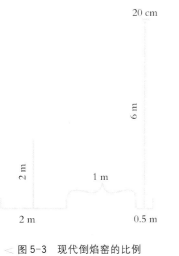

图 5-2 早期天然倒焰窑的比例关系。在烟囱尺寸不变的前提下，2 m×2 m 的窑室与 1.7 m×1.7 m 的窑室尺寸变化对比分析

图 5-3 现代倒焰窑的比例关系。对于一间 183 cm×183 cm 的窑室而言，其烟囱高度至少为 6 m，烟囱底部的直径至少为 30.5 cm，烟囱顶部的为 20 cm。当窑室与烟囱之间的距离小于 91 cm 时不必更改烟囱的尺寸

烟囱之间存在一定距离时则必须按照准则 5 取其最大值。使用加压气体烧窑时，烟囱的高度可以降至其原始高度的 3/4，此高度下的自然气流流通速度为 122～152 cm/s。

第二，准则 6，关于烟囱的面积前文中曾讲过：烟囱的面积应当为窑室面积的 1/5～1/4，但对于倒焰窑而言，其烟囱的面积要达到窑室面积的 1/2。之所以建这么大的烟囱是为了便于增建窑室。尽管绝大多数窑工只会为一个烟囱建一间窑室，但这一准则却是被普遍认可的。所以请务必记住，烟囱的尺寸越大窑炉的烧成效果越好。由于烟囱的底面积相对较大，所以为了平衡之必须将烟囱烟道入口的尺寸计算好，同时必须将烟囱建成下宽上窄的样式，顶底两端的面积比例为 1∶2.5。按照准则 6 建造烟囱既能节省耐火砖的使用量，也能降低其收口形状的建造难度。对于使用加压气体烧窑的现代倒焰窑而言，其各部位的具体尺寸需要以实际情况而定。

图 5-3 展示了使用加压气体烧窑的现代倒焰窑以及基于自然气流抽力原理建造的窑炉各部位比例关系。

需要注意的是，烟囱顶面与烟囱底面的比例应当为 0.75∶1 或者 1∶1.25。使用加压气体烧窑时，烟囱的高度最多可降至其原始高度的 75%，当然这个数值只是一个参考值。烟囱的最佳高度需在烧窑实践中慢慢总结出来。

5.2 多治见倒焰窑

加藤健二是一名居住在多治见市的日本陶艺家。加藤先生建造的倒焰煤窑体积约为 7 m³（图 5-4）。将这座窑炉烧至 1300℃ 需要 50 h 以上，烧窑时用的是强还原气氛，自然降温至少需要 3 天时间。由于该窑炉的窑壁特别厚且只有两间炉膛，所以烧窑过程相对较慢。当窑温达到 1090℃ 后，每 20 min 添煤 10～12 铲会生成还原气氛；每 20 min 添煤三四铲会生成氧化气氛。

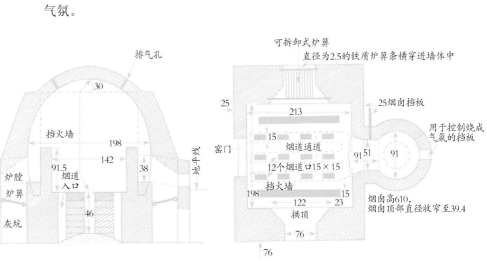

图 5-4 加藤先生建造的倒焰煤窑剖面图以及地面布局（单位：cm）

烧这座窑时先用煤烧，之后换成油烧，既省时又省力。需要说明的是，现在绝大部分陶艺家都用天然气烧窑。图5-5展示了该窑炉的烟囱是如何在准则6的基础上作进一步改良设计的。地面上的烟道出口面积为0.28 m^2，从炉膛延伸出来的烟道入口面积稍大（约为0.32 m^2）。在烧窑的过程中需要将烟囱挡板闭合起来一些，控制自然气流的抽力进而弥补烟道入口与烟道出口之间的面积差异。

弓形窑壁是这座窑炉的最别致之处。与直壁相比，弯曲成圆环状的窑壁更有利于火焰流通（图5-6）。窑炉中部的火焰流通速度相对更快。

挡火墙的长度比窑室的长度略短一些，其作用是迫使火焰以相同的方向进入窑室。为了让防火墙发挥出其最佳功效，必须将炉膛连通窑室的入口设置的足够大。

装窑的时候，底层硼板与地面之间要预留出11.5 cm的距离，硼板之间也要预留出5 cm的间距，这样做的目的是便于自然气流顺畅穿行（图5-7）。装窑密度过大会导致窑温分布不均，炉膛温度过高。需在多次装窑以及烧成实践的基础上总结出最佳装窑密度。使用匣钵烧窑时，需在最底层的每一个匣钵以及每一个挡火桶底部挖槽并将其错落开摆放（图5-8）。

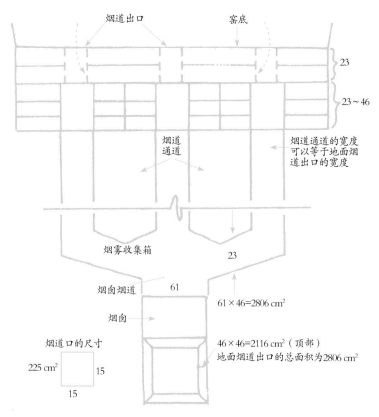

图5-5　在设计烟囱的时候，可以在准则6以及比例关系的基础上稍作改动（单位：cm）

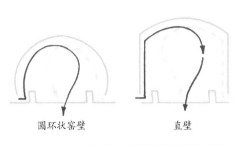

图 5-6 弯曲成圆环状的窑壁有助于火焰流通，火焰的流通速度相对更快

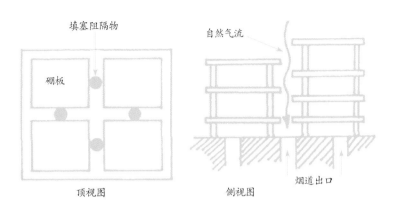

图 5-7 最佳装窑方式，在硼板之间预留空间有助于自然气流顺利穿行

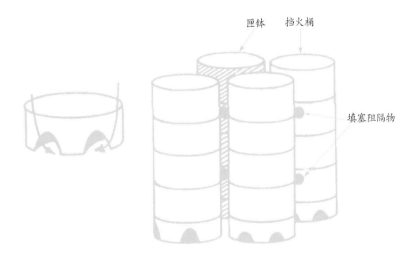

图 5-8 使用匣钵烧窑时将其错落开摆放并在最底层的每一个匣钵底部挖槽，这样做有利于自然气流顺利穿行

图 5-9 曼斯曼·辛格建造的圆穹顶自然气流倒焰窑，新德里

5.3 圆穹顶自然气流倒焰窑

曼斯曼·辛格（Mansimran Singh）是一位居住在新德里的印度陶艺家。由他建造的圆穹顶自然气流倒焰窑与正方形或长方形倒焰窑的设计形式以及比例关系完全一致。

辛格先生建造的圆穹顶自然气流煤烧倒焰窑的体积大约为 11 m³（图 5-9）。这座窑炉有四间炉膛，烧一次窑耗时 19 h。烧成气氛以氧化气氛和中性气氛为主，但在窑炉内部某些区域也会出现还原气氛。表 5-1 为该窑氧化气氛以及中性气氛烧制 10 号测温锥的熔点温度时所采用的烧成时刻表。

窑室顶部与窑室底部的温差为 2.5 个温锥号码的烧成温度。温差的具体数值取决于烧窑时的天气以及煤的品质。最

时间（h）	每个炉膛的投煤量
1～3	每 0.5 h 1 铲；敞开投煤孔
4～6	每 0.5 h 2 铲；用耐火砖将投煤孔封堵住
7～12	每 45 min 3 铲
12～烧窑结束	每 50 min 4 铲；检查釉料试片
19	每 50 min 5 铲；窑温达到最高值
总烧成时间	19～20 h

注：先用木柴和煤油点火，之后添加煤块。

表 5-1 曼斯曼圆穹顶自然气流倒焰窑的烧成时刻表

常使用的燃料为 B 级锅炉用煤。当煤的品质较低时烧窑时间会长达 30 h。可以通过在不同位置摆放不同熔点釉料的方式弥补温差所带来的影响。

需要注意的是，辛格先生设计的圆穹顶自然气流倒焰窑的挡火墙亦是窑室主墙（图 5-11）。挡火墙上设有深度为 23 cm、宽度为 61 cm、高度为 91 cm 的孔洞，连通炉膛与窑室的孔洞尺寸为 38 cm×61 cm（图 5-10，图 5-11）。这种设计形式的优点在于不需要额外建造挡火墙，普通挡火墙极

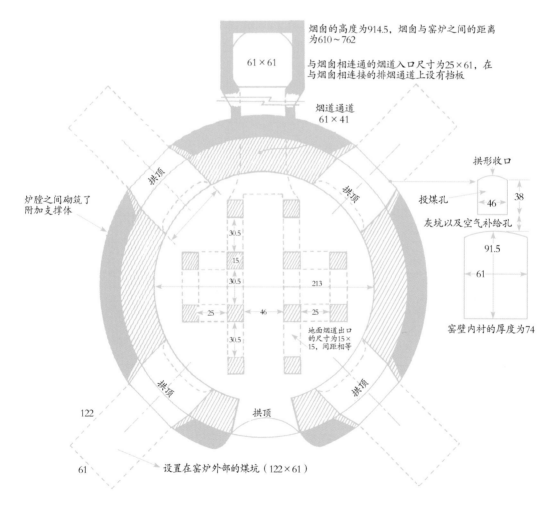

图 5-10 辛格先生建造的圆穹顶自然气流煤烧倒焰窑地面布局（单位：cm）

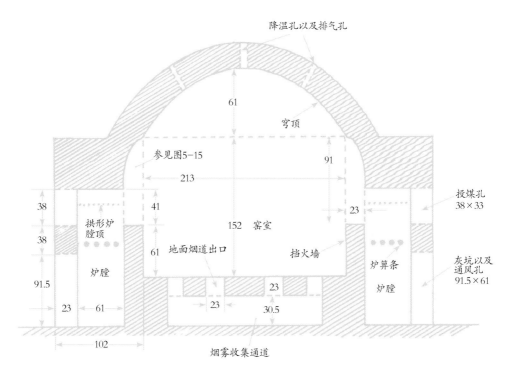

图 5-11　辛格先生建造的圆穹顶自然气流煤烧倒焰窑剖面图（单位：cm）

图 5-12　从这个角度可以看见烟道出口，前面摆放着匣钵

易坍塌。挡火墙上的孔洞呈流线形漏斗状伸向穹顶方向，这样设计的原因与加藤健二先生建造的弓形窑壁一样：弯曲成圆环状的窑壁更有利于火焰流通。将窑室主墙与挡火墙合二为一的设计形式同样适用于正方形或长方形倒焰窑。

辛格先生用匣钵将陶瓷坯体装起来烧，其原因是该窑使用的燃料为煤、焦炭或油，匣钵可以起到将上述燃料生成的灰烬、落渣以及含硫气体阻隔在外的作用（图 5-12～图 5-16）。这对于烧制成套的器具，例如餐具等，十分重要，可以确保套组中的每一件器具在釉色、纹饰等方面保持一致。

此窑的装窑密度极大，顶层匣钵的最高处与穹顶之间的距离只有 15～20 cm。由于窑壁呈圆环形，顶层一圈匣钵与拱脚砖之间的距离约为 30.5 cm。注意：图 5-12 中的匣钵类型十分丰富，可以满足各类陶瓷制品以及不同窑位的需要。

＜ 图5-13 从炉膛一侧可以看到
窑壁上的洞口

＜ 图5-14 窑门以及炉膛的位置

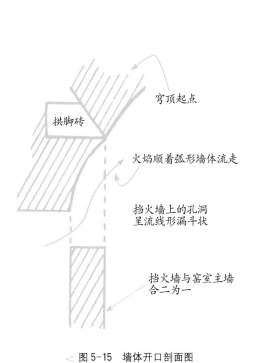

穹顶起点

拱脚砖

火焰顺着弧形墙体流走

挡火墙上的孔洞
呈流线形漏斗状

挡火墙与窑室主墙
合二为一

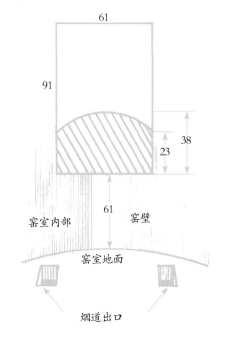

61

91

38

23

61

窑室内部 窑壁

窑室地面

烟道出口

＜ 图5-15 墙体开口剖面图

＜ 图5-16 带有烟道出口的窑室内部图

5.4　倒焰盐釉窑（侧部设天然气燃烧器）

尼尔森·卡勒（Niels Kahler）和赫尔曼·卡勒（Herman Kahler）是居住在奈斯特韦兹市（Noestved）的丹麦陶艺家。卡勒倒焰盐釉窑的装坯空间为 0.45 m³。该窑是用高铝绝缘耐火砖建造而成的，这种耐火砖具有抵御食盐侵蚀的能力（图 5-17～图 5-21）。

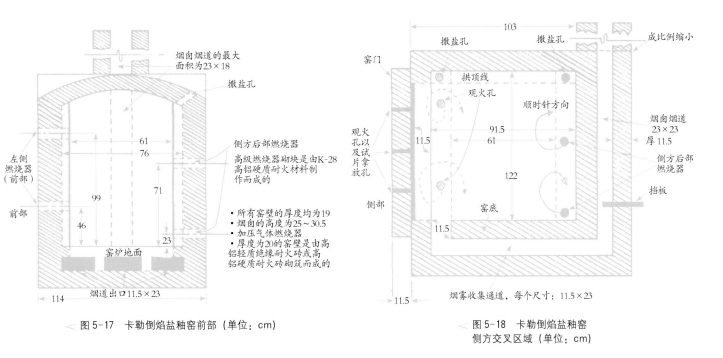

图 5-17　卡勒倒焰盐釉窑前部（单位：cm）

图 5-18　卡勒倒焰盐釉窑
侧方交叉区域（单位：cm）

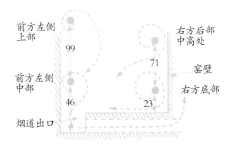

图 5-19　卡勒倒焰盐釉窑的火焰流走路线

卡勒倒焰盐釉窑的有趣之处在于其采用侧部烧成的形式。窑炉侧部设有天然气燃烧器，火焰在窑炉内部上半部分的流通路线为顺时针旋转样式：从前方燃烧器射出的火焰以向下卷曲的形式流至窑室中心，之后进入烟道出口（图 5-19）；从后方燃烧器射出的火焰以向下卷曲的形式流至窑室中心以及后窑壁，之后进入烟道出口。旋转形火焰流通路线使得整个窑炉内部的烧成温度分布得十分均匀。为了让旋转形火焰流通路线顺畅，燃烧器的设置位置十分讲究：前方燃烧器的位置必须高于烟道出口，后方燃烧器的位置较低，且必须设置在前方燃烧器对面中心处。

撒盐孔位于窑炉右侧。后部撒盐孔位于后方燃烧器的正上方，前部撒盐孔位于前方燃烧器的正上方，从上述两个撒盐孔撒的盐会随着其下部燃烧器中冒出来的火焰一起游走，因此食盐在窑炉内部分布得十分均匀。卡勒倒焰盐釉窑使用加压气体烧窑，燃烧器设在高级燃烧器砌块中。

< 图 5-20　已经放好坯体等待烧窑　　　　　< 图 5-21　卡勒倒焰盐釉窑的外部构造，丹麦奈斯特韦兹市

5.5　金山倒焰油窑

2005 年 7 月，我受邀参加御所河原国际柴烧节并建造了一座倒焰油窑。日本陶艺家松宫亮二用这座窑炉烧带有稻草纹饰的陶瓷作品。所谓稻草纹饰是将稻草放在坯体的外表面进而形成的稻草状肌理。将稻草摆放在角度各异的坯体之间以及坯体上部更有利于生成纹饰。先将稻草放进盐水里浸泡一下，之后再放到坯体周围烧成效果最佳。

< 图 5-22　放在窑底上的窑具。砌好挡火墙之后再建造炉膛，炉膛各墙体的厚度为 18cm。最后建造前部烟雾收集区以及窑门

< 图 5-23　先用角钢焊接一个框架，并使之与耐火砖结构相适宜。之后在此基础上焊接窑门框架

< 图 5-24　窑炉底部是用托诺（Tono）SK-32 型硬质耐火砖铺建而成的，对于炉膛以及挡火墙而言，窑底亦属于较低区域

< 图 5-25　窑门是用 2600 型绝缘耐火砖建造而成的，注意窑门的密闭性

< 图 5-26　先将燃油燃烧器砌块放置在适当的位置上（注意其摆放位置），之后在砌块周边建造窑炉后壁，后窑壁两侧各设有一个燃油燃烧器砌块

< 图 5-27　用绝缘耐火砖建造窑壁以及门缝部位。贯穿窑室前部的炉膛通道由硬质耐火砖建造而成

< 图 5-28　建造烟囱底部框架。烟囱的横截面尺寸为 23 cm×23 cm

图 5-29　砌筑左侧拱脚砖，为稍后建造主拱顶打好基础。右侧结构的建造方式与左侧相同，确保两侧处于同一水平面上

< 图 5-30　紧靠窑门砌筑一道窑门封口拱

< 图 5-31　将拱顶支架放进窑室内部并找平。主拱顶位于窑门封口拱以及窑室后壁之间

< 图 5-32　建造挡火墙以及硼板支柱 　　　　　< 图 5-33　安装在燃烧器砌块内的燃油燃烧器 　　　< 图 5-34　与燃油燃烧器连接
　　　　　（位于窑底中心线上） 　　　　　　　　　　　　　　　　　　　　　　　　　　　　　在一起的油管以及气管

　　金山倒焰油窑烧氧化气氛中温时可以生成从红色到橘黄色等一系列混合肌理。窑炉内部低温区域适合烧稻草纹饰。

　　这座窑炉是倒焰窑，位于窑炉后部的烟囱两侧各安装着一个燃油燃烧器。窑身是用绝缘耐火砖建造的，炉膛部位是用硬质耐火砖建造的。砖体结构外部设有角钢框架。图 5-22～图 5-34 展示了这座窑炉的建造过程，图 5-22 展示了金山倒焰油窑的尺寸。

5.6　奥尔森速烧倒焰柴窑

　　我从 1961 年起烧过各式各样的柴窑：体量巨大的窑炉包括在日本烧的京都多窑室交叉焰窑以及在越南烧的中国管式窑，体量较小的窑炉包括我自己建造的小型交叉焰窑以及穹顶穴窑。我将体积介于 0.34～1.27 m³ 的柴烧倒焰窑称为"速烧倒焰柴窑"。

　　在陶艺领域存在很多误解：其中之一是很多人认为以极快的速度烧窑会对坯体、釉料、窑具以及其他很多方面产生不利影响；此外，还有一些人认为用木柴烧 10 号测温锥的熔点温度需要很长时间。通过长年的烧成实践我发现，事实上对于绝大多数坯料以及釉料而言，烧成时间的长短其实并不会影响它们的发色和品质。快速烧成游离二氧化硅超标的坯料时，其烧成效果通常较差。但倘若将坯体放入匣钵内烧制或者在装窑的时候将坯体摆放的密一些，再保温半小时其烧成效果还是不错的。我有一座"奥尔森 24 型顺焰气窑"，用这座窑烧同一种釉料，8 h 烧窑和 4 h 烧窑而成的陶瓷制品几乎没有区别。我将坯体放入速烧倒焰柴窑中烧制 3.5 h，出窑后陶瓷制品的釉面烧成品质以及坯体收缩情况亦无明显区别。当然有些釉料（特别是铁含量较高的釉料以及石灰釉）在灰烬沉积的部位以及出现气氛变化的部位釉色确实会有些差异。柴烧会令坯料发色偏暖。

　　快速降温风险极大。降温速度宜慢不宜快，特别是将窑温从 590℃ 降至 90℃ 的这段时间需要特别注意才行。

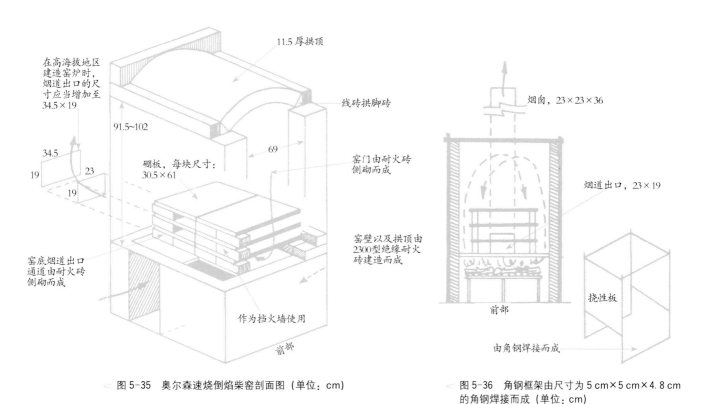

图 5-35　奥尔森速烧倒焰柴窑剖面图（单位：cm）　　　　图 5-36　角钢框架由尺寸为 5 cm×5 cm×4.8 cm
的角钢焊接而成（单位：cm）

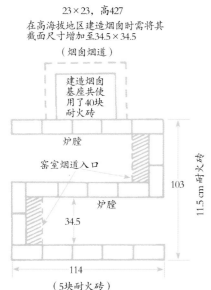

图 5-37　炉膛基座以及烟囱基座的
砖砌结构俯视图（单位：cm）

用极快的速度烧窑以及发挥燃料的最大功效可以节约燃料并降低烧成费用。图 5-35 所示是奥尔森速烧倒焰柴窑，该窑炉由绝缘耐火砖建造而成，烧 10 号测温锥的熔点温度用时仅需 3.5 h，其木材使用量仅为其他窑炉的 1/4。窑壁以及拱顶均为单层耐火砖结构，窑门由耐火砖侧砌而成，窑炉体积为 0.34～0.45 m³。

炉膛的下半部分是由直形硬质耐火砖建造而成的（图 5-36，图 5-37）。炉膛的宽度为 1.5 块耐火砖，深度为 4.5 块耐火砖，高度为 6 块耐火砖。炉膛由硼板封顶，参见图 5-38 和图 5-39。烟道入口周围垫了很多硼板碎料（或者楔形填塞物）以作找平。烟囱基座与炉膛上表面齐平（图 5-40）。之后在此基础上建造连通窑室外壁以及烟囱的烟道出口（一块耐火砖的面积）。窑室和拱顶是由烧成温度为 1260℃ 的绝缘耐火砖（厚度为 11.5 cm）建造而成的，背衬材料为挠性板或者类似的硬板。当手头没有合适的板材时也可以使用金属网充当背衬。后窑壁的上部与拱顶相接。拱脚砖为削边砖，拱门由 1 号拱形砖和直形砖砌筑而成。拱顶是在拱顶支架上建造出来的。由耐火砖侧砌而成的窑门亦与拱顶相接。

建造速烧倒焰柴窑时必须遵守以下三条设计准则：

（1）炉膛底面积需为烟囱底面积的 10 倍。对于速烧窑炉而言，还需在 10 倍的基础上额外增加 20%。

（2）炉膛空间至少一半位于炉算以下。换句话说，炉算位于炉膛高度的一半以上，下方较大一侧与灰坑连通，上方较小一侧与窑室连通。

< 图 5-38　炉膛封顶材料为硼板，用耐火砖在硼板上
建造挡火墙，该墙体亦是下一层硼板的支撑

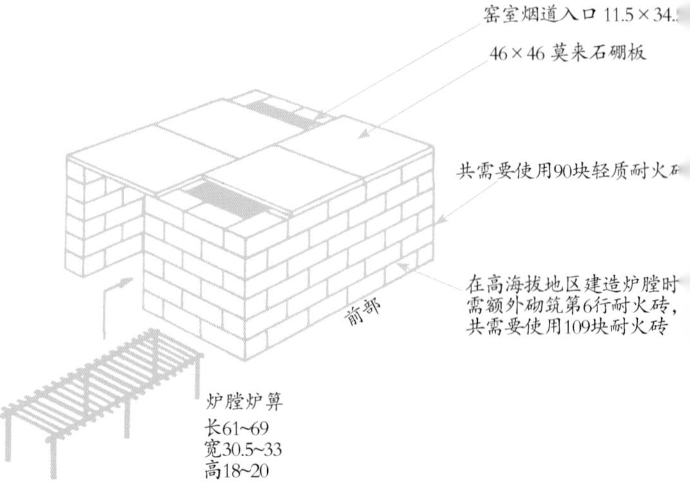

窑室烟道入口 11.5×34.5

46×46 莫来石硼板

共需要使用90块轻质耐火砖

在高海拔地区建造炉膛时
需额外砌筑第6行耐火砖，
共需要使用109块耐火砖

前部

炉膛炉算
长61~69
宽30.5~33
高18~20

< 图 5-39　炉膛结构以及可拆卸式炉算（单位：cm）

（3）烟囱高度的计算方法如下：（窑室高度×3）+（窑炉纵深总数值÷3）。在高海拔地区（1220 m 以上）建造窑炉时，烟囱的高度还需额外增加至少91 cm。此外，还要再将烟囱入口以及烟道入口的面积增加30%。

首先确定炉膛的尺寸及其壁厚并以 S 形图案开始砌筑，炉膛的高度为6 块耐火砖。与此同时，将烟囱基座也砌筑至同等高度。炉膛封顶材料可以为硼板、耐火砖或者耐火浇注料，每间炉膛的尾部均设有烟道入口（其面积为 11.5 cm×炉膛宽度）。之后开始砌筑窑壁直至拱顶高度为止，而后窑壁要越过拱顶。

以丁式砌筑法（11.5 cm）或者侧砌法（6.3 cm）建造窑门。我曾在安德森牧场建造过一座速烧窑，该窑的窑门砖砌结构参见图 5-41；还曾在匈牙利克斯克米特（Kesckemét）国际陶艺工作室建造过两座速烧窑，那两座窑炉的窑门为双开门结构（图 5-42）。窑门正上方设有带塞子的测温锥摆放孔，孔洞的面积为 6.3 cm×6.3 cm。可以在窑炉后部的烟囱上设置挡板通风孔。

窑炉底部烟道通道入口两侧各有一行侧砌耐火砖，这行耐火砖既是挡火墙也是底层硼板的支撑，硼板下方即为烟道通道。第二层硼板亦搭建在侧砌耐火砖上，该行耐火砖既是挡火墙也是下一层硼板的支撑（图 5-43~图 5-45）。这种铺设形式既可以起到预防坯体直接接触火焰的目的，又可以迫使火焰朝拱顶方向游走。对于挡火墙而言，两层侧砌耐火砖的高度刚好合适。

若将窑室、烟道入口、烟道出口以及烟囱成比例放大，可以建造出0.34~3.4 m³ 的速烧倒焰柴窑。选材方面既可以使用绝缘耐火砖，也可以使用硬质耐火砖。窑炉底部铺设硼板，在硼板与窑炉两侧窑壁以及前壁之

< 图 5-40　后墙上的烟道出口与窑底齐平，
烟道通道由耐火砖侧砌而成，最底层硼板
就搭建在其上方

< 图 5-41　弗雷德里克·奥尔森在安德森牧
场建造的速烧窑，窑门为砖砌结构

间预留 11.5 cm 的距离（该区域可作为烟道通道）。在硼板与硼板之间以及硼板与窑炉后壁之间预留 2.5 cm 的距离（图 5-43）。在耐火砖块的衬托下，窑室的内部空间会显得比较大。装窑的时候既可以将坯体摆放的稀疏一些，也可以将坯体摆放的稠密一些。在燃料选择方面，木柴、天然气或油均可使用。可以在炉膛内安装滴油板或加压燃油燃烧器。将预留在窑炉侧壁或者窑炉底部的可拆卸式耐火砖抽出去后，可以安装燃气燃烧器。燃气燃烧器端口的尺寸为 11.5 cm×11.5 cm（图 5-46）。使用天然气烧窑时必须将烟道入口以及炉膛口用耐火砖缝堵住，并用稠泥把缝隙堵实（图 5-47）。对于天燃气燃烧器而言，放置在窑炉内部的坯体相当于挡火墙以及火焰变流装置。选择什么尺寸的燃气燃烧器以及需要安装的燃烧器数量参见第 8 章相关内容。

图 5-42 奥尔森还曾在克斯克米特国际陶艺工作室建造的速烧窑，窑门为侧开门结构

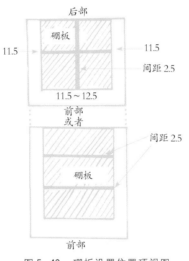

图 5-43 硼板设置位置顶视图，硼板与各侧窑壁之间的距离为 11.5（单位：cm）

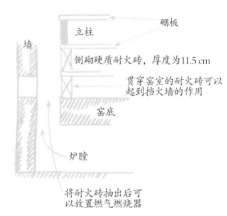

图 5-44 嵌入式挡火墙以及与窑底齐平的可拆卸式燃气燃烧器

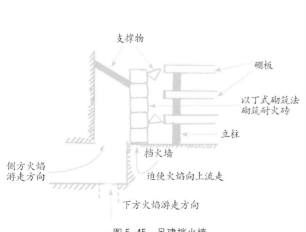

图 5-45 另建挡火墙

图 5-46 速烧窑的燃气燃烧器安装在窑壁两侧与窑底齐平的位置上（单位：cm）

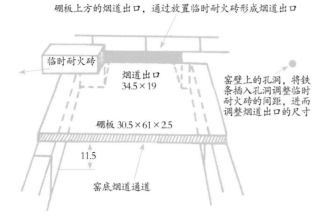

图5-47　如果需要的话可以在底层硼板上放置一块临时耐火砖，该耐火砖的设置目的是便于自然气流流通（单位：cm）

图中标注：
硼板上方的烟道出口，通过放置临时耐火砖形成烟道出口
临时耐火砖
烟道出口 34.5×19
窑壁上的孔洞，将铁条插入孔洞调整临时耐火砖的间距，进而调整烟道出口的尺寸
硼板 30.5×61×2.5
11.5
窑底烟道通道

5.6.1　速烧柴窑烧成时刻表

1977年，我在科罗拉多州阿斯彭市的安德森农场里创建了一个窑炉建造工作室，我在那里用绝缘耐火砖建造了一座0.51 m³的速烧倒焰柴窑。表5-2为该窑的烧成时刻表。我在温暖且晴朗的夜间烧窑（图5-48）。

5.6.2　烧窑

烧窑时从一间炉膛开始烧起直至炉膛底部堆积出一个厚厚的炭火层为止。之后以不同的投柴频率烧另一侧炉膛（窑温约为590℃）。两侧炉膛千万不要同时烧。当炭火层的厚度达到灰坑深度的一半时让其充分燃尽。持续烧窑1 h左右后每隔3 min投4～6捆柴。当一侧炉膛的投柴频率为4～6捆柴时，另一侧炉膛的投柴频率为1～2捆柴。在此期间必须将一个观火孔打开，最好是位于窑炉顶部的观火孔，通过这个观火孔观察窑炉内部的烧成情况，同时注意烟囱的排烟状态。当窑炉内部的火焰不再游走且烟囱也不再冒烟时再次投放新柴。当窑温达到590℃以及1090℃左右时需要特别小心，务必保证窑炉内部自然气流畅通无阻。在投柴期间，我会借助测温计时刻关注窑温变化。倘若投柴时窑温仍保持上升趋势，那就说明燃料的烧成功效很好，投柴频率也非常适宜。倘若投柴时窑温呈下降趋势，则需要将炉膛内堆积的炭火耙出来一部分，此外还需将炉算上的木柴去掉一些，以便让更多氧气进入窑炉内部。灰坑内的炭火堆积层不可过厚，切不可让其上表面接触到炉算条底部，进而堵塞烟道入口区域。当窑温达到预定烧成温度后建议采取保温烧成措施，保温烧成会令窑温分布得更加均匀。

对于烧成总时长为3.5～4 h的烧制而言，速烧倒焰柴窑的燃料使用量还不到其他窑炉燃料使用量的1/4。烧窑者需要在长时间的烧窑实践中逐渐总结出最适宜的烧成频率以及装窑方式。当首次烧窑不太令人满意时千万不要灰心失望。随着经验的积累相信你会越烧越好的。

表5-2　速烧倒焰柴窑（0.51 m³）烧成时刻表

大约下午2:30，从前部炉膛的炉算下方开始烧起。1 h后开始烧炉算上部
下午4:00——窑温达到260℃
下午5:00——窑温约为538℃，火焰流入窑室内部
下午6:00——窑温达到677℃，窑炉内呈现还原气氛，火焰从窑门上的火孔中窜出。烟囱挡板仅开启1/4
下午7:15——窑温达到760℃，烟囱挡板开启1/2
下午7:30——开始烧第二间炉膛（后方炉膛）
下午8:15——窑温达到871℃
下午9:30——窑温达到993℃，烟囱挡板开启3/4
下午10:00——窑炉底部的烧成温度达到8号测温锥的熔点温度
下午10:30——烟囱内冒出高高的火苗，釉料熔融。10号测温锥弯曲倾倒——采取保温烧成措施，以便于窑温均衡分布
上午12:30——放置在窑炉内部各个位置上的10号测温锥均弯曲倾倒
上午12:45——结束烧窑并将窑炉上的所有孔洞堵死

注意事项：由硬质耐火砖建造的窑炉烧成时间相对较长。一座 1.13 m³ 窑炉的常规烧成时间约为 12～14 h。

5.7 卡帕多奇亚奥尔森速烧柴窑

2004 年，我受土耳其安卡拉市的哈斯特普大学（Hacettepe University）陶艺系教师埃姆雷·费佐格鲁（Emre Feyzoglu）的邀请去他们学校建造窑炉。我在那里建造了两座窑炉，其中一座是盐釉窑。在此期间我结识了很多位该系教师，其中就包括卡恩·坎杜兰（Kaan Canduran），他曾在美国工作过很多年。2008 年，埃姆雷·费佐格鲁和卡恩·坎杜兰邀请我参加第六届国际应用陶瓷研究大会，该会议的主办者为卡帕多奇亚职业学院（Cappadocia Vocational School）以及开塞利市的埃尔吉耶斯大学（Erciyes University）。卡恩·坎杜兰时任埃尔吉耶斯大学以及阿瓦诺斯市文化与艺术学会（Culture and Art Society of Avanos）陶艺系教授。

＜ 图 5-48　烧窑全景

＜ 图 5-49　卡帕多奇亚速烧柴窑的基座由耐火砖堆叠而成。耐火砖上的孔洞稍后会用沙子封堵住

＜ 图 5-50　窑底建造在耐火砖堆叠层上，S 形炉膛通道建造在耐火砖窑底上

＜ 图 5-51　用丁式砌筑法搭建炉膛。中部设有支撑物，窑壁可以起到扶壁的作用

　　阿瓦诺斯市的陶艺非常有名，窑炉选址位于基兹利马克（Kizilirmak）河旁，距离市中心只有几个街区。自从哈斯特普大学建起了第一座盐釉窑，学生和陶艺家对盐烧的兴趣越来越强，所以我决定趁着本次大会再多建一座盐釉窑。

　　这座新盐釉窑为速烧柴窑，其尺寸设定基于当地的硼板规格。为了方便投柴，我将炉膛建造在一个高度适宜的基座上，因此窑炉的整体高度得到了提升（图5-49～图5-62）。

图5-52　用环形耐火砖搭建炉膛。也可以采用以下方式搭建炉膛：使用拱形耐火砖搭建炉膛或者在拱顶支架的辅助下使用直边耐火砖搭建炉膛。将丁式砌筑法建造的墙体与侧砌式墙体穿插在一起亦可搭建出炉膛。采用侧砌法搭建炉膛时其底部需支撑木质支架。待窑壁建造好之后再将木支架移开

◁　图5-53　在耐火砖的孔洞内填满沙子后即可作为窑底的基座。注意烟道入口。窑壁的厚度为23 cm

◁　图5-54　建造窑壁、与烟囱连通的烟道入口以及烟囱的基座。注意看，窑门部位由4块耐火砖侧砌而成

图 5-55　从一侧看窑壁以及烟囱，从窑炉一角开始建起并逐步向其周边区域扩散开来

图 5-56　在烟囱上预留出烟囱挡板孔洞

图 5-57 和图 5-58　将轻质耐火砖切成削边砖样式以便于支撑拱顶，并在拱顶支架上摆放第一块直形耐火砖。咬合拱由直边耐火砖搭建而成，借助耐火灰浆以及耐火砖碎料逐步建造出整个拱形结构（参见第 2 章有关拱顶的建造内容）。拱顶完成之后其上层砖块需借助半砖错缝。图 5-59 中的环形拱也是不错的选择

图 5-57

图 5-58

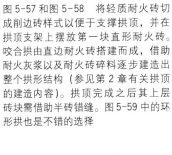

图 5-59　环形拱

图 5-60　待整个窑炉建好之后为其焊制一个角钢支架。后壁顶部以及底部均设有撒盐孔（望向窑室内部时可以看到左侧撒盐孔的位置）

图 5-61　首次烧窑，木柴的类型不限

图 5-62　从出窑后的图可以发现，烧成温度适宜，部分坯体坍塌，窑炉底部以及顶部之间的温差约为半个测温锥的熔点温度。次日，参加第六届国际应用陶瓷研究大会的陶艺家们又装烧了一窑，该次烧成效果较前次好很多

5.8　其他形式的速烧窑

乔·芬奇（Joe Finch）曾在他的《窑炉构造》（*Kiln Construction*，该书由 A&C 布莱克出版有限公司发行）一书中介绍过三种不同形式的纯倒焰速烧窑设计方案。数年前芬奇寄给我几张该书的幻灯片，他的窑炉炉膛呈 S 形，炉膛通道之间留有间距以作为连通烟囱的烟道出口。烟囱和炉膛位于一条直线上，炉膛入口稍作偏移。炉算位于炉膛正中间，炉算条为直径 7.5 cm 的陶管且其间距很宽。窑炉底部铺设硼板，右侧作为窑底，左侧作为烟道出口通道（图 5-63）。窑壁直达拱顶起点，窑炉外部设有角钢框架。拱顶是在将拱顶支架放入窑壁之间后建造的（图 5-64，图 5-65）。在门框的范围内建造窑门。持续建造窑壁，直至与拱顶相接为止（图 5-66）。该窑的燃料可以选用木柴、天然气或油。

图 5-63　S 形炉膛结构与中央烟道通道以及烟囱相连

▷ 图 5-64　建造窑壁，烟囱基座上设有可抽卸式耐火砖，该砖块可作为辅助空气输入口的挡板

◁ 图 5-65　在拱顶支架的辅助下建造窑炉拱顶

◁ 图 5-66　待拱顶建好之后将拱顶支架移走，建造窑壁直至与拱顶相接

5.9　迈克尔·萨尔泽凤凰式倒焰柴窑

　　凤凰式窑炉是由乔治·怀特（George Wright）发明的，乔治是 20 世纪 70 年代早期的一位黏土和材料供应商，他的服务对象是俄勒冈州波特兰地区的陶工。乔治年轻时曾在砖瓦厂做过烧窑工人，由他建造的 0.22～0.28 m³ 柴窑形态别致：带有罗马式拱门的炉膛位于窑底下方，交叉焰窑室位于窑底上方。1978 年，坐落在新罕布什尔州邓巴顿郡的凤凰工作室以上述小窑为蓝本建造了一座体积为 1.13 m³ 的窑炉，该窑被杰瑞·威廉姆斯（Gerry Williams）收录在《职业陶艺家》（Studio Potter）杂志中（第 7 卷第 2 期）。凤凰窑这一名称也由此传播开来。图 5-67 为凤凰窑的示意图。

　　迈克尔·萨尔泽（Michael Salzer）在德国莱茵河畔考布市建造了一座小型便携式倒焰柴窑，该窑炉是在凤凰式窑炉的基础上设计出来的，萨尔泽在参加布林柴烧大会的时候将这座窑炉带过去并烧制。这座小窑为顶开式结构，平顶由耐火砖侧砌而成，窑炉外面设有角钢框架（图 5-68，图 5-69）。唯一一间炉膛位于烟囱以及由硼板搭建而成的窑底下部。与窑室连通的唯一一个烟道入口位于窑炉前部，自然气流进入窑室后先顺着窑底流向窑炉后侧烟道出口，之后再进入烟囱并流出窑外。窑室和烟囱共用同一堵墙。

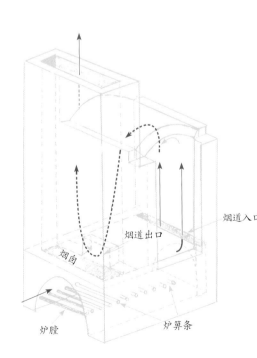

▷ 图 5-67　凤凰窑示意图

烟道入口

烟道出口

烟囱

炉膛

炉箅条

< 图 5-68　从一侧看烧成初期的凤凰窑

< 图 5-69　从凤凰窑的后面看可以看到两个投柴孔，烟囱以及烟囱挡板位于窑炉顶部

5.10　塔斯马尼亚布莱克布劳艺术学校倒焰窑

　　这座 1.13 m³ 的倒焰窑由耐火纤维建造而成，整个窑炉设计的如同信封一样：装坯平台与窑炉后壁以及烟囱相连接，窑炉的其他三面窑壁为安装在轨道上的可推拉箱式结构（图 5-70）。装好窑后需将安装在轨道上的窑壁箱体推至与窑炉后壁以及烟囱相连接的装坯平台上方，令两者紧紧地闭合为一个整体（图 5-71）。立方体为该窑外形的设计出发点，之后再根据硼板以及火焰通道的大小调整窑室的尺寸。图 5-72 展示了窑炉底部（装坯平台）、火焰通道、烟囱以及燃烧器端口的位置。装坯平台的长度为 137 cm，宽度为 107 cm，高度约为 132 cm，铺设在窑底上的硼板规格为 61 cm×61 cm。装坯平台、火焰通道、烟囱基座以及窑室最底部的 38 cm 由 2600 型绝缘耐火砖建造而成（图 5-70，图 5-73）。

　　窑壁以及窑顶设有金属网背衬，背衬外部设有角钢框架。该窑的窑顶为耐火纤维建造的悬挂式平顶，装窑结束后需将其平放到窑壁箱体角落的支撑柱上（图 5-76，图 5-77）。两个火焰通道的宽度为 11.5 cm，深度为 15 cm，间距为 23 cm。烟道通道与烟囱的交汇部位呈漏斗状，一侧面积为 23 cm×15 cm，另一侧面积为 23 cm×23 cm。窑炉底部设有 8 个烟道出口（图 5-74）。窑室前、后壁上各设有两个面积为 11.5 cm×15 cm 的燃烧器端

< 图 5-70　装坯平台下方铺设硼板

口，窑室侧部预留 23 cm 宽的火焰通道。透过架起来的底层硼板可以看到硼板与窑炉底部之间的烟道出口，硼板周围即为 23 cm 宽的火焰通道（图 5-75）。该窑配置了 4 个文丘里（Venturi）复合型内置式燃烧器，每一个燃烧器均配备了独立的安全点火装置（图 5-78，图 5-79）。

图 5-71 窑壁以及窑顶箱体

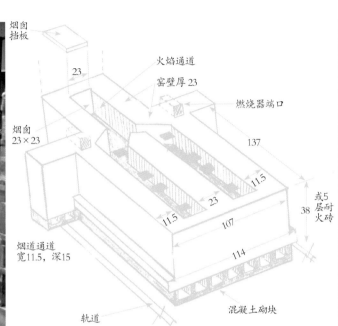

图 5-72 窑炉地面、烟雾收集通道以及烟囱的位置（单位：cm）

图 5-73 在窑炉底部建造与烟囱相连接的烟道通道

图 5-74 用耐火砖封堵烟道通道的顶面，进而形成烟道出口

图 5-75 透过架起来的底层硼板可以看到硼板与窑底之间的烟道出口以及后窑壁底部的燃烧器端口

< 图 5-76，图 5-77　耐火纤维建筑构造。借助木板和千斤顶将耐火纤维压至紧密状态

< 图 5-78　燃烧器插座

< 图 5-79　可移动的窑室，澳大利亚霍巴特市
（摄影：莱斯·布莱克布劳）

5.11　其他形式的倒焰窑

真正的倒焰，正如上文中介绍的塔斯马尼亚信封式窑炉，是烟雾先顺着窑炉底部流进烟雾收集通道，之后进入烟囱并排出窑炉外部。

很多窑炉公司以及个人建造平顶或者带有弓形拱的箱式窑，虽然建窑者也将其产品称为倒焰窑，但我将这种窑炉称为"假倒焰窑"，原因是烟雾

图 5-80　贝利气窑公司生产的假倒焰窑

并不是从窑炉底部下方流进烟囱的。有些窑炉公司使用耐火纤维建造平顶窑炉，这种窑炉及其角钢框架的重量相对较轻。我曾使用过一座这种构造的窑炉，其生产厂家为意大利乔布·福尼（Job Forni）窑炉公司，该窑的顶底两侧均设有燃烧器端口，燃烧器端口内安装燃气燃烧器（图 5-80）。

这种假倒焰窑出现于 20 世纪 40 年代早期，但直到 50 年代中叶索尔德纳（Soldner）发明了悬链线拱之后才流行起来。无论是悬链线拱还是弓形拱，其燃烧器均设在窑炉侧部。这种假倒焰窑在很多年中一直都是美国陶瓷产业内最主要的窑炉类型。同样是在 20 世纪 50 年代中叶，美国西海岸地区出现了顺焰窑，当地的院校以及陶艺家开始选用顺焰窑烧制陶瓷作品。1976 年，《职业陶艺家》杂志首次收录了假倒焰窑的改良设计样式，该种改良窑炉就此逐渐流行起来，其中最有代表性的当属尼尔斯·卢（Nils Lou）在美国明尼苏达州建造的平顶箱式窑，该窑亦为假倒焰窑。20 世纪 70 年代中期，很多窑炉公司都开始建造假倒焰窑，例如坐落在加利福尼亚州亨廷顿海滩上的吉尔窑炉公司（Geil Kilns，1974 年）以及坐落在纽约州金斯顿的贝利气窑公司（Bailey Gas Kilns，1983 年），上述窑炉公司的产品广受职业陶艺家、艺术院校以及陶瓷厂的青睐。1989 年，一位名叫罗德（Rohde）的欧洲人以及德国利兰塔尔市的纳博热工业炉有限公司（Nabertherm Kilns）开始建造假倒焰气窑。

假倒焰窑使窑炉类型得以丰富。这类窑炉实际上属于倒焰窑的衍生产品。其构造形式虽然基于交叉焰窑，但我仍将之称为"假倒焰窑"。

假倒焰窑的烟道出口位于后窑壁底部，窑壁两侧均设有烟道通道。燃烧器的位置可以设在窑壁两侧、后窑壁上或者窑炉底部（图 5-81）。在窑炉底部设置燃烧器时应预留 11.5 cm 的火焰通道。在窑壁两侧或者后窑壁上设置燃烧器时应将火焰通道预留得更宽一些（18～23 cm），具体数值应

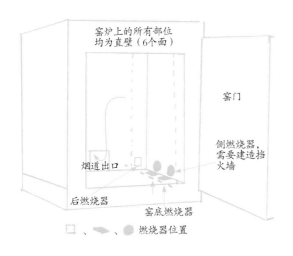

图 5-81　箱式假倒焰窑

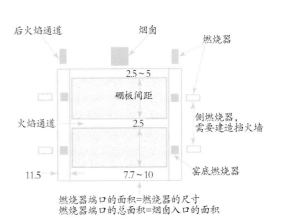

图 5-82　窑底布局以及燃烧器位置（单位：cm）

视所使用的燃烧器类型而定。使用低气压文丘里燃烧器烧窑时，预留11.5cm宽的火焰通道就足够了（图5-82）。使用高气压燃烧器烧窑时则需将火焰通道预留得更宽一些。在窑壁两侧设置燃烧器时必须建造挡火墙，挡火墙可以迫使火焰顺着火焰通道垂直向上游走。可以像图5-83中那样将挡火墙的基座部分建造在窑炉底部。图5-84展示了另外一种挡火墙设置方式：将耐火砖侧立或者竖立起来，既可作为挡火墙，也可作为硼板支撑。采用这种方式设置挡火墙时，底层硼板与窑底之间的距离为11.5 cm或者23 cm。在后窑壁上设置燃烧器时应摆放火焰导向砖，这些砖块可以迫使火焰向上方游走，而不是直接流向窑室中央。当窑炉的体形较长时还必须在其尾部两侧各设一个燃烧器，参见塔斯马尼亚布莱克布劳艺术学校倒焰窑。

　　燃烧器端口应当与所使用的燃烧器规格相适宜，确保燃烧器可以从孔洞中穿过去。燃烧器端口的面积要同时满足火焰以及空气的畅通无阻。烟道出口的面积要稍小于所有燃烧器端口的总面积。烟囱入口的面积要等于所有燃烧器端口的总面积。为了方便建造，烟道出口的宽度等于烟囱的宽度，再用一块耐火砖加以限制。烟囱的高度等于窑炉的高度或者与窑炉角钢框架的顶点齐平。贝利气窑公司生产的窑炉顶部设有烟雾收集罩（图5-80）。需要注意的是，假倒焰窑的尺寸宜小不宜大。

　　热量源自窑炉底部（窑底、侧壁或者后壁），之后顺着窑壁升至窑炉顶部，再之后流入位于后窑壁与窑炉底部交界处的烟道出口中（在此或许有必要指出，交叉焰窑的火焰流通路线亦如此）。对于假倒焰窑而言，装窑方式会在很大程度上影响窑炉的烧成效果。倘若窑炉后部摆放的坯体太稀疏，热量就会直接流入后窑壁底部的烟道出口，进而导致窑炉前部烧成温度过低。相反，倘若窑炉后部摆放的坯体太稠密且硼板之间没有缝隙，窑炉后部的烧成温度就会很低。为使窑温均匀分布，最后一排硼板与后窑壁之间应预留 2.5～5 cm 的距离，硼板之间应预留 2.5 cm 的距离，最前一排硼板与前窑壁之间应预留更宽的距离（图5-82）。假倒焰窑的装窑方式与

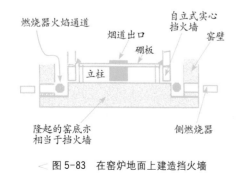

图5-83　在窑炉地面上建造挡火墙

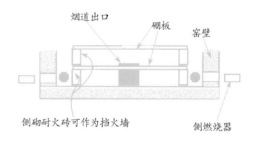

图5-84　用耐火砖建造的可拆卸式挡火墙亦可作为硼板支撑

速烧窑的装窑方式极其相似。但对于速烧窑而言，必须在最前排硼板与前窑壁之间预留出 10 cm 的距离，且左右两侧窑壁与窑炉底部交汇处设有等距燃烧器，上述两点对于假倒焰窑而言倒不是特别重要的。

往假倒焰窑以及倒焰窑中摆放坯体时，有些时候需要以交错形式支撑硼板。我发现对于速烧窑而言，倘若后窑壁与硼板之间的距离适宜，不采用交错形式支撑硼板也是可以的。

第 6 章

顺
焰
窑

自然气流在顺焰窑中的流走路线如下：先顺着烟道入口进入窑炉底部，之后穿越窑室，最后流入位于拱顶或穹顶上的烟道出口（图6-1）。远古时期的陶工在长达数个世纪的烧窑经验中逐渐认识到窑坑的密闭性越好，窑温越高，陶瓷制品的持久性也越强。他们用黏土在窑坑周围砌筑围墙，进而将热量封固其中。远古陶工发现在围墙底部掏一些洞，将更多燃料通过这些洞添进去可以在很大程度上提升窑温。在窑坑周围砌筑围墙并在围墙底部开设通风孔以及投柴孔，这就是远古时期的顺焰泥壳窑（图6-2）。这个时期的顺焰窑是在坑式窑的基础上发展演化而来的，堆叠在一起的陶瓷坯体上方预留着一些空间，窑壁以及窑顶周圈均设有投柴孔和通风孔。

直至今天，诸如西班牙、尼日利亚、墨西哥、印度、非洲以及南美等很多地区的当地陶工仍然在使用上述顺焰泥壳窑。他们用树枝、干草、动物粪便或者将上述几种燃料混合起来烧窑。坯体之间以及坯体与窑壁之间填满了燃料。层层叠摞在一起的坯体共同组成穹顶的形状。当地窑工先将碎石片覆盖在高高隆起呈穹顶形的坯体上部，之后在上面铺一层泥和稻草或者将泥和稻草的混合物涂抹在碎石片的外面。最后在泥壳穹顶上挖出通风孔以及排烟孔。烧窑的时候待泥壳穹顶呈现出炙热的红色之后再投新柴。有些地区的窑工会在窑温冷却之前往泥壳穹顶上面投很多柴。

远古窑炉发展至此，下一步要解决的问题是如何从堆叠在一起的坯体底部点火，让火焰生成的热量顺着坯体之间的缝隙从下至上流走，进而达到提升窑温的目的。这一问题一旦被解决，窑工们就可以控制烧成了。地中海东部及南部、中东、北非以及西班牙的窑工将围合窑坑的墙体增高并在坯体下方设置炉膛，间歇式顺焰圆窑便出现了。由于技术水平有限，在窑室底部搭建大跨度的炉膛对于彼时的窑工而言很难做到，所以当时的顺

弗雷德里克·奥尔森气窑烧制的松木灰釉餐具细部

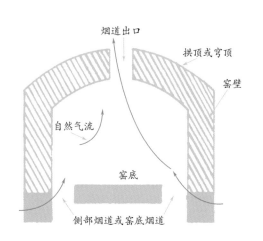

图6-1　自然气流在顺焰窑中的流走路线

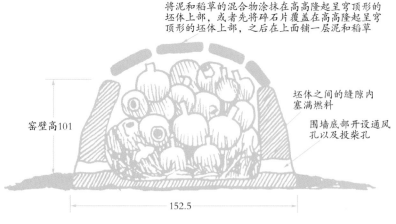

图6-2　经过改良的坑式窑，在窑坑周围砌筑围墙并在围墙底部开设通风孔以及投柴孔（单位：cm）

焰泥壳窑体量都很小。我认为是尼日利亚附近的窑工解决了炉膛跨度问题。尼日利亚生长着很多猴面包树，这种树的树干极粗，从树干上长出来的树枝高度适中并像伞骨一样伸展开来。当地的居民模仿猴面包树的结构建造房子。房间中央有一根巨大的柱子，柱子顶端伸出一圈伞骨状房梁，这些房梁将屋顶支撑起来。模仿猴面包树结构建造的房子，房梁部分是由极具韧性的树枝、小树干或者成捆的木柴搭建而成的。人们在建好的房梁上覆盖黏土并用稠泥浆罩面。当地的窑工模仿猴面包树结构的房子搭建窑底。地域不同方法各异，埃及的窑工先在炉膛中间立一根柱子，之后再往柱子顶端铺一些打了孔的陶板，他们以这种形式搭建窑底。克里特岛以及希腊的其他窑工也使用这种方法搭建窑底。这种形态犹如雨伞般的窑炉还传播到了包括西班牙在内的北方区域，直至20世纪70年代上述地区仍在使用这种窑炉烧窑。

6.1　伞式窑

西班牙小镇莫弗罗斯（Moveros）直至20世纪70年代中期仍在使用伞式窑烧制陶瓷作品。伞式窑的体量很小，窑室直径约为150 cm，窑顶由立在窑底的柱子支撑，炉膛位于窑室下方（图6-3～图6-5）。窑壁由花岗石砌筑而成，窑壁的厚度为46～61 cm，灰浆接缝（图6-6）。炉膛以及窑室内部由稠泥浆罩面。伞骨状窑底的缝隙内填塞着碎陶片，这些碎陶片可以起到防止火焰直接接触坯体以及防止坯体掉落的作用（图6-7）。装窑的时候先把坯体层层叠摞至窑顶高度，之后在高高隆起呈穹顶形的坯体上部覆盖一层碎陶片，以此建造出窑顶结构。

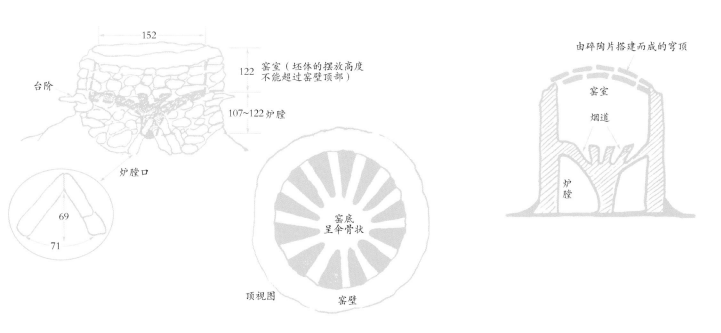

图 6-3　早期"猴面包树"结构顺焰窑（右图）和晚期伞式窑（左图），位于西班牙莫弗罗斯镇（单位：cm）

< 图 6-4 窑壁由花岗石砌筑而成，灰浆接缝

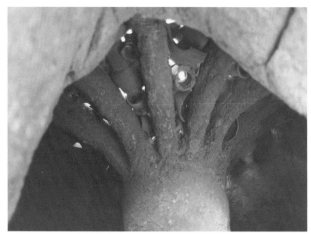

< 图 6-5 从炉膛看伞骨状窑底支撑体

< 图 6-6 伞式窑外观

< 图 6-7 窑底铺着一层碎陶坯，其铺设目的是缓冲减震

烧窑所用的燃料为石楠或其他矮灌木。从炉膛口开始烧起，2 h 之后将灌木推进炉膛深处，之后大约 6 h 逐渐加快投柴频率。待火焰从窑炉顶部冒出之后整个烧成结束。在烧窑的过程中，时不时地将炉膛内的炭火覆盖到窑炉顶部，烧窑结束时，将木灰和炭火倒入窑炉内部，这样做可以使坯体外观呈现出闪光效果。

古希腊窑工对窑炉做了更进一步的密封处理——加盖穹顶以及建造窑门——这真是一项精明的举措。在此之后的几个世纪中，某些未知名的窑工又对窑炉构造做了更进一步的改良：他们将窑底建造成穹顶样式，跨度由此得以增加；此外他们还将比陶瓷坯体更耐高温的泥料做成耐火砖，并用这种耐火砖建造窑炉。可以承受更高烧成温度的砖加上穹顶形窑底使窑炉的体量得以扩张，窑温也得以提升（图 6-8）。

这些原始的顺焰窑具有显而易见的优点。无论是使用炭火烘烤还是用木柴急烧，窑炉内部的烧成温度都是可控的。窑顶为穹顶样式，火焰及热量可以快速升腾到前所未有的高度。由于烧成温度得到提升且窑工在烧窑的过程中可以控制窑温，所以陶瓷领域中另外一个重要的产品——陶瓷釉料逐步发展起来。釉料起源于公元前 1500 年左右，居住在尼罗河以及幼发拉底河流域的埃及窑工开始使用苏打熔块装饰陶瓷坯体，采用这种物质烧成的陶器即为举世闻名的埃及釉陶。这些原始釉料中的绝大多数只用于装饰陶砖，直到公元前 300 年左右釉面烧成效果才达到可控程度。大约在公元 1 世纪，陶工们开始用釉料装饰陶艺作品以及日用陶瓷产品。与此同时，中东地区以及中国的陶工也开始使用釉料装饰陶瓷坯体。

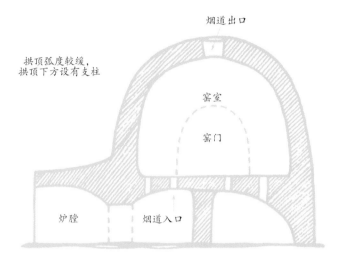

拱顶弧度较缓，
拱顶下方设有支柱

图 6-8　希腊早期的顺焰窑

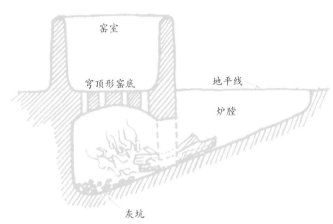

图 6-9　炉膛内的炭火耙进窑室下部灰坑的方式

图 6-10　曼斯曼·辛格的低温釉窑，位于新德里

6.2　原始穆斯林低温釉窑

　　居住在印度新德里市的陶艺家曼斯曼·辛格至今仍在使用早期的顺焰窑。这座窑炉呈古老的穆斯林样式，是辛格的父亲建造的（图 6-9）。辛格用该窑烧制德里蓝釉装饰的陶砖以及其他低温釉陶。

　　预热炉膛大约需要 5 h，之后的常规烧成时间为 6～7 h。预热炉膛时需要使用少量木柴，待炭火燃尽后将其耙到炉膛下方的灰坑中（图 6-10）。堆积在灰坑中的炭火可以将窑温提升至 260℃，这一温度不会对此阶段的陶瓷坯体造成任何损伤。在此之后用常规尺寸（直径介于 5～15 cm 之间）的大块硬质原木烧窑。这种尺寸的木柴火苗较短，炭火的留存时间较长。木柴的类型选用（硬木或软木，树枝或原木抑或劈柴）对于控制窑温、窑室内部的火焰状态以及气氛影响极大。例如，硬木的火苗较短，局部温度较高且炭火质量较好；软木的烧成速度较快，火苗较长，热量能在极短时间内流进窑室内部。图 6-11 展示了该窑的窑底布局以及尺寸大小。除了陶砖之外，其他类型的坯体必须放进匣钵内烧制。逐行摆放坯体并在坯体之间夹垫泥球以作隔断（图 6-12）。装窑结束后在顶层匣钵上面铺几层碎陶片作为窑顶（图6-13）。

◁ 图6-11 装窑

◁ 图6-13 装窑结束后在顶层匣钵上面铺几层碎陶片作为窑顶

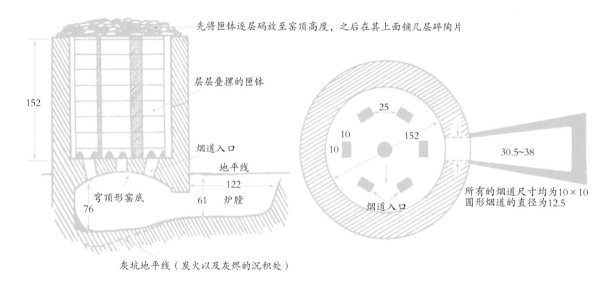

◁ 图6-12 原始穆斯林低温釉窑（单位：cm）

6.3 尼诺瓜原始窑

位于西班牙西北部的尼诺瓜（Ninodaguia）窑直至今日仍在使用，其基本设计形式与原始穆斯林低温窑一模一样，是极其有趣的原始顺焰窑典范（图6-14，图6-15）。这座窑炉是用西班牙当地随处可见的建筑用砖建造而成的。窑底微微呈穹顶状（图6-16），由成圈摆放的砖块竖砌而成，穹顶顶点与穹顶底部的落差为30.5 cm。站在炉膛内抬头仰望穹顶时可以看到穹顶的全貌，这里存在一个重要的安全问题：一旦砖块受损整个穹顶就会坍塌

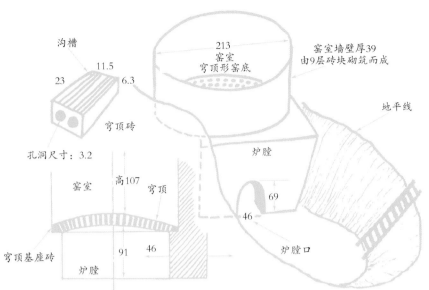

图 6-14 尼诺瓜原始窑，位于西班牙西北部（单位：cm）

图 6-15 炉膛投柴孔以及灰坑

图 6-16 窑底上摆放着圆形垫片

图 6-17 炉膛穹顶亦为窑底

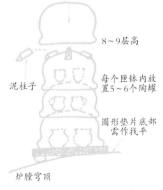

图 6-18 借助圆形垫片摆放坯体

（图 6-17）。砖块上布满直径为 3.8 cm 的孔洞，这些孔洞可作为窑室的烟道入口。从炉膛门添柴（图 6-15）。需要注意的是炉膛和窑室的高度以及宽度几乎是相等的。

　　装窑时需将坯体摆放在支垫起来的圆形垫片上（图 6-18）。该窑可容纳 2000～3000 个小陶罐或者 1000 个大陶罐。装窑结束后需在顶层陶罐上铺一层碎陶片。该窑的燃料为松树皮。不用说各位读者也能看得出来，这座窑炉是无法满足批量化的商业烧成需求的，这里的窑工告诉我他也想要一座邻居那样的气窑。

6.4　米拉维特中世纪窑

在西班牙加泰罗尼亚地区的米拉维特村（Miravet，一个新兴起的传统陶瓷产地）至今仍能见到中世纪时期的旧式窑炉（图6-19，图6-20）。这座窑炉的独特之处在于其构造比例几乎完全符合本书第3章中讲述的窑炉设计准则。该窑由3个等大立方体组合而成，两间窑室上下叠摞，底层窑室前部为炉膛。带有穹顶的倒焰窑室比例相当完美（图6-21）。下方窑室的形状也是立方体，拱形窑底上设有烟道入口（图6-22）。与上方窑室相比，下方窑室的窑底厚度较薄。炉膛位于下方窑室前部，亦呈立方体形，坯体就是从这里装进窑室中的，炉膛燃烧室与灰坑呈一体式结构。炉膛内部没有炉箅。

窑室穹顶四角各设有一个排烟孔，它们既可作为烟道出口也可作为窑温控制孔（图6-23，图6-24）。在烧窑的过程中可以有选择地关闭或开启某个或者某些排烟孔，进而达到局部保温或降温的目的。在烧窑的时候倘若某位置的窑温偏低，那么就可以通过开启该部位排烟孔的方式利用自然气流抽力原理将火焰及热量吸引过来（图6-19）。

新式米拉维特窑在装窑的时候需将坯体层层叠摞起来直至窑顶部位（图6-25）。上下两间窑室内共能容纳数百件尺寸各异的坯体（图6-26，图6-27）。作为釉料试片的罐子摆放在上层窑室的挡火墙上，试片罐的摆

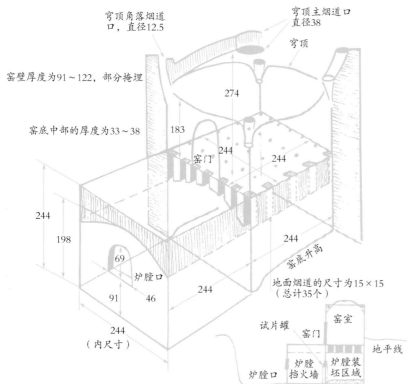

< 图6-19　米拉维特中世纪顺焰窑（单位：cm）

< 图6-20　米拉维特中世纪顺焰窑

图 6-21　米拉维特中世纪顺焰窑的炉膛窑室

图 6-22　上方窑室以及下方炉膛窑室

图 6-23　窑顶烟道

图 6-24　从窑室内看烟道口

图 6-25　新式米拉维特窑在烧窑的过程中，可以通过穹顶上的主烟道口观测试片罐的烧成情况

图 6-26　新式米拉维特窑的装窑形式

< 图 6-27　往新式米拉维特窑里放置大件坯体时需将其层层叠摆起来

放位置一眼可见，位于穹顶正中央临近烟道口处（图 6-25）。在烧窑初期，窑室前部紧靠炉膛处的两个烟道口是闭合的。在此阶段每隔 4～5 min 投一次柴，木柴的尺寸较长，投柴量以双臂环抱为宜，持续投柴直至摆放在烟道口处的试片罐颜色明显深于其下方坯体釉色为止。接下来改用刨花烧窑。以极慢的速度投放刨花，每次投 6 铲，到烧窑结束时刨花的总投放量最多为 30 铲。除了木柴和刨花之外还需投放一些辅助燃料，例如小木块、干草、劈柴（伐木时从树上砍下来的碎木块）以及薄木片等。为形成氧化气氛，必须将投柴间隔拉得长一些，以便于木柴充分燃尽以及烟雾充分排净。持续烧窑直至摆放在烟道口处的试片罐"烧熟"为止。使用这种窑炉的窑工其烧窑时间各异，不过总体而言米拉维特窑的烧窑时间大约介于 28～32 h 之间。

6.5　法尔科内庞贝顺焰窑

福尼斯-法尔科内（Fornace Falcone）是一家陶瓷公司，坐落在意大利南部蒙特科维诺·瑞维拉（Montecorvino Rovella）小镇附近，该公司的产品为古典建筑部件仿制品——屋瓦、各种规格的砖以及庞贝古城或其他古典建筑的修复用材。该公司的窑炉仍是庞贝时期的窑炉样式，与前文介绍的米拉维特窑极其相似。窑炉内部由现代耐火砖建造而成，但窑炉外部贴了一层该公司生产的仿古砖外衬，外观极其优雅古拙。

这座窑炉的上部窑室宽 3 m，深 4 m，高 2 m，总容积为 24 m³。窑室内可容纳 80000 块规格各异的陶砖或总重量为 18 t 的陶瓷坯体。上部窑室的最高烧成温度为 1050℃，但该公司产品的常规烧成温度为 960℃。炉

图 6-28　下层炉膛一角以及上层窑室

腔的高度为 1.8 m，炉膛位于上部窑室下方，体量与上方窑室差不多（图 6-28～图 6-30）。该窑的总容积为 21.6 m³。法尔科内庞贝顺焰窑的结构比例符合这类窑炉的常规设计比例。该窑的烧成时间约为 40 h，每次烧窑会消耗 13.6 t 木柴。

炉膛顶部设有环拱，环拱间距 23 cm，环环相接共同构筑出上方窑室的窑底（图 6-31）。作为窑室地面的环拱，其总承重能力为 18 t。注意观察照片中环拱的砖砌结构、设置在环拱上的烟道口以及窑底布局。构成环拱的底层耐火砖角度适宜共同组建出了整个拱顶曲线。铺在地面烟道口上的木板供装窑时走动，将木板叠摞起来构成台阶便于往高处放置坯体。拱顶前部、中部、后部各设有 3 个烟道出口，整个拱顶上一共设有 9 个等距烟道出口（图 6-32）。炉膛具体情况可参考图 6-33～图 6-35。

图 6-29　从侧面看

图 6-30　窑室内部放满陶砖

（a）　　　　　　　　　　　　　　　　（b）

图 6-31　下层炉膛的拱顶亦是上层窑室的窑底，
拱顶需承托摆放在窑室内部的所有坯体的重量

图 6-32　窑室的 9 个烟道出口

< 图 6-33　笔者和瓦莱里奥·法尔科内（Valerio Falcone）站在炉膛前探讨窑炉及其烧成情况

< 图 6-34　炉膛投柴孔及其下方的通风孔

< 图 6-35　炉膛窑室内没有炉箅。所使用的烧窑燃料为长木片

6.6　卡诺芬顺焰隧道窑

14 世纪早期，居住在莱茵河流域小镇上的德国窑工建造出一些能烧高温的新式窑炉。锡格堡（Siegburg）以及弗雷兴（Frechen）逐渐发展成为首批炻器生产胜地。当时的木柴售价高昂且极其难得，其原因是当时森林归私人所有。因此当地的窑工只能购买诸如船板木以及箍桶木之类的便宜木料烧窑。由于这类木柴被海水浸泡过，所以会令陶瓷坯体呈现出极其别致的烧成效果，盐釉就此诞生。除了盐釉之外，陶工们还通过切割、压印以及涂抹氧化钴等方式装饰陶瓷坯体。

这些留存下来的窑炉一定是按照彼时的砖砌窑炉建造形式砌筑出来的，窑工们也一定注意到靠近炉膛的耐火砖由于长时期接触高温已经石化，有些部位的砖块甚至熔融了。在此影响下，能承受更高烧成温度的耐火砖以及专门用于烧制陶瓷作品的隧道窑出现了。窑室顶部设有烟道出口，热量穿越整间窑室之后流向窑炉尾部，由此烧成温度得以提升且可控。

1582～1584 年，异教徒引发了为期三年的内战，居住在锡格堡以及弗雷兴的窑工们决定向西部地区迁移，他们在莱茵河上游的科布伦次市郊小镇上安了家。其迁徙是因为内战还是新居所拥有更好的黏土以及木柴资源就不得而知了。迁居至赫尔·格伦兹豪森的原弗雷兴窑工们逐渐将该地发展成为德国盐釉陶瓷器中心。卡诺芬（Kannofen）顺焰隧道窑形态别致，是这一区域特有的窑炉类型，专门用于烧制盐釉陶瓷作品。时至今日，坐落在赫尔·格伦茨豪森的陶瓷与玻璃艺术学院仍在使用这种窑炉烧窑，在那里工作的朋友给我提供了大量该窑的数据信息以及照片资料。

卡诺芬顺焰隧道窑建造在一个形态特殊的窑棚内，窑炉以及炉膛上方留有很大的空间（图 6-36～图 6-38）。通过观察窑炉内部结构可以推测出

< 图 6-36　整个窑炉以及炉膛部位都建造在建筑物的内部，参见图 6-38

其烧成方式（图 6-38）。窑底呈微微倾斜状，从前部窑门到窑室后壁的 4.5 m 长度内高度抬升了 38 cm。炉膛为常规布局形式，炉算条位于炉膛中部，炉膛两侧设有烟道通道（图 6-39）。炉膛和窑室烟道通道之间预留间距，之所以这样做是为了控制窑炉两侧的烧成温度，进而令整个窑炉内部温度均匀分布。在烧窑的过程中，窑工站在炉膛上方的地面上可以看到火焰的流走情况，进而可以判断出其后续投柴量（图 6-40）。

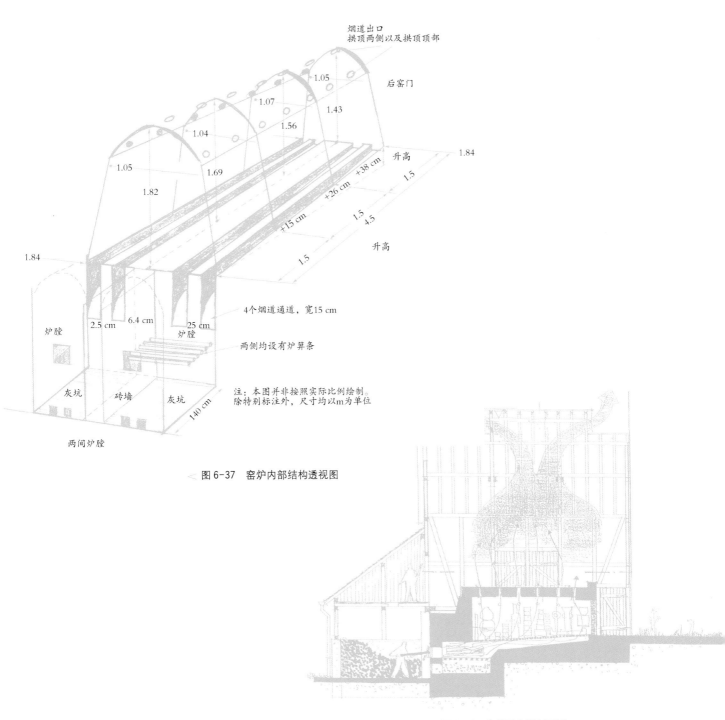

图 6-37　窑炉内部结构透视图

图 6-38　窑炉及窑棚剖面图

< 图 6-39　炉膛以及待投放的木柴

< 图 6-40　火焰从烟道出口里冒出来

< 图 6-41　还没有摆放坯体的窑室内空空如也

　　往窑炉内放置坯体以及往烟道通道上铺设陶板（立柱）是烧窑的最关键步骤（图 6-41，图 6-42）。未经素烧的陶板（立柱）是长 25 cm，横截面为 3 cm×3 cm 的正方形，大约需要使用 600 块陶板（立柱）才能将整个烟道通道覆盖住。从炉膛后部开始铺起，陶板紧紧挨在一起一直铺到 122 cm 处为止。接下来每隔 1 cm 铺一块陶板，铺设总长度为 183 cm（图 6-43）。剩下的部分每隔 2 cm 铺一块陶板，随后将陶板间距逐渐拉大至 3 cm 直至临近窑室前端（图 6-44）。紧靠窑室前壁的 20 cm 不铺陶板。

图 6-42

图 6-43

图 6-44

< 图 6-42，图 6-43，图 6-44　从前往后装窑，注意装窑之前的硼板搭建形式

图 6-45　亚瑟·穆勒正在烧窑

图 6-46　窑炉侧部撒盐孔

在窑温缓慢提升的过程中，未经素烧的陶板开始收缩，待烧窑接近尾声时，所有陶板之间的距离会扩大 10%。烧窑时飞升的木灰会顺着窑室前部预留的通道以及前部烟道出口流出窑炉外部。弗雷兴的窑工们不喜欢木灰直接沉积在陶瓷坯体上部的烧成效果。窑炉底部侧立着一行行耐火砖，硼板就搭建在这些预留着间距的耐火砖上。

陶瓷与玻璃艺术学院领导亚瑟·穆勒（Arthur Muller）先用耐火砖将窑室前部或后部烟道通道覆盖住，只待正式烧窑了（图 6-45）。与炉膛相邻的 2 个烟道出口被堵住，用挡板将第 3 行烟道出口闭合住，最后 4 个烟道出口保持开敞状态，这样做是为了将火焰引向窑室前部或窑门位置。图6-46 为窑炉侧部撒盐孔，其位置位于烟道出口上部。撒盐孔位于窑室前部、后部以及中央烟道出口的顶部。

6.7　釉上彩乐烧窑

我曾在富本宪吉的工作室内浏览过伯纳德·利奇（Bernard Leach）的笔记手稿。笔记本里有一张他在 1915 年绘制的日本原始釉上彩窑速写稿。这是一座砖砌穴窑，取名为"金窑"，专门炼制釉上彩和金水装饰，其形态或许属于颙山式样，利奇用这座窑炉烧制他的釉上彩陶瓷作品。颙山（Kenzan，1663～1743 年）是日本历史上一位以釉上彩乐烧作品闻名于世的陶艺家。颙山极其自律，他的作品以绘画为主要装饰手段，只有富本宪吉可以与其比肩（更多信息参见后文附录部分）。

这座釉上彩乐烧窑（图 6-47）的起源要追溯到中国宋代（960～1250年）早期，是历史上最早的隔焰窑。这种窑炉的最有趣之处在于其套叠在

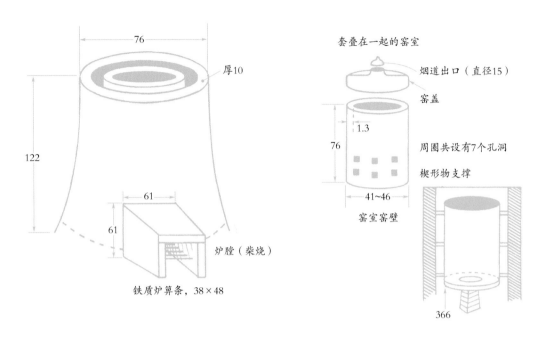

图 6-47　用于烧制釉上彩乐烧作品的颙山窑（单位：cm）

一起的窑室。可以将隔焰窑理解成一个窑炉状的匣钵，窑室位于窑炉内腔中，两者具有完全相同的外形，一大一小、一内一外套叠在一起。诸如铅釉、对还原气氛特别敏感的各种釉色、釉上彩等很多类型的陶瓷作品必须放在匣钵内烧制才能避免与火焰以及灰烬直接接触，隔焰窑刚好能满足上述烧成需求。如今大多数隔焰窑已经被性能更优越的电窑取代了。

6.8　环形顺焰窑

大约在 1700 年，一位名叫约翰·弗雷德里奇·波特格（Johann Friedrich Bottger）的德国人建造了一座环形顺焰窑，该窑在很大程度上影响了整个欧洲的窑炉发展进程。这座窑炉的外观呈圆柱形，窑炉底部设有 3 个等距炉膛以作为煤以及木炭的燃烧空间（图 6-48）。

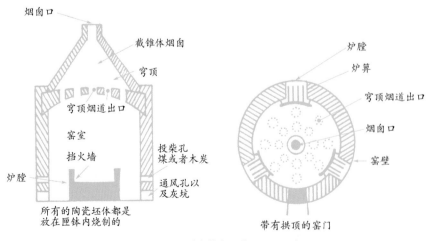

图 6-48　环式顺焰窑，德国，1700 年

穹顶的外形为截锥体形，上面分布着若干个等距烟道出口，穹顶亦为烟囱。与同时期其他原始窑炉相比，该窑的设计形式具有以下优点：

（1）由耐火砖建造而成，烧成温度明显提高。

（2）炉膛的设计方式更先进并配有铸铁炉箅。

（3）使用煤以及木炭烧窑。

（4）截锥形烟囱生成的自然气流抽力更强，燃料的烧成功效显著提升。

6.9　布雷达瓶形窑

17 世纪，居住在巴塞罗那附近布雷达（Breda）小镇上的窑工们使用传统的瓶形窑烧制陶瓷作品。有些瓶形窑即便是在当时也已经非常古旧了。1979 年 8 月，当地的黏土供应商建造了一座新式瓶形窑并用它烧制日用陶器。图 6-49 中的这座瓶形窑坐落在塞格拉陶瓷厂（Segra Pottery）内。

图 6-49　布雷达瓶形窑，位于西班牙布雷达的塞格拉陶瓷厂

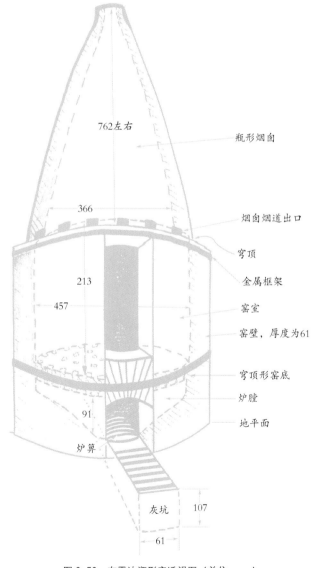

图 6-50　布雷达瓶形窑透视图（单位：cm）

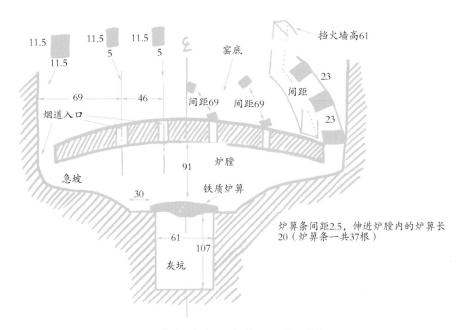

图 6-51　炉膛、灰坑以及烟道入口区域（单位：cm）

　　瓶形窑的炉膛下部一般都没有灰坑。与前文中介绍的拥有两间相连炉膛的米拉维特中世纪窑相比，瓶形窑的炉膛很小。炉膛底与窑室穹顶形窑底之间的距离仅有 91 cm，周圈窑壁微微内倾（图 6-50），这种构造形式令瓶形窑极易在烧成的过程中出现气流堵塞的现象，因此其烧成时间也相对较长。为了弥补炉膛过矮的缺陷，该窑使用了截锥形烟囱，以便产生更强的自然气流抽力。从理论上讲这种设计形式是可行的，但为了保证自然气流畅通无阻，必须时不时地把堆积在炉膛内的炭火耙出去烧成才能持续下去。后来，布雷达的窑工们也像欧洲其他地区的窑工们那样通过在炉膛底部挖灰坑以及在灰坑上面设置炉箅的方式解决上述难题（图 6-51）。上述举措在缩减了烧成时间的基础上极大地提高了烧成效率。需要注意的是，炉箅上部的空间和炉箅下部的空间大小是相等的，这一设计要素极其重要（参见第 7 章相关内容）。

　　灰坑中堆积的炭火和灰烬为预热炉膛奠定了基础。待烧窑结束时必须将灰坑内堆积的炭火全部清理干净，否则炉箅条极易在炉膛密封之后因过度受热而氧化变形。

　　往窑底摆放陶瓷坯体时，必须在烟道入口与坯体之间预留出一块空气停滞区（图 6-52）。在烟道入口前砌筑一堵高度为 61 cm 的挡火墙，其目的是防止火焰直接接触坯体。所选用的燃料为 91 cm 长的栗子树皮以及大约 2 t 重的木柴。烧窑从预热开始，此阶段需要进行 3～4 h。之后逐渐加快烧窑频率，每隔 4 min 投一次柴，以此频率持续烧窑 7 h。投柴频率的快慢需以烟囱口处冒出的火苗为参考（图 6-53）。当烟囱口部没有火苗冒出时

图 6-52　窑室内部

就可以投放新柴了。用这座窑烧陶器大约需要 10 h。可以通过闭合烟囱挡板以及封堵穹顶上的烟道出口控制窑温分布。每一窑都会烧出大量过烧坯体、欠烧坯体以及过度还原坯体（铅釉饰面）——换句话说，每一窑都会烧出大量次品。时至今日，瓶形窑已经被图 6-54 所示的新型双层瓶形窑炉取代了。

19 世纪中叶，瓶形窑逐渐演化发展为双层窑。双层窑的体量更大，截锥形烟囱作为二层窑室使用（图 6-54），下层窑室作为釉烧窑使用，上层窑室作为素烧窑使用。由于双层窑的体量极大，所以素烧窑室的入口设在二层窑室的窑底上。坐落在巴黎郊外的塞夫勒陶瓷厂（Sevres Porcelain Factory）从 1880 年开始直至 20 世纪 90 年代中叶一直都在使用双层窑烧制高温瓷器（图 6-55～图 6-58），坯体是装在匣钵内烧制的。

双层窑虽然有很多优点但也有不少缺点：

（1）由于上层窑室以及烟囱的重量过大，因此必须将窑壁建造得很厚，此外还必须用角钢框架加固。

（2）很大一部分燃料生成的热量都被砖砌建筑吸收掉了。

（3）窑炉建造费用相对较高。

（4）很难令窑温均匀分布。

（5）升温以及降温时间都很长。

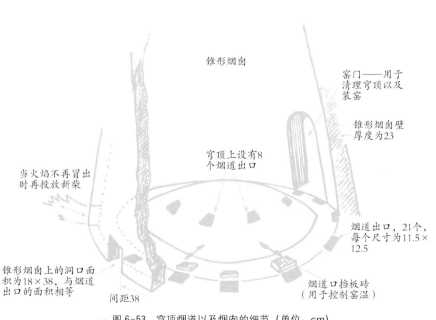

图 6-53 穹顶烟道以及烟囱的细节（单位：cm）

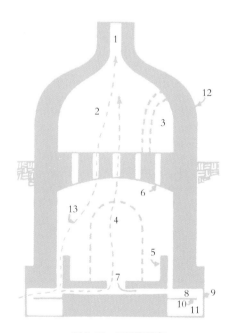

图 6-54 双层瓶形窑

1—烟囱；2—素烧；3、4—窑门；5—挡火墙；6—穹顶烟道；7—炉膛中心烟道（将火焰吸引至窑室中央，进而达到窑温均匀分布的目的）；8—炉膛（放煤或木炭）；9—投柴孔；10—炉算；11—灰坑以及通风孔；12—穹顶最厚处（61 cm 及以上）；13—自然气流（单位：cm）

◁ 图 6-55　放置在塞夫勒陶瓷厂内的窑炉模型　　◁ 图 6-56　底层窑室炉膛底部以及侧门　　◁ 图 6-57　顶层窑室底部

6.10　现代顺焰窑

从 19 世纪 60 年代中叶直至 20 世纪，顺焰窑一直都是陶瓷产业中最主要的窑炉类型，直到 1873 年，英国人米尔顿（Milton）将顺焰窑与倒焰窑合二为一设计建造出一种双窑室新式窑炉并申请了专利。这种窑炉的创新之处在于使用绝缘轻质耐火砖建造而成。所选用的燃料为油、天然气或者丙烷，这些燃料令烧成效率以及产量均获得极大提升。上述因素令陶艺窑炉以及工业窑炉实现了现代化。

1973 年，我申请专利并成立了第一家窑炉及其配套元件公司——奥尔森窑炉元件公司（Olsen Kiln Kits），我为客户设计建造容积为 0.34～3.4 m³ 的各类窑炉。我的建窑材料为绝缘耐火砖，燃料为天然气或丙烷。窑炉配套元件包括预先焊制好的角钢框架、各类耐火砖、燃烧器以及建造窑炉所需要的所有零部件。我可以建造包括梭式窑在内的各种尺寸的窑炉。如果你想了解更多我们公司出品的窑炉元件以及我设计的最新款电窑、气窑以及速烧柴窑，请登录我公司主页或致电咨询。

◁ 图 6-58　穿过屋顶的烟囱

接下来将会详细讲述顺焰窑、其建窑材料（绝缘耐火砖以及/或者耐火纤维制品）以及燃料类型（天然气或丙烷）。倘若在满足以下三条要素的基础上再给予合理规划，你就可以建造出烧成效果一流的窑炉。加压气体顺焰窑的三条基本要素如下：

图 6-59 鲍勃·金西（Bob Kinzie）以及桑迪·金西（Sandy Kinzie）使用的奥尔森 16 型窑炉，窑温分布非常均匀（摄影：桑迪·金西）

（1）对于一座多面体窑炉而言，立方体是最佳窑室形状（确保高度与宽度接近等值）。窑炉的长度可以是任意的，但必须让其宽度与高度接近等值，只有这样窑温才能均匀分布，例如隧道窑。这里所谓的"等值"并非绝对相等，只要超出部分的窑炉高度不超过宽度的 25%，窑温都可以达到均匀分布的状态。我们公司生产的奥尔森 16 型窑炉，其高度就比宽度多25%，图 6-59 是该窑出窑时的情况，通过照片可以发现窑温分布的相当均匀。图 6-60 中的窑炉是由琼·卡尼克（Jun Kaneko）设计建造的顺焰窑，该窑体形巨大（14.16 m³）；图 6-61 以及图 6-62 中的窑炉（我们公司生产的奥尔森 50 型梭式窑、奥尔森 36 型梭式窑），体形十分小巧。通过对比分析可见，立方体窑室形状既适用于超大体量的窑炉，也适用于体形小巧的窑炉。

（2）采用加压气体烧窑，燃气类型可以为天然气、丙烷或丁烷，气体的输送管道位于窑炉底部。气压可大可小。

（3）窑炉构造设计必须便于火焰以及热量流通，确保自然气流由下至上穿行于所有坯体之间。因此，燃气燃烧器的设置位置最好位于窑炉底部。

对于烧成时间介于 8～12 h 的窑炉而言，千万不要让窑室高度超过其宽度的 25%，一旦违背了这一设计要素，窑温就难以均匀分布。其原因是仅靠窑炉底部的燃烧器供热是无法令整个窑炉均匀受热的，出现这种情况后必须采取超长时间的保温措施才能在一定程度上有所弥补。

图 6-60 琼·卡尼克设计建造的大型顺焰窑

图 6-61 奥尔森 50 型梭式窑

图 6-62 詹卡洛·司卡班（Giancarlo Scapin）正在往奥尔森 36 型梭式窑内摆放陶瓷坯体（意大利斯基奥）

与简易常压燃烧器搭配适宜的立方体窑炉尺寸为 0.06 m³、0.08 m³ 以及 1.11 m³，立方体窑室的拱顶由 1 号拱形砖建造而成，其顶底落差为 4 cm。在装坯空间周围通常要预留至少 11.5 cm 的距离，该距离将作为燃烧器的安装位置以及热量的流通通道。在窑炉侧部设置燃烧器时也需预留 11.5 cm。上述预留距离适用于顶端口径为 6.3～7.5 cm 的燃烧器。选用大尺寸燃烧器砌块安装大尺寸燃烧器烧窑时需要预留更宽的距离。例如：当燃烧器顶端的口径为 10 cm 时，其预留安装距离为 15 cm。设置燃烧器砌块时需要预留 23 cm 的距离。预留的距离过小会影响到陶瓷制品的烧成效果。

往窑室中摆放硼板时需注意硼板与前后窑壁的距离设置，距离过近会导致热量无法自由穿行于坯体之间（图 6-63）。很多顺焰窑的燃烧器设置在窑炉侧部，其原因是某些国家对烧窑安全作了系统化的规定（参见第 8 章相关内容）。常规尺寸的窑炉最多配备 6 个常压燃烧器以及 1 个窑底燃烧器（备选），每一个燃烧器的燃烧功率为 10.26～15.83 kW・h，在窑室两侧设置燃烧器时每侧需安装 3 个燃烧器。

在窑室角落处安装燃烧器时，燃烧器距离窑室角落的最小距离为 15 cm，最大距离为 30.5 cm，其他部位的燃烧器间距相等，介于 23～30.5 cm 之间（图 6-63）。在窑室两侧设置燃烧器时，燃烧器距离窑室角落的距离为 2.5～15 cm，其他部位的燃烧器间距相等，亦介于 23～30.5 cm 之间。

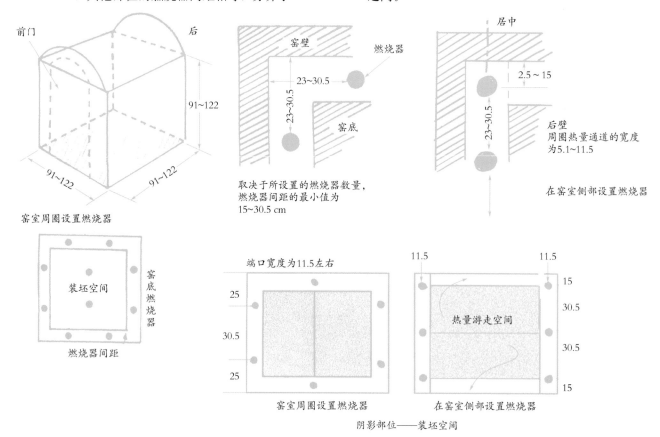

图 6-63　燃烧器设置位置。燃烧器距离窑室角落 23～30.5 cm，燃烧器间距 30.5～61 cm（单位：cm）

图 6-64 悬挂式窑门吊在工字梁轨道上的构造细节

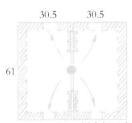

图 6-65 硼板底部正中央有一个燃烧器时，硼板支撑结构的设置方式（单位：cm）

对于像琼·卡尼克设计建造的大型顺焰窑（高度为 244 cm，深度为 274 cm，宽度为 244 cm）而言，在窑室周圈设置燃烧器比较适宜。卡尼克建造的这座大型窑炉内安装了 32 个常压燃烧器：两侧各 10 个，前后各 6 个。燃烧器与窑壁之间预留着 23 cm 宽的热量通道，燃烧器间距适中。悬挂式窑门吊在工字梁轨道上。图 6-64 展示了与其类似的悬挂式窑门细节。两个承重能力为半吨的雅乐（Yale）牌轨道挂钩安装在工字梁上，在 U 形螺栓以及眼形螺栓的辅助下将窑门悬吊起来。借助带有弹簧拉力锁的悬吊系统可以将窑门严丝合缝地扣到门框上。卡尼克窑炉的烧成时间极长，需要数天的保温烧成才能将窑温提升到预定的烧成温度，具体时长取决于坯体的尺寸。

可以借助在窑室底部安装一个或者多个燃烧器提升窑底温度，但在绝大多数情况下，该部位的燃烧器是用于烧制还原气氛的。底层硼板支撑结构的设置方式会影响燃烧器的燃烧效果，硼板与窑壁之间至少要预留 6.3 cm 的距离。硼板支撑结构的摆放形式取决于燃烧器的数量以及硼板的规格。最佳硼板规格为 30.5 cm×61 cm 或 30.5 cm×46 cm。当燃烧器周围的围合结构为狭长的 S 形时，火焰会顺着通道游走（图 6-66）；当燃烧器位于中央，围合结构环绕其四周时，火焰会沿着 X 形路线游走（图 6-65）。图中的箭头所指方向为硼板下方的火焰及热量游走方向。硼板支撑结构遮挡燃烧器会导致热量流通受阻以及燃烧器受损（图 6-66）。

燃烧器端口的面积以刚好能插入燃烧器为宜。绝大多数燃烧器的直径介于 5～7.5 cm 之间。选用直径为 7.5 cm 的燃烧器烧窑时，燃烧器端口直径也为 7.5 cm。当燃烧器端口以及燃烧器顶端直径大于此数值时，必须将热量流通通道预留的更宽一些。正方形燃烧器端口很少见，其原因是用耐火砖建造正方形虽然相对容易，但是很难与圆柱形燃烧器完美相接，无法做到密封无缝。对于烧还原气氛的窑炉，燃烧器与窑底之间的距离不得小于 6 mm；对于烧氧化气氛的窑炉，燃烧器与窑底之间的距离不得小于

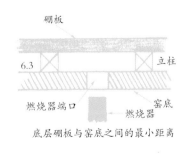

底层硼板与窑底之间的最小距离

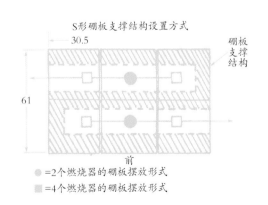

图 6-66 硼板支撑结构的设置方式。箭头指示了火焰的游走方向。（单位：cm）

2.5 cm（图 6-67）。在用硬质耐火砖或绝缘耐火砖建造的窑壁上设置燃烧器端口时，若每个端口内只容纳一个燃烧器，其宽度应当为 11.5 cm，高度应当为 12.5 cm；若每个端口内容纳两个燃烧器，其宽度应当为 11.5 cm，高度应当为 23 cm。上述数值亦是耐火砖的常规尺寸，使用燃烧器砌块安装燃烧器时无任何数据要求。

图 6-67 底层硼板与窑底之间的距离（单位：cm）

将空气引入窑炉内部会影响烧成气氛。对于顺焰窑而言，其烟道出口面积取决于其烟道入口面积。依我个人的经验看这一准则绝对适用于体积在 1.13 m³ 以下的窑炉。我在建造上述尺寸的窑炉时通常会将烟道出口的面积设计得小一些。之后再通过试烧检查烟道出口的面积是否合适（至今为止，还没有出现因面积过小而影响烧成效果的情况）。可以通过闭合烟道挡板的方式实现之，待窑温达到素烧温度马上要进行氧化烧成之前时再闭合烟道挡板。假如你已经做了这一步，但当窑温达到 8 号测温锥及以上的熔点温度时，透过开启的烟囱挡板仍能看见火焰的话就说明燃烧器的气压太大了。出现上述情况时可以待窑炉彻底冷却下来之后将烟道出口再扩大一些。还原气氛应通过局部闭合烟道出口的挡板来实现，而不是过量加气。设置一个大烟道出口还是设置几个小烟道出口取决于窑炉的砖砌构造。不要在犍砖烟道出口两侧设置可拆卸式耐火砖（图 6-68）。

在为顺焰窑设置烟道尺寸时我建议大家参考下列数据：

（1）装坯空间 0.45 m³：烟道面积 261 cm²；

（2）装坯空间 0.68 m³：烟道面积 290 cm²；

（3）装坯空间 1.42 m³：烟道面积 581 cm²；

（4）装坯空间 2.83 m³：烟道面积 774～903 cm²。

我在建造窑炉时用的就是上述数据。我发现对于大型窑炉（装坯空间超过 1.42 m³）而言，其烟道出口的面积要大于其烟道入口的面积。对于一座装坯空间为 0.68 m³、窑壁周圈设置 8 个燃烧器、窑炉底部设置 2 个燃烧器的窑炉而言，其烟道入口总面积为 323 cm²，烟道出口总面积为 290 cm²。也可以将烟道出口的总面积设置成 323 cm²，但采用这一数据时必须用烟道挡板将多余的空间遮挡起来。我在建造装坯空间为 1.02 m³ 的窑炉时，会将烟道入口以及烟道出口的面积设计成相同尺寸或者让烟道出口的面积略小于烟道入口的面积。当窑炉的装坯空间大于 1.42 m³ 时，我会将烟道出口的面积扩大 20%。以装坯空间为 2.83 m³ 的窑炉为例，当其烟道入口的面积为 645 cm² 时，其烟道出口的最小面积为 774 cm²，最大面积可以扩展为 903 cm²。通过上述例证不难发现，当窑炉的装坯空间超过 1.42 m³ 且燃烧功率更高时，必须将其烟道出口扩大一些之后才能达到窑温均匀分布、缩短烧成时间以及营造出氧化气氛或还原气氛的目的。

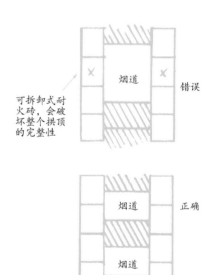

图 6-68 拱顶上的烟道布局

顺焰窑的烟道挡板平台设置形式及其密封情况对于升温或者降温影响巨大。烟道出口的两端面积要么相等要么稍有差异。一开始可以将烟道出口建造成正好的尺寸或稍小一些，但也需要灵活地预留空间，便于之后依据需要扩大。当烟道出口面积较大时，必须为其设计一套理想的密封系统。对于带有拱顶的窑炉而言，必须将挡板建造在烟道口周围才能达到密不通风的遮挡效果。对于平顶窑炉而言，由于窑顶本身就已经是平直的了，所以很容易做到严密遮挡。切记，必须将所有部位建造成方便修改的结构样式。无论你的窑炉是用哪一种材料建造的，即便是用绝缘耐火砖建造的也一样——想把烟道出口缩小一些很容易做到，但想把它扩大一些难度极高。在高海拔地区建造体积不超过 1.13 m³ 的窑炉时（海拔 1500 m 以上），可以将其烟道入口面积以及烟道出口面积设计成相等。建造更大尺寸的窑炉时，要将烟道出口的面积扩大 20%。

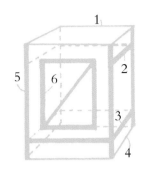

图 6-69　窑炉角钢框架，该窑的截面尺寸为 122 cm×122 cm
1—框架顶部角钢；
2—拱脚角钢；
3—框架底部角钢；
4—地面一圈角钢；
5—框架四角角钢；
6—窑门角钢

为顺焰窑焊制角钢框架时必须保证框架足以承受砖质结构的重量以及外推力（图 6-69）。为外部尺寸为 152 cm×152 cm×183 cm 的窑炉焊制角钢框架时，我建议大家选用下述尺寸的角钢材料。下列规格的角钢亦适用于体形较小的窑炉，但为了节约成本可以选用厚度为 4.8 mm 的角钢。窑炉的体积越大，所需选择的角钢越厚，特别是地面以及窑门上的角钢选材更是如此：

（1）框架四角的角钢规格：7.5 cm×7.5 cm×0.6 cm

（2）框架顶部四条边的角钢规格：5 cm×5 cm×0.6 cm

（3）框架底部四条边的角钢规格：5 cm×5 cm×0.6 cm

（4）地面一圈的角钢规格：10 cm×10 cm×0.6 cm

（5）地面支柱的角钢规格：5 cm×5 cm×0.6 cm

（6）窑门角钢规格：7.5 cm×7.5 cm×0.6 cm

（7）拱脚角钢规格：5 cm×5 cm×0.6 cm

对于上述体积的窑炉而言，所选角钢材料宜厚不宜薄，原因是角钢越厚其强度也越高。为窑门以及门框选择角钢时必须特别注意。当窑门的重量极大但所选角钢的强度偏小时，窑门的重量会将拱顶拉变形，进而导致拱顶开裂。角钢框架上的零部件不能与火焰以及高温直接接触，因为金属受热后极易损坏。在焊接角钢框架的时候，务必将焊接部位设置得大一些，不要局部点焊。

我设计的窑门角钢框架与窑门上受热部位之间留有 30.5 cm 的间距（图 6-70）。我还见过一例将砖质结构也包裹起来的窑门角钢框架（图 6-71）。该窑门角钢框架与窑门上受热部位之间的距离小于 6.3 cm。由于距离靠得太近，所以数次烧窑之后该窑门框架出现了弯曲变形甚至部分熔化的情况。

用纤维毯或纤维板建造窑炉时很难做到窑门及门框严丝合缝，因此务必将该部位的纤维材料结构形式设计成方便替换的。我从来不使用纤维毯或纤维板建造窑炉，原因参见图 6-72。但假如让我用纤维材料建造一座

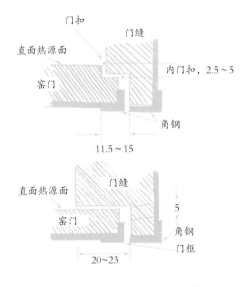

图 6-70　正确的窑门角钢框架（单位：cm）

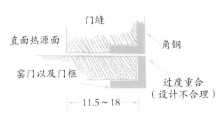

图 6-71　错误的窑门角钢框架（单位：cm）

窑炉的话，我会选用叠压起来的纤维毯或经过压缩的纤维模块，有关这两种材料的建造方法参见第 2 章相关内容。

地面角钢框架的托梁出现问题，其多半是由于托梁距离环形引燃器太近造成的。在烧窑的过程中，上述部位为高温区域，托梁本身又承受着整个窑炉以及放置在窑炉内部所有坯体的重量，双重伤害导致角钢受损。当窑炉底部的环形引燃器周围温度达到 316～427℃ 时，与其相邻的地面角钢框架托梁就会因受高温而出现问题。因此，当窑炉周圈设置燃烧器且使用环形引燃器烧窑时，务必要将它们与地面角钢框架的托梁距离拉得远一些。此外还可以通过在上述两者之间设置隔离挡板的方式解决这一问题（参见第 8 章相关内容）。

窑门颌以及门闩的选择也至关重要，反复开合极易导致窑门无法密闭。对于高度以及宽度均为 122 cm 的窑炉而言，我建议安装 3 个颌，每个颌的长度不少于 23 cm。我使用的窑门颌呈套柱形，外形虽简单但是强度很高（图 6-73）。门闩的式样与颌类似，将其椭圆形加固阀旋转几圈后就会把窑门固定在门框上，一点缝隙都不会留下（图 6-74）。

注意事项：闭合窑门时用力不可过大，窑门也不可以关得过紧，因为窑门会在烧窑的过程中有所膨胀，过度闭合极易导致门框受损。让门闩上的椭圆形加固阀末端与窑壁之间的距离保持在 2.5 cm 左右，过度加固会导致金属杆弯曲，进而影响窑门的密闭程度（图 6-75）。

使用绝缘耐火砖建造窑炉时，窑壁的厚度以 18 cm 为宜。窑壁构造如下：外层结构由轻质耐火砖或 5 cm 厚的绝缘低等纤维模块侧砌而成，内层受热面由高级耐火砖顺砌而成。用 1 号拱形砖建造拱顶时，其拱脚砖应选用削边砖。

砌筑砖体结构时应从窑炉底部开始砌起。当窑门为对接式结构时，接下来需砌筑窑炉内部。砌筑窑门部位时先将窑门关上或者先用螺栓将其铆固起来，只有这样才能将门体砌筑的严丝合缝。拱顶是最后砌筑的部位，

< 图 6-72　用耐火纤维材料建造窑门时，角钢框架极易受损，门缝很难严密闭合

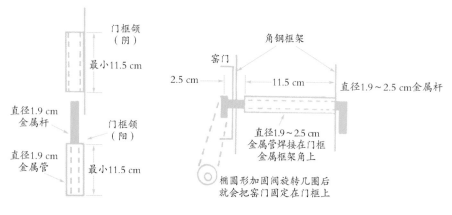

< 图 6-73　套柱形颌的安装形式　　　　< 图 6-74　门闩的正确安装形式

< 图 6-75　不合理的门闩设计样式，门闩以及门缝均会遭受破坏

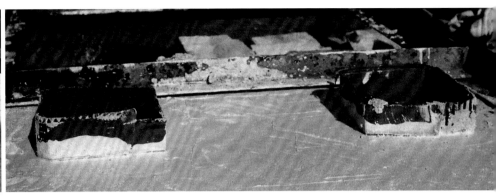

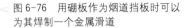

图 6-76 用硼板作为烟道挡板时可以为其焊制一个金属滑道

图 6-77 用密度较大的耐火浇注料浇注烟道挡板平台

砌好拱顶之后还需在其外部铺一层绝缘毯或蛭石/黏土的混合物,这些附加物质会增强拱顶的绝缘性能。但当窑门为插入式结构时,首先要砌筑的部位是拱顶,因为只有先确定下拱顶的外形之后才能将窑门建造的与之相匹配。

用硼板作为烟道挡板时可以为其焊制一个金属滑道。挡板滑道应建在拱顶上方烟道出口附近的平滑部位(图 6-76)。由于拱顶带有弧度其本身并不是水平的,所以可以借助经过修整的耐火砖或者密度较大的耐火浇注料修筑出一个平滑区域(图 6-77)。浇注时需在烟道出口周围设置硬纸板围合体,浇注部位外侧设置金属支撑框架。在围合结构内部倒入耐火浇注料之后先将其上表面找平,然后在上面铺一层湿布并用塑料布将其整个覆盖住。将作为烟道挡板的硼板覆盖在烟道口上时不要摩擦到浇注体的上表面,只需达到密封烟道的目的即可。

6.11 平顶顺焰窑

有些顺焰窑没有弓形拱顶,窑顶是水平的。其推崇者指出平顶窑炉更容易建造、其顶底距离更直观、更便于扩建,且与带有弓形拱顶的窑炉相比,窑顶与窑壁对热量的反射形式完全一致。其实无论是平顶还是弓形拱顶,在建造的过程中都存在一定难度。建造平顶时必须为其设计一个特殊且独立的框架,该框架既可以是螺栓铆固的,也可以是焊接的。有些平顶窑的顶部周圈耐火砖上钻着很多孔洞,将金属棒插入打孔耐火砖(图 6-78)的内部并借助螺栓铆固,进而将整个窑炉平顶支撑起来(图 6-79)。还有一些平顶窑在顶部四个角上设有螺栓,双向下拉力将跨度内的所有砖块紧紧地绷为一个整体。由于砖块会在烧成过程中出现膨胀以及收缩现象,长时期磨损会导致平顶结构与金属框架之间的连接逐渐松散,因此必须时不时地检修一下。建造拱顶时,由于必须保证拱顶与金属框架相适宜,所以在正式搭建拱顶之前首先要在框架内把作为拱脚砖的削边砖砌好。无论是平顶还是弓形拱顶，在建造的过程中都要耗费大量时间和精力。我个人认为这两种结构的窑顶都很难建造。

平顶的最大优点在于可以通过调节窑顶高度的方式使窑炉内能放得下高度较高的陶瓷坯体。但这同时又是平顶的缺点，窑顶过高会影响窑炉的烧成效果。关于平顶以及弓形拱顶的热量分布问题，由于我本人不是燃烧物理学家，讲不出太多原理，但我猜测应该是弓形拱顶的热量分布更均匀。不少人提出过以下观点认为弓形拱顶能像透镜那样将热量反射并集中在一条位置偏低的焦线上，但我本人不是十分认同。我之所以抱怀疑态度是因为窑炉内部并不是一个静止的真空环境，根本不具备反射并集中热量的条件。我认为弓形拱顶内的热量分布相对更均匀是因为其结构较自然，自然气流顺着拱顶弧线打转很自然的就会朝下方游走进而遍布整间窑室。火焰及热量顺着窑壁升至平顶窑炉顶部后只能沿着平顶游走，因此火焰转弯处的窑温相对较高。我曾见过不少平顶窑炉（特别是柴窑）其火焰转弯处的砖砌构造因上述原因出现剥落以及掉渣情况。可以佐证我的观点的还包括平顶气窑，位于燃烧器正上方的低温绝缘耐火砖由于长时间接触热源进而出现向窑室中心微微偏斜的现象。总而言之，选择平顶还是弓形拱顶纯属于个人偏好。但不管怎样你都需要清楚一点，那就是与其他类型的窑炉相比而言，现代顺焰窑的设计形式当属所有窑炉中烧成性能最好的，其原因如下：

◁ 图6-78　用于建造窑炉平顶的打孔耐火砖

◁ 图6-79　将金属棒插入打孔耐火砖的内部，进而将整个窑炉平顶支撑起来

（1）单位体积内的造价最低，燃料消耗最少。

（2）窑室内部装坯空间的使用效率最高。

（3）其构造形式适用于顶开信封式窑炉（窑室与窑底各为独立结构，窑室扣在窑底上）、侧开信封式窑炉（窑室与窑底各为独立结构，窑室安装在滑轨上）、梭式窑以及隧道窑（顺焰窑是陶瓷产业中最常用的窑炉类型）。

（4）当其设计和建造结构均正确时，顺焰窑的烧成品质最稳定，烧成气氛最容易控制。

第  章

多
火
向
窑

奥尔森多火向窑的设计灵感来源于两种柴窑——穹顶穴窑以及经过改良的土拨鼠洞式穴窑。多火向窑的设计初衷是研发新式烧窑方法（更便于控制窑温、烧成气氛、烧成品质）以及建造出前所未有的外观样式。

传统窑炉的火焰游走路线就像顺焰窑那样：先从烟道入口以及/或者炉膛出发，随后经过烟道出口，最后进入烟囱或者进入气氛烧成区域。穹顶穴窑宽度适中，窑室呈长管状是多火向窑的设计出发点。由于穹顶穴窑的窑室较长且从窑炉侧部投柴，所以很难令窑温均匀分布。在还原烧成的过程中很容易出现自然气流堵塞的现象。对于使用穹顶穴窑烧制陶瓷作品的陶艺家而言，或许一致性并不是他们所追求的目标，但倘若他们想获得烧成效果均匀一致的作品，要怎样改良其设计构造呢？

美国东南部的土拨鼠洞式穴窑是在穹顶穴窑的基础上进一步改良过的，其设计构造虽然不起眼但革新性却很突出（参见第 4 章中的"加尔贡赛车窑"以及"赫尔·格伦兹豪森窑"）。当土拨鼠洞式穴窑的体形较短且没有侧部投柴孔时，烧成很好控制且窑温分布也很均匀。由于炉膛内的空气补给非常充足且烟囱上也没有大型挡板，所以很难烧制还原气氛。

我将上述两种窑炉的设计形式合二为一，在传统柴窑设计领域做出一定革新（图 7-1）。我设计建造的多火向窑，同一座窑炉内拥有两个独立的交叉焰抽力系统。两股抽力以适当的角度穿插在一起之后所形成的燃烧空间极大，整个窑炉内部的烧成温度分布得非常均匀（图 7-2）。

来自两个方向的自然气流抽力交叉在一起，它们在坯体上形成的火焰游走肌理以及落灰样式绝对是你前所未见的。仅使用其中一间炉膛并结合对面的烟囱烧窑时，无论何种烧成温度，保温烧成一段时间后都可以生成独特的火焰游走肌理以及落灰样式。切换至另一间炉膛并结合该炉膛对面烟囱烧窑时，无论何种烧成温度，保温烧成一段时间后都可以生成受双向窑室自然气流抽力影响所能产生的另外一种形式的火焰游走肌理以及落灰样式。以不同的投柴频率烧窑，或者只烧一间炉膛但同时开启两个烟囱，也会在陶瓷坯体的外表面生成完全不同的火焰游走肌理以及落灰样式。

在烧窑的过程中，窑温会持续提升。先烧其中一间炉膛，待窑温达到一定程度且灰烬开始熔融之后再切换至另一间炉膛，并以不同的投柴频率烧窑，在降温的过程中陶瓷坯体的外表面会生成非常独特的火焰游走肌理以及落灰样式。两个烟囱的抽力存在差异，它们对控制烧成气氛以及对陶瓷制品的烧成效果影响极大。控制烟囱的抽力可以生成不同强度的交叉气流。由于一般土拨鼠洞式穴窑的烟囱抽力过强，所以建议将其高度降低 1/3，同时在每一个烟囱烟道上设置通风口以及硼板挡板。将烟囱全部敞开时窑温的上升速度极快，可以通过闭合烟道挡板的方式将自然气流引至右侧、中部或左侧烟道，总而言之，你可以以任何一种形式组合使用各烟囱及其烟道挡板。穹顶穴窑的烟囱也配备了通风口以及硼板挡板。两个烟囱

亚瑟·穆勒（Arthur Muller）制作的茶壶

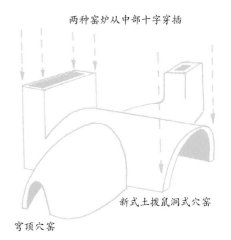

两种窑炉从中部十字穿插

新式土拨鼠洞式穴窑

穹顶穴窑

图 7-1 穹顶穴窑与新式土拨鼠洞式穴窑的结合形式

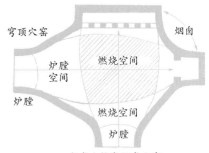

穹顶穴窑　　　　烟囱

炉膛空间　　燃烧空间

炉膛

燃烧空间

炉膛

新式土拨鼠洞式穴窑

燃烧空间
对角线 213 cm（窑顶）
对角线 274 cm（窑室）

图 7-2 多火向窑的地面布局

高度相等，底部面积比口部面积稍大一些。

炉膛相当于多火向窑的心脏和呼吸道，它决定着窑炉是否能达到预定的烧成温度。炉膛是进入窑室的通道，因此，炉膛及炉膛口的尺寸决定着所能烧制的坯体高度（图7-3）。每一间炉膛对面都有一个烟囱。

设计炉膛时需要注意以下几个方面：

（1）炉膛的尺寸

（2）炉算的尺寸

（3）灰坑的深度以及宽度

（4）炉膛与窑底之间的台阶

（5）灰坑、炉算、炉膛底、投柴孔这几个部位的空气补给

（6）炉膛入口的宽度和高度

空气补给量充足与否对于整个窑炉的烧成情况影响极大，以何种形式补给空气至关重要。为了将整个窑炉的烧成效率提升到最佳状态，必须在3个部位设置通风口——炉算下方、炉算齐平处以及投柴孔处——根据需要将其全部打开或者全部闭合住（图7-4）。在上述3个位置设置通风口有助于升温、保温、降温以及控制烧成气氛。空气补给以及炉膛到烟囱的设计形式是多火向窑展现最佳烧成功效的先决条件。由于单个烟囱很小，所以我将穹顶穴窑的炉膛及其装坯空间设计得很大。从炉膛开始烧窑，窑温会以极慢的速度上升至接近中温水平。新式土拨鼠洞式穴窑的炉膛口相对较小，与装坯空间的连通形式也较直接，该部位的窑温提升速度很快。

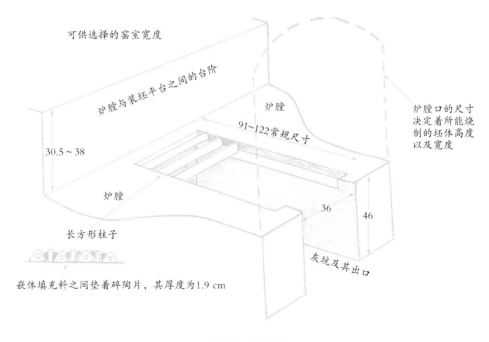

图 7-3　炉膛设计

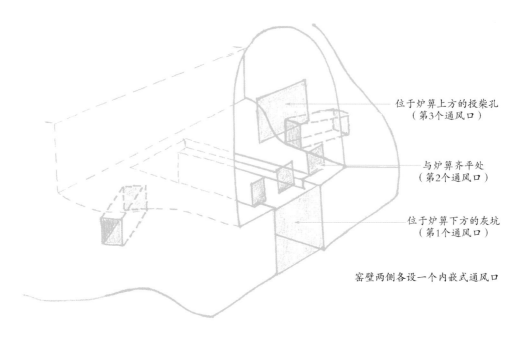

位于炉算上方的投柴孔
（第3个通风口）

与炉算齐平处
（第2个通风口）

位于炉算下方的灰坑
（第1个通风口）

窑壁两侧各设一个内嵌式通风口

◁　图 7-4　带有可调节通风口的炉膛

与其他窑炉相比，多火向窑的烧成方式相对更新颖，更易控制整个窑炉的烧成温度以及落灰样式。对于那些喜欢用炉膛烧陶瓷作品的陶艺家而言，一座多火向窑相当于同时拥有两种形式的炉膛。多火向窑的另外一个设计目的是让窑炉在保持其烧成功能的基础上具有非比寻常的、更自由多变犹如雕塑般的外观。

1998 年，我在加拿大和丹麦组织建造了两座多火向窑。这两座窑是我探索窑炉新设计样式的代表作。

7.1　埃德蒙顿礼花窑

1998 年，加拿大亚伯达省的埃德蒙顿大学（University of Edmonton）举办了埃德蒙顿国际陶艺研讨会，我在参会期间建造了一座名为"礼花"（fireworks）的多火向窑。我在召开会议的前 4 天开始建窑，其烧成温度为 10 号测温锥的熔点温度，会议的最后一天（星期日）开窑，连建窑带烧窑一共花了一周时间。这座柴窑的外观样式非常独特，与大家司空见惯的立方体形窑炉或者带有悬链线形拱顶的窑炉完全不同。当把它展示给参会的 40 位艺术家时，大家都情不自禁地发出赞叹。由于在此之前从未有人建造过这种形式的多火焰窑，所以更加加深了在场所有人对它的喜爱。对于这座窑炉我并未制订出详细的设计计划，只是手绘了两张草图以作备选之用和参考。第一张草图（图 7-5）中的窑炉带有倾斜的烟囱，对于仅有的 3 天工期而言造型结构显得过于复杂，因此该设计形式未被采用。我们将另外一张草图（图 7-6）放在选定窑址的地面上，并按照草图中的式样将其一步步地建造起来（图 7-7）。

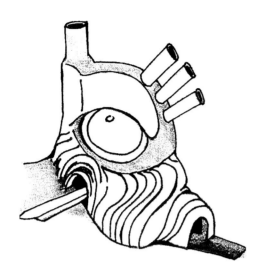

图 7-5　埃德蒙顿礼花窑（Edmonton Fireworks Kiln），手绘草图 1

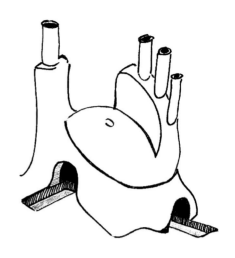

图 7-6　埃德蒙顿礼花窑，手绘草图 2

图 7-7　埃德蒙顿礼花窑首次烧窑

7.2　教堂窑

1998 年，立陶宛帕内维兹（Panevezys）市举办了国际陶艺家研讨会，数月之后丹麦陶艺家妮娜·霍尔（Nina Hole）邀请我去建造窑炉，建窑地址选在丹麦斯卡莱斯克市（Skælskør）新建成的国际陶艺中心内。我在那里建造了一座奥尔森 36 型气窑以及一座特殊的柴窑。妮娜的先生拉瑞（Larry）是一位美国家具设计师，夫妇二人居住在离陶艺中心数英里之外的一个名叫奥斯莱夫（Ørslev）的小村庄。距离她家同时也是工作室 50 m 的路边有一座古老的丹麦教堂，整个建筑都是纯白色的，设计样式非常新奇。

我建造的窑融入教堂的纯白色外观，并具有大胆的维京风格（图 7-8）。这座窑炉是我建造的第二座多火向窑，该窑共有两间炉膛：小炉膛（宽 61 cm）对面是一个土拨鼠洞式穴窑烟囱；大炉膛（宽 91 cm）对面是一个穹顶穴窑烟囱（图 7-9）。窑顶的一部分看上去颇似维京长舟的造型，数度起伏之后与烟囱以及炉膛连接成一个整体（图 7-10）。窑炉外形奇特、通体刷白，数年之后成为古尔达格尔德（Guldagergard）国际陶艺博物馆陶瓷研究工作室的标志性建筑。

< 图 7-8 教堂窑

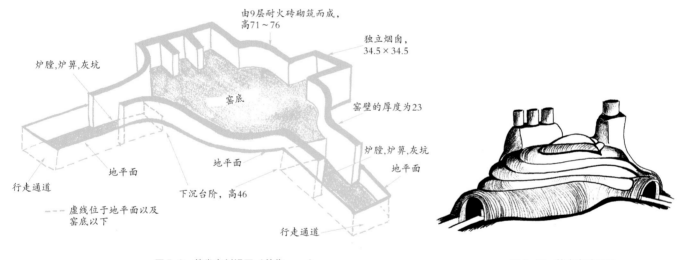

< 图 7-9 教堂窑剖视图（单位：cm）

< 图 7-10 教堂窑速写图

7.3 凯奇凯梅特窑

我在匈牙利凯奇凯梅特（Kesckemét）国际陶艺工作室建造了欧洲第二个也是最大的多火向窑。我们在挖掘炉膛地基的时候还遇到了一件趣事——我们挖出了很多文物，其中包括古陶器、玛利亚·格斯勒（Maria Geszler）陶罐以及二战期间的防毒面具。这座窑炉的设计形式融合了很多地域文化特色：内庭支柱、蒙古包外形以及匈牙利传统屋瓦。该窑有两间炉膛，炉膛之间挖了通道，通道上建着连接炉膛及其支柱的工作台面（图 7-11）。

这座窑炉是礼花窑以及教堂窑的融汇扩大版。其设计形式与上述两座窑炉相似，唯一的区别是在尺寸（内部空间）上，这是我之前设计建造的所有多火向窑的集大成之作。仿礼花窑的双向燃烧空间约为 274 cm，仿教堂窑的燃烧空间略小，约为 213 cm。两座交汇在一起的窑底距离窑顶的垂直高度为 117～137 cm。由于所使用的硼板规格不同，且与烟囱以及炉膛连接的装坯区域大小不同，所以这两座交汇在一起的窑炉燃烧空间形状略有区别（参见前文图 7-2，上述区域面积既可以缩减也可以扩大）。可以根据建窑者的需求以及所烧坯体的尺寸自由设置窑室高度。在满足烧成功能的前提下，燃烧空间的形状可以被设计成任意一种款式。

< 图 7-11　凯奇凯梅特窑首次烧成

7.4　金山窑的构造形式

金山窑选址于一座山丘的缓坡上（图 7-12，图 7-13），松宫亮二用他的宽履带反向铲土机挖掘并找平了窑炉的窑底部分（图 7-14）。待地面铲平之后，用绳子标识出每一间炉膛以及烟囱的建造范围。燃烧区域的面积取决于所使用硼板的规格以及数量。各炉膛之间呈一定角度，其挖掘深度超过 61 cm（图 7-15）。

图 7-12 描绘了金山窑的地面布局以及硼板铺设方式。大量照片及其说明文字详细记录了该窑的建造过程。

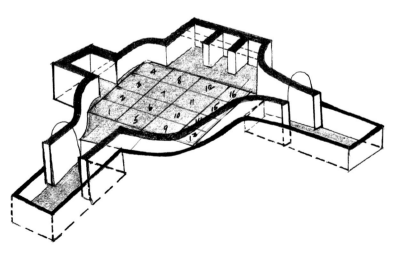

< 图 7-12　窑炉地面布局以所使用的硼板铺设形式为设计基础

< 图 7-13　金山窑透视图

<　图 7-14　分层挖掘窑底

<　图 7-15　从炉膛开始建起，规划窑室范围

<　图 7-16　砌筑窑炉外壁，开始建造烟囱地基

<　图 7-17　将窑壁建至窑门拱顶处后开始砌筑窑门拱顶

<　图 7-18　继续建造窑门拱顶
并开始建造烟囱

图 7-19　建造烟囱及其挡板沟槽

图 7-20　搭建支撑平台，稍后会在上面覆盖黏土

图 7-20A　木质支撑平台
下部砌筑了很多砖柱

从炉膛部位开始砌砖，炉膛基座顶部距离窑炉底部共有 7 层砖（图 7-16）。之后开始砌筑窑室部分，窑室内共铺了 16 块硼板，每一间炉膛内铺 3 块硼板。再之后砌筑窑炉的其他部位以及烟囱基座（图 7-17）。当窑壁与烟囱相连接时开始设定烟道出口的面积。窑壁的厚度为 23 cm，垂直砌筑 12 层砖，这是此阶段窑壁以及烟囱基座的高度。接下来斜砌一层砖以作为浇注结构的基座。为 3 个炉膛拱门分别制作 3 个环拱支架，并将支架放置在侧墙相应的位置上。为了与浇注结构相适宜，其中一个环拱的宽度和高度较另外两个稍大一些。与此同时，在窑壁外侧建造扶壁，扶壁材料为黏土、石块以及混凝土浇注块，只有这样才能保证窑壁足以支撑来自上方浇注结构的压力。为了能够与浇注结构完美相接，窑壁上的砖块从第 14 层开始朝窑室方向倾斜（图 7-18）。

土拨鼠洞式穴窑炉膛的烟雾收集箱内设有 3 个独立的烟囱烟道，每一个烟道都有其自己的挡板以及通风口（图 7-19）。待窑壁顶层转角砖砌筑完毕之后，将烟囱的高度砌筑至窑壁以上部位，把穹顶支架放在窑室内部，支架底端与窑壁转角部分齐平。穹顶支架是由胶合板或其他类似的平板制作而成的，在其上方覆盖黏土并修整成穹顶的形状（图 7-20，图 7-20A）。松宫亮二用他的工具（宽履带反向铲土机）将黏土一铲一铲地覆盖到穹顶支架上，稍后再慢慢修整出穹顶的雏形（图 7-21）。松宫亮二和我不断地往穹顶支架上覆盖黏土，直至达到理想的高度。再之后往黏土层上覆盖一层厚厚的湿沙子，以便进一步修整穹顶的外形（图 7-22，图 7-23）。用湿沙层修整出来的穹顶形状极为规整光滑，它与窑壁完美相接。

窑室为长长的土拨鼠洞式穴窑形状。窑室的高度超过 3 个烟囱烟道的高度，硼板铺设在燃烧空间内较高的位置上，这种布局形式可以在坯体的外表面烧制出极其优美的火焰游走纹饰。

　　浇注穹顶之前先在窑壁外侧堆砌黏土、石块以及混凝土浇注块，其高度直达穹顶起点。在沙层穹顶的外面盖一层塑料布，其功能是防止沙子吸收浇注体内的水分，浇注料需铺设在不吸水的台面上。借助前文介绍的"投球"方式检测所调配的耐火浇注料浆液稠稀是否合适（图 7-24），之后用双手将调配好的浇注料铺到穹顶的外表面，从边缘向中央铺，浇注结构的厚度以介于 12.5～15 cm 为宜（图 7-25～图 7-27）。逐层铺设浇注料时，刻意刮毛底层结构的上表面，以便于上下两层完美粘结。从周边开始逐渐向穹顶顶部延伸，千万不要将其外表面修整得过度平滑，穹顶太光滑很容易坍塌。

< 图 7-21　在穹顶支架上铺黏土

< 图 7-22　借助黏土修整出穹顶的雏形

< 图 7-23　进一步修整形状以及抛光其外表面

图 7-24　调和浇注料

图 7-25　借助湿沙层进一步修整出穹顶的细节轮廓，稍后往其外表面覆盖一层塑料布就可以铺设浇注料了

（a）

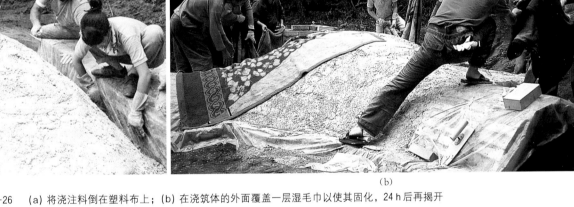

（b）

图 7-26　（a）将浇注料倒在塑料布上；（b）在浇筑体的外面覆盖一层湿毛巾以使其固化，24 h 后再揭开

图 7-27　将窑室内部的黏土清理干净

图 7-28　松宫亮二、李·米德曼以及其他参与建造窑炉的工作人员坐在金山窑炉膛内，检查穹顶构造以及窑炉大小

图 7-29　装窑

铺完浇注料之后将湿毛巾覆盖其上，之后再覆盖一层塑料布，让其静置固化 24 h。接下来将窑室内部的黏土掏出来铺到穹顶上，并进一步修整穹顶的外形。既可以像教堂窑那样将穹顶堆砌得独特一些，也可以将其建造得普通一些（图 7-26）。松宫亮二、李·米德曼（Lee Middleman）以及其他参与建造窑炉的工作人员坐在金山窑炉膛内检查穹顶构造以及窑炉大小（图 7-28）。

装窑的时候从烟囱部位开始装起，之后再往炉膛内装，在此过程中窑炉建造者必须对每个部位的火焰通道以及火焰走向深谙于心（图 7-29）。搭建在灰坑上的炉箅条间距为 2 cm。窑门上设有与炉箅齐平的通风口，两间炉膛的灰坑完全开敞。炉膛门上设有 23 cm×33 cm 的投柴孔。炉箅位于窑炉底部 23～30.5 cm 的位置，此高度差可以将未燃尽的炭火隔离在投柴孔内侧。往炉膛内投柴时切不可用力过猛，否则极易打碎放置在炉膛内部的陶瓷坯体。

烧窑的时候先从穹顶穴窑的炉膛及其烟囱开始烧起，待窑温达到素烧温度之后再开始烧土拨鼠洞式穴窑炉膛（图 7-30）。土拨鼠洞式穴窑炉箅上下部堆积的炭火会逐渐将整个燃烧区域的窑温提升起来。与此同时，新式炉膛内的炭火逐渐燃尽，往炉箅上放一些大木料（原木）并控制氧气补给量，让该炉膛以极慢的速度持续烧成。在交替烧两间炉膛的时候，让处于休眠状态的那间炉膛内的窑温先下降至一定程度，待轮到烧该间炉膛时再提升其烧成温度，这一点至关重要。在此过程中，大量灰烬会飘落在陶瓷坯体的外表面。交替烧两间炉膛时，其内部窑温亦会随之交替升降。

既可以将土拨鼠洞式穴窑炉膛内的自然气流引至烟囱的左侧或右侧，也可以从炉膛的一侧到另一侧，再或者同时引至上述 3 个部位。烧两间炉膛时既可以只启用一个烟囱也可以同时启用两个烟囱。可以以任何形式组合使用上述窑炉部位（图 7-31，图 7-32）。这种烧窑形式有利于装窑空间内烧成温度的均匀分布。在漫长的烧窑过程中，需保持一定的投柴频率及节奏并抱有足够的耐心。只烧其中一间窑室时需注意交叉火焰的流通路线，只有这样才能在陶瓷坯体的外表面形成独特的落灰图案以及火焰游走纹饰。

当土拨鼠洞式穴窑炉膛内的窑温已经达到素烧温度之后再开始烧该间炉膛，炉箅上堆积的炭火会将整个燃烧区域的窑温逐步提升起来。同时烧两间炉膛时烟囱内会冒出极其猛烈的火焰。不要让这种局面维持太长时间，必须以不同的投柴频率烧两间炉膛，必须让其窑温有所区别才能达到多火向烧成效果。

点火仪式从晚上 10 点开始，在土拨鼠洞式穴窑的灰坑口处点燃一小堆火。持续烧窑一整夜，次日早上开始烧炉箅位置，持续添柴到晚上时窑温已经达到了 9 号测温锥到 10 号测温锥的熔点温度。持续烧窑一整夜，到天亮后开始以极快的投柴频率烧另外一间炉膛，与此同时前一间炉膛的烧成

< 图 7-30　炉膛

图 7-31　同时启用多个烟囱（一）

图 7-32　同时启用多个烟囱（二）

图 7-33　参与烧窑的人合影

仍在进行。接下来的几个小时交替烧这两间炉膛。在烧窑的过程中，蒸汽不断地从窑炉内散发出来。烧成温度以及烧成气氛一直都在我们的掌控中。每一位参与烧窑的人（图 7-33）在开窑拿到作品的一刹那都很兴奋。

7.5　变形多火向窑

2000 年 8 月，我与来自世界各地的其他 14 位陶艺家受邀参加了 2000 年时代英雄座谈会（Heroes of the Age Symposium 2000），该会议是由匈牙利的凯奇凯梅特国际陶艺工作室举办的。参会陶艺家、来自英国威尔士的斯蒂文·马蒂森（Steve Mattison）计划于 2001 年在威尔士阿伯里斯特威斯市（Aberystwyth）举办一场国际陶艺节。他在会后的鸡尾酒会上告诉我，他有一些高度约为 3 m 的大陶瓶需要烧制，问我是否有兴趣参加他主办的陶艺节并帮他烧那些陶瓶。我接受了这项挑战。

我想建造一座既外观惊艳，又能满足所烧坯体特殊要求的窑炉。很多年来我一直在建造传统式样的窑炉，现在我更希望多建造一些融建筑感与雕塑感于一体的窑炉。我想借助黏土做一件雕塑式窑炉，当烧成温度达到一定程度后，它会在窑火的炙烤下通体发光，窑火熄灭之即就是我的作品诞生之时。我在设计这座窑炉时将信封窑的结构形式与雕塑合二为一，将其命名为变形窑（图 7-34）。

我为该窑绘制过两版设计草图，第一版草图太偏向于雕塑、太复杂，对于窑炉而言并不合适。第二版草图很理想，结构很简单，整个窑炉的外形看起来就像两只扣在一起的杯子（图 7-35）。这样的外形设计是为 3 m 高的陶瓶量身定制的，而窑炉本身也会在烧成之后转变为与瓶子相关的物件——杯子。我选择的烧窑燃料为木柴。耐火砖并不是这座窑炉的主体建造材料，这些传统的砖仅被用于砌筑窑身以及烟囱烟道的基座而已。我选择的建窑主材料为雕塑泥料，建好的窑炉看上去颇似一个躺倒的罐子。窑壁为 J 形空心墙结构（这种砌墙方法是向丹麦陶艺家妮娜·霍尔学的），窑顶为悬链线形拱顶。这座窑炉的建造难点在于既要与所烧制的大陶瓶外形相适宜，又要保证陶瓶烧成之后能拿得出来。我制作了很多个悬链线拱顶支架，支架比空心墙体的厚度还要宽 5 cm，支架内轮廓线上开了很多沟槽，

< 图 7-34　已经建好的变形窑

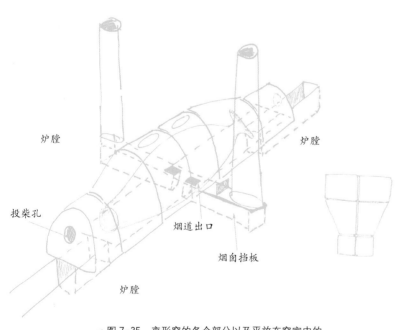

< 图 7-35　变形窑的各个部分以及平放在窑室中的
陶瓶透视图，窑身两端形似杯子

图中标注：炉膛、炉膛、投柴孔、烟道出口、烟囱挡板、炉膛

< 图 7-36　将所要烧制的陶瓶平放在窑室中部。
在瓶子周围建造窑壁以及烟囱基座

图 7-37　待炉膛口以及中央烟道通道挖好，且窑壁基座也已建好后，将悬链线拱顶支架放在窑壁上

这些沟槽用于搭建承托弧形窑壁以及拱顶的木板。拱顶支架无论大小全都拥有同一款悬链线形。借助木条将所有的悬链线拱顶支架穿插成一个整体结构，方便在烧成之后整体提起来。为了让 5 m 长的窑炉烧成温度均匀分布，我没有将其一端设计成窑尾，而是在窑身两端各设一间炉膛，窑身中部两侧各设一个烟囱，炉膛与烟囱由烟道通道相连接。烧窑的时候从两侧炉膛同时烧起，让火焰和热量汇集到窑炉中部，最后顺着烟道通道从烟囱内排放出来。借助烟囱挡板，我既可以将自然气流引至窑室右侧或左侧，也可以同时引至两侧。我于国际陶艺节的前一周到达阿伯里斯特威斯市，彼时斯蒂文已经将建窑所需的所有材料都准备好了。他从兰开夏中央大学（University of Central Lancashire）以及布雷顿·霍尔学院（Bretton Hall College）找了很多学生志愿者帮我建造变形窑。我的助手是来自丹麦约灵市的玛丽安妮·罗基德（Marianne Roegild），我俩一起从炉膛、中央烟道以及烟囱开始建起。与此同时，学生们开始挖两间炉膛以及烟道出口的地基。待烟道通道以及炉膛砌好后开始建造窑壁基座，接下来将所要烧制的大陶瓶小心抬至窑室部位并将其轻放在沙质地面上（图 7-36）。再之后将已经组建好的悬链线拱顶支架放在窑壁基座上，并固定其顶底两侧（图 7-37）。与此同时，另一组学生志愿者将木板裁切成长度适宜的木条。几组学生通力协作将裁好的木条放进悬链线拱顶支架的底层沟槽内。图 7-38 展示了窑炉中段的雕塑构造细节，在支架的辅助下由中央开始逐步向周围堆砌，直至炉膛。完成其底部作业后再往其上层沟槽内放一根木棍。木条与木条之间由弯曲成一定弧度的铁丝网顶着，整个弧形窑壁就是在这种支撑结构下一点点建造起来的（图 7-39，图 7-40）。

图 7-38　笔者从窑炉中部开始建造窑身

图 7-39　木条与木条之间由弯曲成一定弧度的铁丝网顶着，整个弧形窑壁就是在这种支撑结构下一点点建造起来的。拱顶是在硬纸板以及黏土榫卯结构的辅助下建造而成的，它与窑壁是各自独立的结构

图 7-40　拱顶顶部是在两侧弧形窑壁的基础上逐步收口建造而成的，其底部设有金属网支撑体

塑造完整个窑身之后将条状纤维毯（摩根热陶瓷生产的高岭棉纤维毯，厚度为 2.5 cm）以水平方向缠绕在其外部，从下往上缠（图 7-41）。我用锥形陶瓷桩将纤维毯固定在窑炉的外表面。这些桩子不但可以将纤维毯固定牢固，还可以令窑温均匀地分布在窑壁内外两侧（图 7-42，图 7-43）。

建造阿伯里斯特威斯变形窑一共用了 5 天时间。由于没有多余的时间等它自然干燥，所以这座窑炉在烧成的时候还是湿的——尽管初期的烧成速度极其缓慢，但从窑炉上蒸发出来的水分还是被包裹在其外部的纤维毯吸收了。纤维毯吸收了大量水分，以至于用力一拧时都能拧出一大把水来。纤维毯由于吸水过量自重加大，进而将窑身上的某些部位拉裂了。鉴于此，我不得不加快烧窑速度，试图将纤维毯尽快烘干。这一方法奏效了，窑炉很快升至中温（图 7-44）。入夜后揭掉包裹在窑炉外表面的纤维毯，揭毯子的过程非常顺利，揭开纤维毯后可以看到犹如雕塑般的窑炉外形以及放置在窑室中的陶瓶，陶瓶通体散发着火光（图 7-45，图 7-46）。到此为止，这座窑炉完成了它的第一次变形——冒着火焰的雕塑（图 7-47，图 7-48）。数天之后，它被迁址到另外一个地方并完成了它的第二次变形——重新组装。

◁ 图 7-41　大多数弧形窑壁都是分段塑造起来的，彼时巨大的陶瓶就横躺在建筑构造内部

◁ 图 7-42　从窑炉一端望去，窑身已经建好，只等在其外表面上包裹纤维毯了

◁ 图 7-43　窑身长度总览，构成窑身的每一段结构都是独立的，最两端的结构看上去就像两只杯子

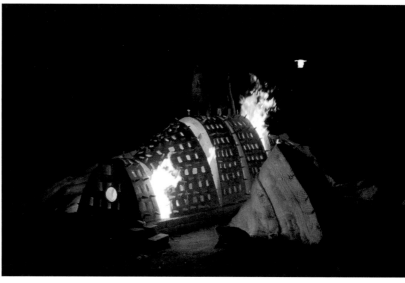

◁ 图 7-44　用耐火纤维毯将窑身包裹起来烧至中温

◁ 图 7-45　将包裹在窑身上的耐火纤维毯揭掉

◁ 图 7-46　火舌舔舐着窑炉以及放置在其内部的陶瓶

◁ 图 7-47　揭掉耐火纤维毯之后，窑身仍在散发着火光

◁ 图 7-48　在窑温下降的过程中，窑身上的某些区域仍在散发着火光

　　这座窑炉的两个独立燃烧空间汇集于窑身中部，按照其设计形式应该可以建造出更有趣、更持久的窑炉样式。在烧窑的过程中加大火力，让自然气流抽力引领热量从窑室上部穿越至窑室下部的烟道通道中，一定能在陶瓶的外表面遗留下极为有趣的火焰游走纹饰。还可以在窑身左右两侧，即烟囱旁边设置等距投木炭口。在窑身前后两端设置对向的炉膛并不是我的独创，绝大多数倒焰窑都是这种形式，但将其运用在长管形穴窑窑室上倒是第一例，其烧成形式和烧成效果都是前所未有的。

第 8 章

燃料、燃烧以及烧成系统

8.1　燃料

无论使用木柴、煤、油还是天然气烧窑，对于一座窑炉而言，其核心部分就是炉膛。当火焰升起，窑炉内部传出燃烧声，烟雾和热量越升越高时，说明炉膛内的自然气流运行的十分顺畅，炉膛的结构设计非常合理。相反，当火焰升起，烟雾聚集，窑炉内部传出燃烧声，但几个小时也不见窑温升高的话就说明炉膛内的自然气流运行不畅，炉膛结构设计得不合理。

炉膛的设计形式必须与所使用的燃料类型相适宜。柴窑的炉膛比煤窑的炉膛大，煤窑的炉膛比油窑的炉膛大。气窑的炉膛是所有窑炉中最小的。

诸如木柴、煤/木炭等固体燃料需要足够的燃烧空间，以便与足量的氧气相接触，进而保证燃料充分燃烧，在最短的时间内发挥出燃料的最大功效。因此木柴、煤或木炭必须放在陶质或铁质炉算上烧成，炉算条之间的缝隙既能供给氧气也能让燃料的灰烬落下。燃料的尺寸不同，炉算条的间距也不同，柴窑的炉算条间距较大，煤窑以及木炭窑的炉算条间距相对较小。

图8-1中的简化图描绘了固体燃料如何转变为灰烬（煤灰、草木灰），以及如何散发热量和烟雾，即燃料在炉膛内的燃烧过程。需要注意的是，当炉算上的炭火和灰烬堆积到一定程度之后，自然气流抽力就会受阻，此时需要补充大量热能窑温才能继续提升。灰坑底部距离炉算底面过近时，沉积在灰坑内的灰烬也会导致自然气流抽力受阻，同时铁质炉算条还会因过度受热而出现曲翘现象。烟囱的功能是形成自然气流抽力，为炉膛内的燃料吸取源源不断的氧气。往炉膛内不断地补充燃料，让烧成持续下去，窑温会逐渐提升到所期望的数值。

固体燃料的燃烧是从其外表面开始的，当表层燃料逐渐烧尽并转化为灰烬落到底部后，新一层燃料会暴露出来并与氧气接触，以此形式循环往复直到所有燃料全部烧尽为止。把一根原木劈成柴与整根原木对比，后者

> 霍利奇尔德（Hollyweird）窑烧成初期窑室内部景象

> 康拉德·科里彭（Conrad Calimpong）：蔷薇花瓶，柴烧炻器

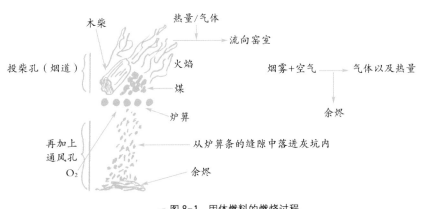

> 图8-1　固体燃料的燃烧过程

所能散发出来的热量相对较少。木柴的尺寸越小，其烧成速度越快，所释放的热量越高，火苗的长度越长；相反，木柴的尺寸越大，其烧成速度越慢，火苗的长度越短，所释放的热量越低。当柴窑窑室顶部温度较低时，使用小块木柴烧窑可以生成较长的火苗，进而达到提升该部位窑温的目的；当柴窑窑室底部温度较低时，使用大块木柴烧窑可以生成较短的火苗，热量会长时间汇集在窑室下部区域，进而达到提升该部位窑温的目的。

软木是柴窑的最佳燃料，其原因是软木的密度较低，单位体积内的重量较轻，因此极易燃烧。例如：松木（软木）的密度为 $11.34\,kg/m^3$，而橡木（硬木）的密度为 $22.7\sim26.8\,kg/m^3$。松木、云杉、枞木、柏木以及铁杉都是极好的烧窑燃料，因为上述木柴会在极短的时间内释放出大量热能。以白松木为例，其热量排放数值高达 $5085\,kcal/g$（$21285\,kJ/g$）。此外，需要将所选木柴晾晒一年之后再烧窑。未干透的木柴（新砍伐的木柴）内留存着大量湿气，用这种木柴烧窑会在烧成的过程中排放出大量水蒸气，蒸汽具有降温作用，进而导致窑炉内部的烧成温度难以提升，炉膛以及窑室内需凝聚起足够的热量之后才能将蒸汽的降温作用抵消掉。

木柴在燃烧的过程中会排放出大量烟雾。我用 $2.5\,cm\times2.5\,cm\times61\,cm$ 大小的劈柴烧窑时，几乎在 $15\,s$ 以内烟囱里就能冒出一大片烟云。对于柴窑而言通风很重要，最好将窑炉建造在郊外或者至少建造在开阔区域。烧柴窑的时候必须注意投柴频率，先慢后快逐渐提升投放频率。每次投柴时的木柴用量以及投柴间隔的长短决定着窑炉内部的烧成气氛。烧氧化气氛时，必须等到窑室内部没有烟雾之后再投放新柴；烧还原气氛时，必须等火焰不再从出火孔内冒出就投放新柴。烧柴窑的准备时间以及烧成周期都很长。

煤是掩埋在地表以下的植物分解腐烂且长时期接触不到氧气后所形成的沉积岩。物质长时期接触不到氧和氢后，其碳含量就会相应增高。植物的碳化分解过程如下：泥炭、褐煤、亚烟煤、烟煤、无烟煤。按照物理属性以及化学成分，可以将烟煤从低到高划分为以下几个等级：①亚烟煤或黑褐煤；②烟煤；③烛煤（一种特殊的烟煤）；④半烟煤（一种高级烟煤或低级无烟煤）。各种等级的烟煤均适用于烧窑。前文中介绍过一位印度陶艺家曼斯曼·辛格，他使用 B 级锅炉用煤（蒸汽机车用的也是这种煤）烧他的圆穹顶自然气流倒焰窑（参见第 5 章相关内容）。烟煤的火苗较长，升温较快。伯纳德·利奇将烟煤称为气煤。烟煤无法与足够的氧气接触并燃烧时，大约 75% 转化为木炭，25% 转化为煤气，每 $907\,kg$ 煤可以生成 $283.17\,m^3$ 煤气。用煤烧低温窑时，燃烧充足且火苗较长。

石油以及天然气是由沉积岩生成的。石油呈液态，由三种碳氢化合物组成：石蜡、精油、环烷烃。燃油等级不同其内部包含的碳氢化合物各异，很难从成分上分类，只能从特性上区分。轻油分为♯1、♯2 类型（柴油），又被称为馏分油，其特性是在常温常压下挥发；♯3 类型的燃油目前已经不再提炼生产了；♯4 类型的燃油由♯2、♯5 以及♯6 类型的燃油混合而成；♯5 以及♯6 类型的燃油为重质油，色黑，属残余燃油。上述燃油的化学组成如下：碳 86%，氢 13%，硫含量介于 0～2% 之间。

天然气与石油的化学成分相同，唯一的区别是天然气内的碳氢化合物为气态。燃油、煤油、丙烷、丁烷以及纯烃都是从石油内分馏提炼出来的。有些时候天然气内包含着大量丁烷馏分，借助少许气压（1 大气压 = 1.01325×10^5 Pa）可以将其分解储存在一个适宜的容器内。与煤相比，燃油以及煤油的排烟量较少，但低温烧成阶段的散热能力较差。天然气、丙烷以及丁烷是所有燃料中最干净的。这三种燃气充分燃烧时几乎看不见烟雾。

8.2 燃烧

可以将燃烧定义为可测性光和热的生成反应。理论上的或者"化学上的"燃烧是指燃料充分燃烧的过程。所谓的充分燃烧，是指所有的碳（C）全部转化为二氧化碳（CO_2），所有的氢（H）全部转化为水（HO_2），所有的硫（S）全部转化为二氧化硫（SO_2）。倘若其中任何一种物质（C、H_2、CO）仍有残留，从化学的角度来看燃烧都称不上充分。

燃烧速度过快会引发爆炸。将燃气引燃后会生成火苗，将诸如煤以及木柴之类的固体燃料与燃气放在一起并升温也会生成火苗。能让某种物质生成火苗的温度称为引燃温度。生成火苗是燃烧的最基本要素。

碳氢化合物与氧气之间的关系极为密切，供氧量充足时会生成二氧化碳以及水，燃烧才称得上充分。以下是甲烷充分燃烧后生成的各类物质（C＝碳，H＝氢，O＝氧，N＝氮）：

［C＋H（燃料）］＋［O_2＋N_2（空气）］燃烧充分

［CO_2＋H_2O＋N_2（热量）］

或者

$CH_4 + 2O_2$　$CO_2 + 2H_2O$ 多余热量

由于发生上述化学反应的同时会释放出热量，所以亦将其称为放热反应。木柴以及煤在燃烧的过程中既会发生放热反应并生成煤气，但同时也会遗留下残渣以及灰烬。

8.2.1 燃烧速度

影响碳氢化合物燃烧速度的最重要因素之一是燃料与空气之间的接触是否亲密。亲密度最高的是气溶体，例如丙烷与空气融合在一起。亲密度最低的是不具有挥发属性的块状碳氢化合物（例如沥青或煤）。亲密度中等的是悬浮在空气中的油滴。木柴与空气之间的亲密度取决于木块的大小、外表面面积、木柴的质地（松软还是坚硬）。燃料或氧气的浓度过低时，燃烧速度很慢；当燃料与氧气的比例适宜时，燃烧速度很快。

$0.03\ m^3$ 甲烷（天然气）需要 $0.06\ m^3$ 氧气才能充分燃烧。为了达到这一目的，空气中的氧含量需为 20%，氮含量需为 80%。因此，要让 $0.03\ m^3$ 天然气充分燃烧，必须供给 $0.06\ m^3$ 氧气，$0.28\ m^3$ 空气才行。天然气的空气补给量 = $0.28\ m^3$ 空气/$0.29\ kW$。丙烷的空气补给量 = $0.71\ m^3$ 空气/$0.73\ kW$。以此为界，任何类型的燃料（无论是固态的、液态的还是气态的），每供应 $0.28\ m^3$ 空气所能生成的燃烧能为 $0.29\ kW$。

供氧不足时燃料的化学反应会变得更加复杂，会生成以下物质：碳、一氧化碳、二氧化碳、氢以及水蒸气。采用还原气氛烧窑时，门框以及观火孔周围会出现黑色煤烟痕迹。黏土以及釉料特别容易受到影响，有时甚至会因此而受损。过早（649℃左右）采取还原气氛烧窑且长时间维持强还原气氛时，坯体极易碳化受损。供氧量不足会导致窑温以及燃料的烧成效率大为减弱。

因此，必须为窑炉设计一套供氧量充足或者燃料与空气比例适宜的烧成系统。从化学角度看，燃料与空气之间的最佳比例为所有的燃料和空气全部燃尽，没有一丝一毫的剩余。"贫燃"是指空气的供给量超过燃料充分燃烧所需的用量；"富燃"是指空气的供给量未达到燃料充分燃烧所需的用量。大多数烧成系统是形成贫燃环境，多余的空气量介于 10%～20% 之间。贫燃可以防止燃料、一氧化碳、煤烟以及烟雾凝聚，上述情况会降低燃料的烧成效率，甚至会引发爆炸。因此为窑炉设置燃烧器时，必须将其位置设置在供氧充足且便于燃料充分燃烧的区域。当然采用还原气氛烧窑属于例外。

烧成系统最基本的设计标准是 $0.28\ m^3$ 空气/$0.29\ kW$。例如将燃烧器设置在空气补给量充足的位置上，仅需调节燃气的流通速度就能令其生成充足的热量。燃气流通速度的具体数值取决于所使用的燃气类型。

当烧成系统的空气供应量为 $28.3\ m^3/h$ 时，或者天然气供应量为 $2.83\ m^3/h$ 时，燃料就可以达到充分燃烧水平。但是假如想把烧成速度加快一些或者想把窑温再提高一些，把燃气供给量增加 $0.57\ m^3/h$，会出现什么情况呢？此时燃气的流通速度加快了，但是其所需要的空气量却跟不上，那么这额外添加的 $0.57\ m^3/h$ 燃气就会因缺氧无法燃烧进而从烟囱或烟道内白白流走。所以，在增加燃气的同时也必须为其提供足够的空气才行。

窑温上升意味着燃烧速度加快后，在单位时间内生成的热量更高。此外它还意味着窑炉内部的热量流失较多。窑炉的功能之一就是将热量流失降至最低水平。窑温是否能够提升取决于燃料烧成时所释放的热量，以及热量是否会流失。烧窑初期需要大量热能。首次烧制由硬质耐火砖建造的窑炉时，烧成温度很难如预期中的那样快速提升，因为建窑材料中仍旧残留着大量湿气。提升窑温的先决条件是建窑材料的耐高温性能以及绝缘性能必须足够好。此外，烧成系统的设计形式，即燃料与其充分燃烧所需的空气补给量比例是否适宜，也是影响窑温能否提升的重要因素之一。

8.2.2　一次风以及二次风

一次风是指早在点火之前就与燃气混合在一起的空气。二次风是指点火之后才与燃气混合在一起的空气。绝大多数烧成系统都需仰仗二次风才能令固体燃料充分燃烧。加压燃烧器的一次风补给量至少为 60%；常压燃烧器的一次风补给量介于 60%～20% 之间；未经净化的气体，其一次风补给量至少为 20%。一次风所占的比例越低，所形成的火苗越长，火力越弱。将一次风和二次风预热一下有助于提升火焰的温度、提高燃料的烧成效率以及节约燃料。例如将天然气与空气的混合气体预热至 260℃ 后，所生成的火焰温度会比预热之前高大约 111℃。

8.3　烧成系统

8.3.1　柴窑烧成系统

与其他燃料相比，木柴所需的燃烧空间以及炉箅面积都是最大的，因为火焰与热量的形成需要与更多空气相结合。柴窑的炉膛必须满足以下几个方面：①在正式烧窑之前必须先将空气预热一下——空气的温度每提升 22℃，火焰的温度就会随之提升 55.6℃；②让预热后的空气通过炉箅接触燃料，或者另外设置一个燃烧空间；③炉箅上方的燃烧空间必须足够大；④炉膛的设计构造必须便于将余烬耙出来；⑤连通炉膛与窑室的烟道口面积必须适宜。

为了便于正式烧窑之前预热空气，必须将主炉膛建造在窑室外部，只有这样才能让木柴生成最大的热能。倘若将炉膛建造在窑室内部且其面积很小，就难以将窑温提升至最大数值。总之，炉膛的位置以及面积都要特别适宜才好。备前窑以及穿顶穴窑的炉膛设计形式都很合理，陶瓷坯体是放在炉膛内烧制的，且烧这两种窑的时候木柴也是直接从炉膛添进去的。备前窑的炉膛空间非常大，烧成效果极好，其原因是长时间通过炉膛烧窑可以令窑室内部的烧成温度均匀分布，极易获得想要的烧成效果。土拨鼠洞式穴窑的炉膛内不摆放坯体仅用于添柴，烧成效果也还不错。

为柴窑设计炉膛时必须遵守以下六条准则：

（1）炉膛底的最小面积应当为烟囱底部面积的 10 倍（参见第 3 章相关内容）。

（2）炉箅的设置位置应当位于炉膛空间垂直高度的中部，上方的燃烧

图 8-2　炉膛以及炉算高度。炉算位于整个炉膛空间的中部

空间与下方的灰坑各占 1/2（图 8-2）。

（3）炉膛的高度取决于窑炉的类型、尺寸以及陶艺家自身的烧窑经验。土拨鼠洞式穴窑和穹顶穴窑的炉膛亦为窑室，其尺寸必须满足装坯需求。相比之下，建造在窑室外部的炉膛无严格的尺寸要求。下文将详细介绍速烧窑、日大阶梯窑以及现代多窑室窑的炉膛设计形式，可以根据它们推算出柴窑炉膛的最佳高度。对于一座体积为 0.34～0.45 m³ 的速烧窑而言，其炉膛的最低高度为 32 cm，炉算的设置高度介于 15～18 cm 之间。炉算过低会导致灰烬大量堆积，进而影响窑温的提升速度。我发现现代窑炉（0.85～2.83 m³）的外置式炉膛，炉算上方的燃烧空间高度与炉算下方灰坑的深度相等（30.5～46 cm），烧成效果很好。炉膛的高度与窑炉的尺寸成正比。在炉算条下方设置一个大灰坑极为重要。

（4）炉算条的间距对于燃料以及烧成效果来讲非常重要。间距过大，还未燃尽的炉渣极易掉进灰坑中，进而导致灰坑过早饱和；间距过小，炉渣无法从炉算条的缝隙内掉下，进而导致大量炉渣堆积在炉算上，新添加的木柴也只能叠放在炉渣上，灰坑内的热空气无法穿越炉算，窑温亦会随之下降（这也是有些窑炉建造者会在炉算附近设置通风口的原因）。炉算条的间距取决于所使用的木柴尺寸。图 8-3 展示了炉算条的最大间距，间距越大，与之配套的灰坑越深。

（5）灰坑的设计必须便于将掉落下来的炉渣耙出来。

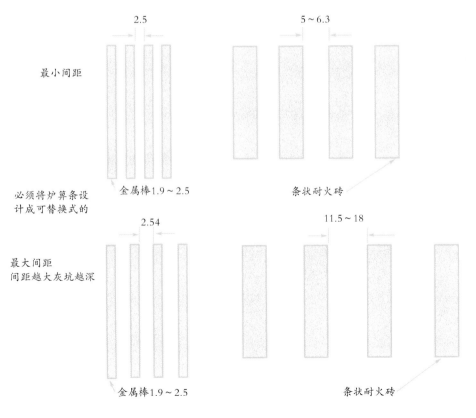

图 8-3　炉算条间距（单位：cm）

（6）必须在灰坑、炉算以及投柴孔位置设置通风口。以炉膛的设计形式为基础，可以在炉算周围设置一圈通风口（参见第 7 章图 7-3 和图 7-4）。

8.3.2 日大阶梯窑

首先，让我们分析一下京都日大阶梯窑以及河合卓一阶梯窑的炉膛设计形式（参见前文相关内容）。图 8-4 展示了日大阶梯窑的炉膛外观样式。炉膛口（亦为投柴孔和通风口）以及炉膛壁建造在倾斜的地面上，炉膛后壁上设有烟道入口。图 8-5 和图 8-6 展示了灰坑与第一间窑室烟道入口的位置关系，稍后会在土墙上安装炉算。河合卓一阶梯窑的炉膛设计形式与日大阶梯窑的炉膛设计形式完全相同（参见第 4 章相关内容）。河合卓一阶梯窑以及理查德·霍奇科斯（Richard Hotchkiss）生泥柴窑的炉膛均带有穹顶，穹顶均由手工制作的榻榻米砖建造而成。

图 8-7 展示了炉膛的顶视布局、侧视布局、灰坑以及炉算条的设置位置。大型多窑室窑的炉膛与整个窑炉的尺寸成正比。

< 图 8-4　日大阶梯窑的外置式炉膛

< 图 8-5　从前面看日大阶梯窑的炉膛

< 图 8-6　从斜上方看灰坑

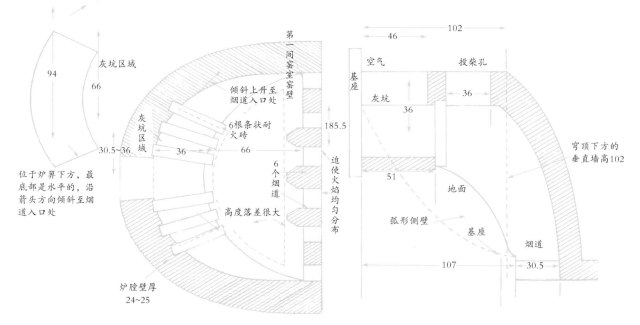

< 图 8-7　日大阶梯窑的布局设计。俯视图和侧视图展示了炉膛以及灰坑的细节设置形式（单位：cm）

8.3.3　现代多窑室交叉焰窑

日本陶艺家北出利治（Kitade Toji）建造的柴窑炉膛样式比较现代，该窑炉坐落在九谷地区（图 8-8）。炉膛侧部设有投柴孔，所使用的燃料为长木条，炉箅的宽度与炉膛的宽度相等。灰坑的深度以及炉箅条的间距均与燃料的灰烬尺寸相适宜（图 8-9）。炉膛前壁底部设有两个通风口。如果让我设计的话，我会在炉膛至窑室位置上均匀设置更多小通风口。我会将炉箅条间距设至最小值，此外还会在炉箅处设置一个可开可关的通风口。在炉膛一侧设置投柴孔便于单人烧窑，因为炉膛以及第一间窑室上的投柴孔都在同一侧，一个人烧窑时可以同时兼顾。图 8-9 和图 8-10 展示了炉膛的侧部结构，炉膛位于第一间窑底下方 46 cm 处。金属炉箅的宽度与窑室的宽度相等，安装在距灰坑底部 23 cm 高的位置上。炉膛前壁上设有通风口。投柴时需将投柴孔以下部位全部封堵住，从炉膛前壁进入窑室内部的空气随即形成一次风。第一间窑室的灰坑深度为 38 cm（图 8-11）。由于第一间窑室的温度不会在短时间内下降，所以必须格外注意，必须将炉膛前壁上的所有通风口全部封堵住。

◁ 图 8-8　奥尔森的双窑室柴窑，投柴孔位于炉膛侧部

◁ 图 8-9　奥尔森窑第一间炉膛内的炉箅条间距

◁ 图 8-10　奥尔森窑炉膛投柴孔以及位于炉箅条下方的通风口

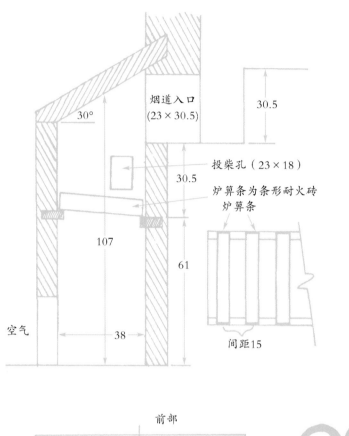

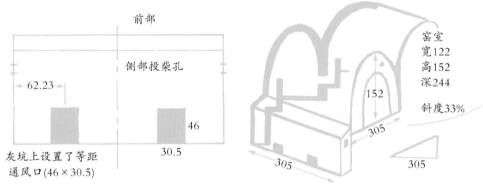

图 8-11　现代柴窑炉膛，奥尔森建造的双窑室柴窑，位于日本九谷（单位：cm）

8.3.4　壁架式炉膛

　　壁架式炉膛很好建造，耐火砖替代了铁质炉箅，燃料为大块木柴（图 8-12）。炉膛中部设有两个耐火砖炉箅，炉膛地面也因此被一分为二。烧窑时需将木柴顺着自然气流的角度摆放在耐火砖炉箅上。一次风从添柴区顶部进入炉膛，火焰顺着穹顶向下游走并穿越烟道入口。待木柴烧断并落入灰坑后，再往炭火上添加新柴。灰坑中的炉渣沉积至灰坑高度的一半时，所释放出来的热量又会将新添加的原木引燃，烧断的木柴会掉落在耐火砖炉箅上。添加木柴时需注意其用量，千万不能让灰烬堵住通风口。放在耐火砖炉箅上的木柴在燃烧时会排放出大量煤气，燃烧区域位于耐火砖炉箅以及灰坑之间。掉落在灰坑内的炭火可以起到预热二次风的作用，预热空气对于燃料充分燃烧以及烧成效率影响极大。

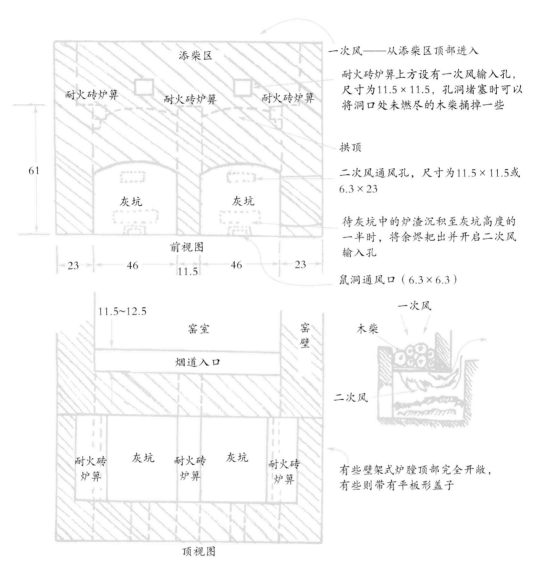

图 8-12　壁架式炉膛布局（单位：cm）

耐火砖炉箅上方设有一次风输入孔，孔洞堵塞时可以将洞口处未燃尽的木柴捅掉一些。也可以在耐火砖炉箅上设置平板形盖子，用于输送一次风。二次风输入孔既可完全开启也可借助塞子将其封堵住。将堵塞在通风口处的炭灰耙净后也可为燃料燃烧提供二次风。

鼠洞通风口与灰坑相连通，其形状为边长 6.3 cm 的正方形通道，其深度为 30.5～38 cm，不使用的时候是封堵住的，开启后可以为沉积在灰坑底部的燃料层补给空气。可以通过该通风口控制燃料层的厚度以及提升其热量。烧窑的时候从灰坑开始烧起，直至灰坑内沉积的炭火层达到一定高度、其释放出的热量足以引燃耐火砖炉箅上的木柴为止。

8.3.5　速烧柴窑

速烧柴窑的窑室下部设有两间等大的炉膛。无论窑炉宽度大小，其单间炉膛的尺寸均为 34 cm×102 cm，两间炉膛分别位于窑炉的前壁以及后壁处。焊接结构的炉箅位于炉膛底正中央，炉箅条是直径为 2 cm 的铁棍（图 8-13）。炉箅的位置靠近炉膛后部，位于窑室烟道入口的正下方。

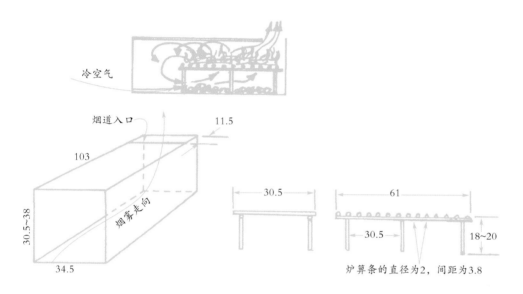

冷空气
烟道入口
11.5
103
30.5~38
烟雾走向
34.5
30.5
61
30.5
18~20
炉箅条的直径为2，间距为3.8

> 图 8-13　速烧柴窑（左图）炉膛内的空气以及烟雾游走路线；焊接结构炉箅（右图）（单位：cm）

炉箅上的木柴燃烧时，火焰以及热量会沿着两条路线游走：第一条路线是穿越烟道入口进入窑室；第二条路线的起点是炉箅下方 1/2～2/3 处，升至炉膛顶后向下游走，绕行一圈后进入炉膛烟道入口。这条路线可以将炉箅下方的空气预热。由于冷空气可以起到防止铁质炉箅熔化的作用，所以千万不要让沉积在灰坑内的炭火层顶部接触到炉箅底部。当灰坑底与炉箅之间的距离较为适宜时，在烧窑的过程中仅需时不时地将沉积在灰坑内的炭火耙平一些就可以了，不必将炭火耙出来。烧窑结束后需将炉箅从炉膛内拆卸下来。不拆卸炉箅会导致其氧化曲翘。烧窑结束时还需将炉膛封堵起来。

对于无法拆卸的炉箅，还需对其采取一些额外的养护处理。先在灰坑壁中部预留一道沟槽，之后将陶管或者条状耐火砖炉箅条放进沟槽中，炉箅条与炉箅条之间需预留 2.5 cm 的距离。图 8-14 中的炉箅条为陶管，其安装位置位于灰坑垂直高度的 2/3 处。我在设置炉箅条间距的

> 图 8-14　将陶管作为炉箅条使用

时候会采用最小值，其目的是降低掉落灰坑的炭火层高度。

8.3.6　多窑室交叉焰窑的炉膛

多窑室阶梯窑的炉膛很小，烧窑的时候仅放得下寥寥数块横截面面积为（2.5 cm×2.5 cm）～（5 cm×5 cm）、长度介于46～61 cm之间的木柴。澳大利亚陶艺家莱斯·布莱克布罗的窑炉位于米塔贡市斯图尔特陶瓷厂（Sturt Pottery）。图8-15展示了该窑炉第一间窑室的结构设计形式。炉膛通道的宽度与窑的宽度相等，均为183 cm。作为炉算条的条状耐火砖搭建在窑壁与窑底之间，灰坑底部与炉算之间的距离为23 cm。烟道入口为炉算上放置的木材提供燃烧所需的空气。由于烧窑的时候，炭火会掉落到炉膛通道内，所以必须将一根顶部带钩的长铁棍从投柴孔内伸进去，时不时地将沉积起来的炭火耙出来一些才行；否则堆积在一起的炭火就会将投柴孔堵住，进而影响窑温的提升。投柴时先往窑门内侧较近处投几根，接下来再逐渐往远处投。

当窑室内没有建造下沉式炉膛时，应当用耐火砖在盛放陶瓷坯体的匣钵与前窑壁之间砌筑一个宽度为23 cm的通道（图8-16）。23 cm是通道的最小宽度，其高度与顶层匣钵齐平。

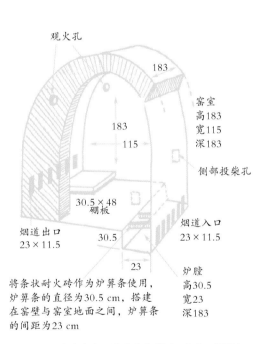

图8-15　多窑室交叉焰窑的炉膛以及窑室，斯图尔特陶瓷厂，米塔贡市，澳大利亚

图8-16　京都阶梯窑的匣钵叠摞方式

8.3.7　第二间窑室的炉膛

对于多窑室窑炉而言，通风口位于窑炉前部。窑身上的裂缝、窑门以及其他类似部位可以为燃料燃烧提供二次风。建造第二间窑室的时候，可以在其结构上设置一些通风口，但当第一间窑室烧窑结束并被封堵住之后，第二间窑室上设置的通风口必须保证窑温能够均匀分布。我在建造第二间窑室的时候，会在炉算下方设置一个长度与窑室宽度相等的空气补给通道。将炉膛设计在窑室内部时，必须将炉算以及灰坑的面积也考虑在内。我在烟道入口下部设置下沉式灰坑，炉算的设置位置刚好将烟道入口一分为二。空气补给通道是挤压成型的正方形泥管（边长 12.5 cm），泥管壁上设有大小不一的孔洞，孔洞的面积由小到大从陶管一端延伸至另一端。由于陶管的长度与炉膛的宽度相等，所以它能为炉膛提供均匀分布的空气，进而保证窑温均匀分布（图 8-17）。伸出窑炉外部的陶管末端配备了挡板，可以借助挡板控制空气的补给量。

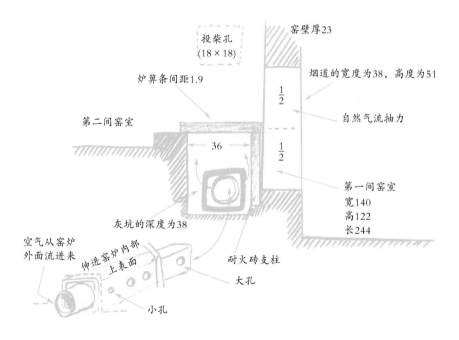

图 8-17　第二间窑室的炉膛（单位：cm）

8.4　煤窑烧成系统

第 5 章介绍了加藤健二的多治见倒焰窑以及曼斯曼·辛格的圆穹顶自然气流倒焰窑，这两座窑炉都是煤窑，其炉膛设计结构已在该章内作了详细的描述（参见图 5-4、图 5-10 和图 5-11）。由于煤在燃烧时需要与足量的空气相接触，所以煤窑的炉膛尺寸与煤燃烧时所需的空气量相适宜。对于煤窑炉膛，窑炉底部每 0.56~0.74 m² 就需要配制 0.09 m² 的炉算。炉膛

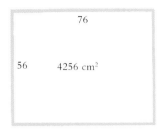

4645 cm²，两间炉膛
9290 cm²炉膛/27871 cm²窑底
比例：6:1
27871÷6=4645 cm²/炉膛

3716 cm²，四间炉膛
14864 cm²炉膛/35303 cm²窑底
比例：8:1
35303÷8=4413 cm²/炉膛

< 图 8-18　煤窑炉膛规格（单位：cm）

的设置数量取决于窑室的形状、大小。长方形窑室的长度超过 213 cm 时，需要在其两侧各设一个附加的炉膛。一般来讲，每隔 183 cm 就需要设置一间炉膛。圆形窑炉的直径超过 213 cm 时，需要在其底部周圈设置三四个等距离的炉膛。当圆形窑炉的直径更大时，需要在其底部设置一圈炉膛，炉膛间距以介于 183～244 cm 为宜。

图 5-6 以及图 5-11 描绘了同一座窑炉上设置两间炉膛以及设置四间炉膛时的尺寸区别。加藤健二的多治见倒焰窑每间炉膛内的炉算面积为 0.46 m²；曼斯曼·辛格的圆穹顶自然气流倒焰窑每间炉膛内的炉算面积为 0.37 m²。辛格先生的窑炉共设有四间炉膛，其面积也较大（5.53 m²）。因此，该窑炉的地面与炉算之间的落差较大。倘若你也想建造一座煤窑，可以参考上述两座窑炉炉膛的设计形式（图 8-18）。炉膛越多，窑底与炉算之间的落差越大，落差大一些比落差小一些好。

8.5　油窑烧成系统

8.5.1　重力滴灌系统

对于油窑燃烧器而言，重力滴灌系统是最便宜且最简单的设计形式之一（图 8-19）。重力滴灌系统由 3 条输油管道构成，每条输油管道下方又各设有 3 块滴油板，因此总共形成了 9 个燃烧点。以我的烧窑经验看，为每条输油管道配置 3 块滴油板能将油窑烧成系统的功效提升至最佳状态。单块滴油板的面积为 23 cm×12.5 cm，纵向排列的 3 块滴油板间距为 7.5 cm，位于较低位置的滴油板比其上方滴油板伸出的长度多 5 cm，3 块滴油板的排列斜度为 2:9。斜度数值的设定并非是固定不变的，取决于所使用的燃油黏稠度。对于煤油而言，其最佳斜度值介于 2:9～2.5:9 之间。

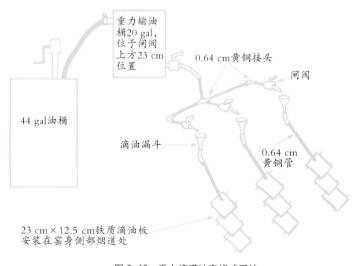

< 图 8-19　重力滴灌油窑烧成系统

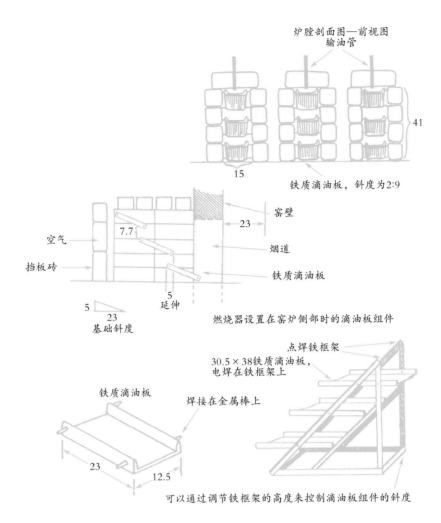

炉膛剖面图—前视图
输油管

41

15

铁质滴油板，斜度为2:9

窑壁

23

烟道

7.7

空气

挡板砖

铁质滴油板

5

延伸

5　23

基础斜度

燃烧器设置在窑炉侧部时的滴油板组件

点焊铁框架

30.5×38铁质滴油板，
电焊在铁框架上

铁质滴油板

焊接在金属棒上

23　12.5

可以通过调节铁框架的高度来控制滴油板组件的斜度

＜ 图 8-20　煤窑炉膛布局（单位：cm）

　　我使用的滴油板两侧各有一个向上弯折的口沿，其功能是防止燃油在未滴到下方滴油板之前就从边缘处漏掉。使用不带口沿的平板形滴油板时，需将其水平安装。滴油板安装在由硬质耐火砖或者绝缘耐火砖搭建的沟槽中（图 8-20）。这种安装形式便于拆卸，每次烧窑之后仅需将其从沟槽内卸下来就可以清除上面的炭渣或炉灰了。

　　当炉膛位于阶梯窑窑室内部时，其尺寸应当与窑身侧部的烟道通道相适宜。挡火墙与窑壁之间的最小距离为 23 cm，挡火墙与窑室等长，与窑壁等高。

　　可以通过与主输油管相连接的三个闸阀控制滴油的速度。油滴先从闸阀中流出来并滴落到滴油漏斗中，滴油漏斗底部连接着黄铜管；油滴穿越黄铜管后又滴落到滴油板上。在距离滴油板 3 m 高的位置上安装着油桶，滴油的压力就来自落差所产生的重力。澳大利亚陶艺家莱斯·布莱克布罗的单窑室交叉焰窑的滴油系统与图中描绘的滴油系统极为相似，唯一的不同之处是莱斯窑的滴油系统设有 6 条输油管道（图 8-21）。输油管的设置位置以及数量取决于窑炉前壁烟道入口通道的长度。输油管之间的距离为

＜ 图 8-21　莱斯·布莱克布罗窑的重力滴灌系统

23 cm（或者一块耐火砖的长度）。一般而言，在窑炉转角处设置输油管时，输油管与窑壁之间的距离为 11.5 cm，而不是 23 cm。无论你的窑炉是何种类型的，在窑炉前壁烟道入口通道处设置输油管时，每隔 23 cm 最多设置一条输油管；在窑壁处设置输油管时，每隔 46 cm 最少需设置一条输油管。输油管越多烧成速度越快。

将柴油作为燃料时，其最佳点火方式是在滴油板下方放一块浸过煤油的布料。先将布料点燃，之后再打开闸阀让柴油滴落到布料上。在一座 1.27～1.7 m³ 的窑炉内设置三条输油管，使用 ♯2 柴油烧至 10 号测温锥的熔点温度，其耗油量为 60～75 gal（美）（227～284 L），每加仑（美）（3.785 L）柴油可以生成的燃烧能为 132000～140000 BTU [1]（38.69～41 kW·h）。

在烧窑的过程中，尽量不要让炭渣落到烟道入口以及滴油板上。可以借助铁棍或拨火棍将炭渣清理掉。我每隔 1 h 在烟道通道上泼洒一些柴油和水的混合溶液，这样做不易形成炭渣。

在烧窑的最后阶段，必须将三条输油管的滴油速度调快一些。倘若只有一条或者两条输油管下方的滴油板在燃烧，则必须加快滴油速度。

图 8-22 中的两块滴油板是 15 cm 宽的铁质沟槽，该沟槽与窑炉前壁烟道入口通道直接连通。这种设置形式的最大问题在于很难通过通风口或沟槽末端清理掉落在其内部的炭渣。由于沟槽长期处于高温区域，所以很快就会被氧化。此外，沟槽的面积以及上下两层沟槽的重叠长度也不够。前文介绍的三条输油管系统相对较好，使用加压燃料单孔燃烧器烧窑时可以起到预热窑温的作用。

有些时候为了降低燃料成本，我会从加油站要一些免费的污油（曲轴箱润滑油）烧窑。煤油以及 ♯1 柴油在烧成时不会产生任何污染排放物。但我更倾向于使用 ♯2 柴油烧窑，因为这种燃油的黏稠度更高、燃点更低，非常适用于重力滴灌系统或油窑烧成系统。♯2 柴油的其他特征还包括：密度为 0.85 g/cm³；每加仑（美）柴油可以产生的燃烧能为 132000～140000 BTU；每磅（0.45 kg）柴油可以产生的燃烧能为 18610 BTU（5.45 kW·h）；硫含量仅为 0.3%。

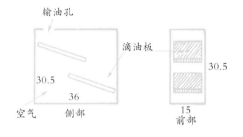

图 8-22　油窑烧成系统的另外一种设置方式

8.5.2　重力滴灌系统结合加压气体

丹尼斯·帕克斯（Denis Parks）是一位油窑烧成系统专家，图 8-23 是他设计的燃烧器，该燃烧器是塔斯卡洛拉（Tuscarora）排油/柴油的结合改良版。这种燃烧器不但简便高效，还可以用售价低廉（有些时候甚至是免费的）的曲轴箱润滑油代替相对昂贵的柴油烧窑。当窑温达到低温程度

1　BTU 即 British Thermal Unit，为英制热量单位，1 BTU 就是将 1 lb（磅）水的温度升高 1℉所需要的热量，1 BTU = 1.055 kJ = 0.0002931 kW·h。因本章涉及的一些设备及其技术参数源自国外公司，为保证相关数据的准确性和可用性，部分计量单位根据原著仍采用英制或美制计量单位。

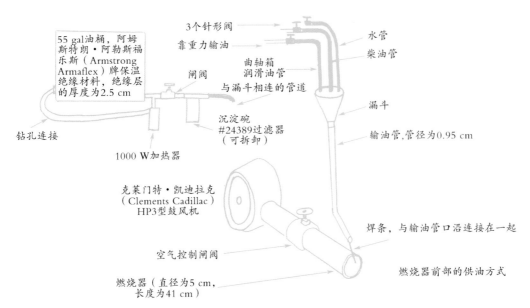

55 gal油桶，阿姆斯特朗·阿勒斯福乐斯（Armstrong Armaflex）牌保温绝缘材料，绝缘层的厚度为2.5 cm

3个针形阀
靠重力输油
曲轴箱润滑油管
与漏斗相连的管道
闸阀
钻孔连接
1000 W加热器
沉淀碗
#24389过滤器（可拆卸）
水管
柴油管
漏斗
输油管,管径为0.95 cm
克莱门特·凯迪拉克（Clements Cadillac）HP3型鼓风机
焊条，与输油管口沿连接在一起
空气控制闸阀
燃烧器前部的供油方式
燃烧器（直径为5 cm，长度为41 cm）

< 图 8-23　丹尼斯·帕克斯的塔斯卡洛拉排油/柴油燃烧器系统

后，打开针型阀将水添加到曲轴箱润滑油以及柴油的混合溶液中。闸阀以及鼓风机控制着空气补给量，针型阀控制着燃油的流量。在寒冷的季节烧窑时，需使用1000 W加热器加热。丹尼斯用"培根油中的水分"形象地解释了为什么要往曲轴箱润滑油以及柴油的混合溶液中添加水。他对我说："炉膛内油滴四溅并分解成更小的体积，这会令燃料挥发、燃烧加速。"上述两种燃油的融合溶液掺水之后不易形成炭渣，燃料挥发的更快更干净。当窑温达到低温程度后，丹尼斯开始往曲轴箱润滑油以及柴油的混合溶液中加水，逐渐提升加水量直至水在混合溶液中所占的比例达到20%为止。

图8-24中的燃油槽宽23 cm，内部设有弯曲的导流板，导流板可以将燃油的燃烧面积以及热量反射至更大范围并使其转向。火焰以及热量向上游走后对建造窑炉的耐火材料损伤相对较小。将丹尼斯·帕克斯的曲轴箱润滑油/柴油燃烧器与丹佛（Denver）燃烧器（参见下文）做一比较，两者之间的区别是前者的供油位置位于燃烧器外部。

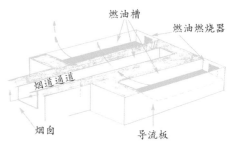

燃油槽
燃油燃烧器
烟道通道
烟囱
导流板

< 图 8-24　丹尼斯·帕克斯窑的炉膛内设有可以令火焰转向并反射的导流板

8.5.3　加压燃油燃烧器

加压燃油燃烧器有两种类型：仅空气加压；空气和燃油均加压。丹佛低压燃油燃烧器仅空气加压，是陶艺窑炉最常使用的燃烧器类型。这种燃烧器特别适合预热空气，日本的丹波窑（参见第4章相关内容）以及伯纳德·利奇的多窑室窑用的都是丹佛低压燃油燃烧器。燃油靠重力先滴落在燃烧器内的针形阀上，之后流至图8-25中的A点位置。空气从底部的蝶形阀进入燃烧器内，与油混合后在燃烧器口处形成油滴。窑温较低时，燃烧器的烧成功效并不显著，待窑温达到低温程度之后，燃烧器的烧成功效就显现出来了。仅需要使用一根直径为5 cm的T型管（三通管）、一根管

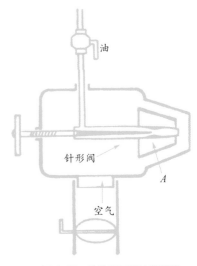

油
针形阀
A
空气

< 图 8-25　丹佛低压燃油燃烧器

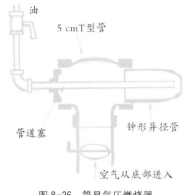

图 8-26　简易气压燃烧器

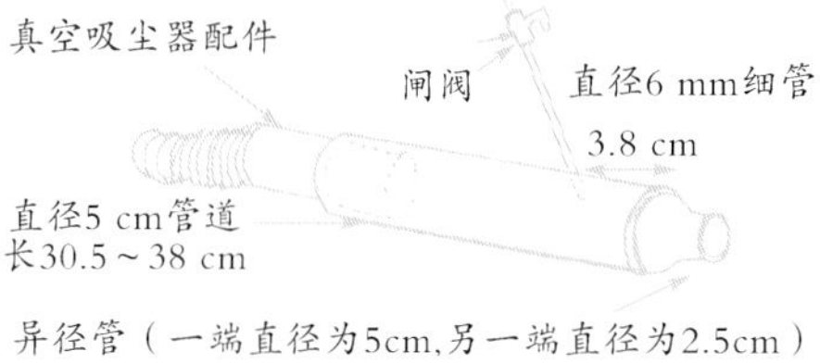

真空吸尘器配件
闸阀　直径6 mm细管
　　　　3.8 cm
直径5 cm管道
长30.5～38 cm

异径管（一端直径为5cm,另一端直径为2.5cm）

图 8-27　保罗·索尔德纳
的低压燃烧器

道塞（一端直径为 5 cm，另外一端直径为 6 mm）、一根异径管或者钟形异径管（一端直径为 5 cm，另外一端直径为 2.5 cm）就可以自制简易的加压燃油燃烧器（图 8-26）。

保罗·索尔德纳（Paul Soldner）使用的是乐烧煤油燃烧器，该燃烧器的构造极其简易：管子一头连接着一个异径管，另一头连接着一个真空吸尘器配件。在靠近异径管的那一端大约几厘米的位置上插着一根直径 6 mm 的细管，细管与主管道之间呈一定角度（图 8-27）。细管与闸阀连在一起，靠重力滴落的煤油就是沿着这条细管流进燃烧器的。煤油在加压气体的推动下旋流通过异径管并被雾化。待窑温达到一定程度之后，可以将气压调节得更强一些。

燃油喷嘴孔的尺寸是在已知点燃一座窑炉所需要的燃烧能后由表 8-1、表 8-2 中的准则所确定的，点燃一座绝缘耐火砖建造的窑炉所需的燃烧能为 10000 BTU/ft^3（1 ft^3 = 0.028 m^3），点燃一座硬质耐火砖建造的窑炉所需的燃烧能为 16000 BTU/ft^3。通过喷嘴的出油量（gal/h）可以推算出所需要配备的空气量（ft^3/h）。当使用的喷嘴出油量为 5 gal/h 时，5 gal/h×132000 BTU/gal = 660000 BTU/h，得出需配备的空气量为 6600 ft^3/h。当使用的燃烧器数量增加时，需借助鼓风机为其输送所需的空气。须在鼓风机上安装一个汇流阀，以便为每一个燃烧器输送空气。适用于图 8-25 以及图 8-27 燃油燃烧器的鼓风机功率为 0.25 kW、0.37 kW 或 0.55 kW，电动机的转速为 2850～3600 r/min。所安装的叶轮尺寸与出油量/空气量以及压力相适宜。压力值介于 4～48 oz/in^2 之间，但最佳数值应当为 4～10 oz/in^2，空气过量或者气压过强时极易导致熄火。燃油的燃点为 649℃，空气过量时会产生降温作用，很难将油点燃，火焰的温度处于燃油燃点温度以下时燃油是无法燃烧的。因此，此阶段必须格外注意一次风的供给量以及二次风的影响。出现上述情况时可以闻到奇怪的气味。

表 8-1　喷嘴尺寸、高度与炉膛尺寸的关系

喷嘴尺寸 （gal/h）	宽度 W （cm）	长度 L （cm）	高度 h （cm）	喷嘴高度 hh （cm）
1.0	30.5	30.5	41	15
2.0	41	41	46	19
3.0	46	51	46	19
4.0	51	61	53.5	23
5.0	51	63.5	53.5	23
6.0	61	76	61	25
7.0	61	86	63.5	30.5
8.0	61	91.5	69	33

注：喷嘴尺寸及喷油角度需与炉膛的尺寸相适宜，这是为窑炉配置燃油燃烧器时必须遵守的准则。

在所有燃油燃烧器中，烧成效率最好的是加压燃油/气射型燃油燃烧器。借助高压将♯2柴油或者其他类型的燃油以及空气注入一个混合舱中，舱内的燃油在压力的作用下呈极其微小的液滴状或者薄雾状。燃油与空气充分结合（空气和微小的油雾颗粒完美地结合在一起）后极易燃烧。图8-28描绘了典型的加压燃油/气射型燃油燃烧器结构式样。鸟笼式鼓风机以及油泵均由1.34 kW、115 V、1725 r/min的电动机带动。油泵由泵、压力调节阀以及过滤器三个部件组合而成。油泵的排气压力为100 psi[1]，但其流量是可以调节的，调节范围介于552～896 kPa之间。例如：将油泵的排气压力下调至552 kPa后，燃油喷嘴的出油量会从3 gal/h降至2 gal/h；将油泵的排气压力上调至896 kPa后，燃油喷嘴的出油量会从3 gal/h升至3.43 gal/h。在烧窑的过程中，喷嘴温度提升会将油泵的排气压力降低约6%。

气雾状燃油是通过点火变压器引燃的，点火变压器的火花电极之间会冒出火花。火花电极的间距应当介于3～4 mm之间（图8-29）。火花电极位于喷嘴口上方1.3 cm处，但并不是正上方，其位置位于喷嘴口前端6 mm处。这样设置位置是出于安全考虑，广泛应用于家用加热炉以及窑炉。

喷嘴顶端与喷嘴旋座之间的距离为2～2.8 cm（图8-30）。该数值的设定取决于喷嘴的出气量（gal/h），但当喷嘴的出气量值介于0.75～1 gal/h时，必须将距离设置为2 cm，因为这一数值有助于提升喷嘴的出气量。无论出气量多少，其最理想的设置距离以点燃后的火焰呈圆锥状为最佳。距离过近时，燃油喷雾极易受到旋流形气压的影响，点燃后的火焰呈蘑菇状。不要让油雾沾染到喷嘴旋座，否则极易形成炭渣。火苗的长度与喷嘴的出气量成正比，出气量较低时火苗的长度为1.3 cm，出气量较高时火苗的长度为2.5 cm。通过调节气压可以维持喷嘴的洁净。

表8-2　喷嘴尺寸、燃油流速以及燃烧功率

喷嘴尺寸	出油量（在0.69 MPa下）（gal/h）	燃烧功率（净值）（BTU）
0.40	0.40	52800
0.50	0.50	66000
0.60	0.60	79200
0.75	0.75	99000
0.85	0.85	112200
1.00	1.00	132000
1.25	1.25	165000
1.50	1.50	198000
1.75	1.75	231000
2.00	2.00	264000
2.25	2.25	297000
2.50	2.50	330000
3.00	3.00	396000
3.50	3.50	462000
4.00	4.00	528000
4.50	4.50	594000
5.00	5.00	660000
5.50	5.50	726000
6.00	6.00	792000
6.50	6.50	798000
7.00	7.00	924000

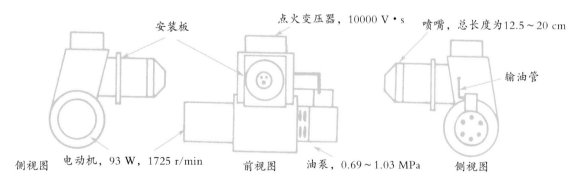

安装板　　点火变压器，10000 V·s　　喷嘴，总长度为12.5～20 cm

输油管

侧视图　　电动机，93 W，1725 r/min　　前视图　　油泵，0.69～1.03 MPa　　侧视图

< 图8-28　典型的加压燃油/气射型燃油燃烧器

1　美国习惯使用psi作压强的单位，意为lbf/in²（磅力每平方英寸），1 psi＝6.895 kPa。

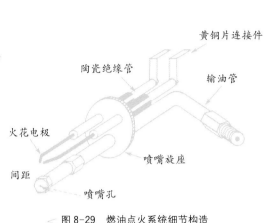

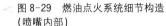

图 8-29 燃油点火系统细节构造
（喷嘴内部）

图 8-30 喷嘴以及电极的安装位置

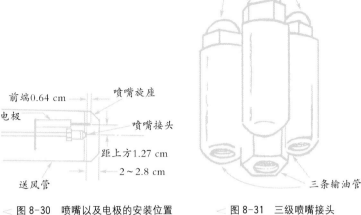

图 8-31 三级喷嘴接头

加压燃油/气射型燃油燃烧器的缺点是只有一个喷嘴，且其出气量（gal/h）为常数，因此当其被引燃后会一直全速运行下去。很难使用这种燃油燃烧器进行低温烧成，原因是无法控制其燃烧能（BTU/kW·h）。关闭燃烧器以试图提升单个喷嘴的出气量值更是难上加难。可以通过使用三级喷嘴接头的方式解决上述问题（图 8-31，表 8-3）。三级喷嘴接头上的每一个喷嘴都有不同的出气量，各自的出气量由其各自的开/关式闸阀所控制，三个闸阀均安装在油泵的主管道上。既可以只使用一个喷嘴烧窑，也可以使用其中两个烧窑，再或者同时使用三个喷嘴烧窑。出气量的调节范围共分为 7 级。使用两套带有三级喷嘴接头的加压燃油/气射型燃油燃烧器烧窑，通过调节喷嘴的出气量，可以令燃油的燃烧能达到 271 kW·h。

表 8-3 三级喷嘴接头的喷嘴尺寸

喷嘴	喷嘴尺寸（gal/h）	燃烧功率等级（BTU）	烧成序列
#1	0.5	66000	仅使用#1喷嘴烧窑，0～538℃
#2	1.0	132000	使用#1和#2喷嘴烧窑，538～1016℃
#3	2.0	264000	同时使用#1、#2以及#3喷嘴烧窑，1016℃以上
总计	3.5	462000	

注：各喷嘴的组合烧成形式包括#1；#2；#1+#2；#3；#1+#3；#2+#3+#1。组合烧成更有利于控制燃烧功率（BTU）数值。

燃油燃烧器的出气量取决于喷嘴的尺寸。喷嘴的尺寸不同其出气量各异，一般在 0.4～30 gal/h，最高可达 100 gal/h。喷嘴设计得极为精密，必须满足以下两项功能：①它决定着喷嘴的出气量（gal/h）；②它决定着油雾的喷射形状以及角度（参见图 8-32 及表 8-4）。油雾的喷射形状分为两种：带有 H 字符标识的喷嘴可以喷射出空心圆柱状油雾；带有 S 字符标识的喷嘴可以喷射出实心圆柱状油雾。喷射角度决定着圆柱状油雾的尺寸。

另外，当炉膛建造在窑室内部且其形状较窄时，其所使用的喷嘴喷油角度宜小些（图 8-33）。其原因或许是炉膛结构虽不利于供油但利于供气。当炉

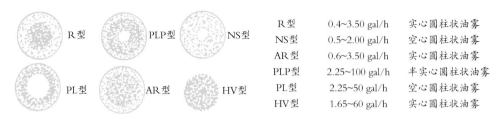

R型	0.4~3.50 gal/h	实心圆柱状油雾
NS型	0.5~2.00 gal/h	空心圆柱状油雾
AR型	0.6~3.50 gal/h	实心圆柱状油雾
PLP型	2.25~100 gal/h	半实心圆柱状油雾
PL型	2.25~50 gal/h	空心圆柱状油雾
HV型	1.65~60 gal/h	实心圆柱状油雾

< 图 8-32　燃油喷嘴的喷油特征

表 8-4　常规喷嘴的喷油角度及出油量（gal/h）

喷嘴型号	喷油角度及出油量						喷嘴形状
	30°	45°	60°	70°	80°	90°	
R*	0.5~1.5	0.4~3.50	0.4~3.50	0.5~3.50	0.5~3.50	0.6~3.50	实　心
NS*	0.5~1.5	0.5~2.0	0.5~2.0	0.5~2.0	0.5~2.0	0.5~2.0	空　心
AR*		0.6~3.50	0.6~3.50	0.6~3.5	0.6~3.50	0.6~3.50	实　心
PLP*		2.25~9.50	2.25~30.0	2.25~60.0	2.25~100	2.25~50.0	半实心
PL*		2.25~9.50	2.25~30.0	2.25~50.0	2.25~50.0	2.25~9.50	空　心
HV*	1.65~24.0	10.50~60.0					细窄实心

注：＊ 喷嘴型号含义参见图 8-32。

膛建造在窑室外部时，其所使用的喷嘴喷油角度宜大些（图 8-34，图 8-35）。

　　安装加压燃油/气射型燃油燃烧器的炉膛，必须将其燃烧空间设计的足够大才能满足燃油燃烧的需求（参见第 3 章相关内容）。一般准则为每 0.46 m³ 窑底需配备 0.09 m³ 的燃烧空间。使用加压燃油/气射型燃油燃烧器烧窑时，可以根据燃油与空气的结合程度适度调整燃烧空间的面积。图 8-36 展示了燃烧器出油量与炉膛尺寸之间的常规关系。

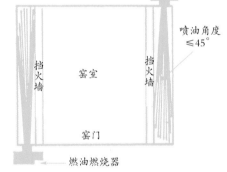

< 图 8-33　当炉膛建造在窑室内部且其形状较窄时，其所使用的喷嘴喷油角度最小

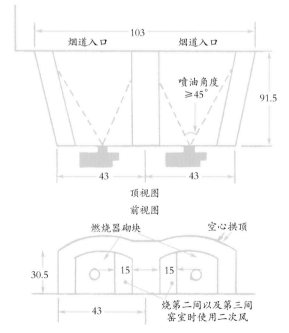

< 图 8-34　加压燃油炉膛，伯纳德·利奇的多窑室窑（单位：cm）

< 图 8-35　伯纳德·利奇的多窑室窑炉膛位于窑室外部

使用加压燃油燃烧器烧窑时，由于火焰会同时接触压力以及耐火材料的熔渣，所以最好将炉膛建造在窑室外部。速烧窑的炉膛建造在窑室下方，伯纳德·利奇多窑室窑的炉膛以及煤窑的转换式炉膛（仅设置炉箅不设置灰坑）都是很好的设计形式（参见第 5 章相关内容）。

设定油窑的出油量时需遵守燃气需求量计算方法准则 1（参见后文相关内容）。简单来讲，对于由绝缘耐火砖建造的窑炉而言，其每小时燃气需求量＝窑炉内部总体积×10000 BTU（2.93 kW·h）；对于由硬质耐火砖建造的窑炉而言，其每小时燃气需求量＝窑炉内部总体积×16000 BTU（4.69 kW·h）。由于窑炉内部设有两个对向的燃油燃烧器，因此将所得数值除以 2 后就可得出单个燃烧器的燃烧能（BTU/kW·h）。在此基础上可进一步推算出所需配置的喷嘴尺寸：

$$1.42 \text{ m}^3 \text{（窑炉体积）} \times \frac{10000 \text{ BTU（绝缘耐火砖）}}{\text{或者 } 16000 \text{ BTU（硬质耐火砖）}}$$

＝燃烧器的 BTU/kW·h 值

＝BTU 值÷每小时输入量÷所使用的燃油燃烧器数量

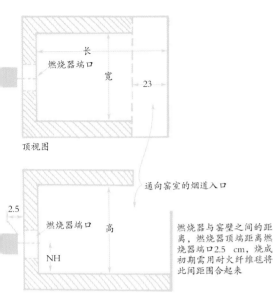

燃烧器端口

长

宽

23

顶视图

2.5

通向窑室的烟道入口

燃烧器端口

高

NH

燃烧器与窑壁之间的距离，燃烧器顶端距离燃烧器端口2.5 cm，烧成初期需用耐火纤维毯将此间距围合起来

◁ 图 8-36　喷嘴出油量（GPH 值）与炉膛尺寸之间的关系（单位：cm）

8.6　气窑烧成系统

8.6.1　天然气、丙烷以及丁烷燃烧器

天然气是目前最普及的烧窑燃气。没有天然气的地区可以使用罐装液化石油气烧窑。丙烷、丁烷、石油气体经过冷却压缩后呈液态，很容易运输及储存。丙烷和丁烷属于碳氢化合物（由气态的碳和氢构成）。天然气由数种碳氢化合物混合而成（甲烷以及氮占 80%～90%，其余部分为乙烷以及其他碳氢化合物）。陶艺窑炉最常使用的两种燃气类型为煤气以及人造煤气。将生煤置于真空环境中加热可以生成煤气。将煤置于空气以及蒸气的混合环境中可以生成人造煤气，人造煤气的主要成分为一氧化碳和氢气。天然气、丙烷或者丁烷优于煤气以及人造煤气。表 8-5 展示了各种气体的组成成分及其所占的比例。

烧窑气压取决于所使用的燃烧器类型，低压≤11 inH₂O（英寸水柱，压强单位）或者高压≥11 inH₂O 至 25 psi，1 psi＝27.7 inH₂O＝6.89 kPa＝0.0703 kgf·cm²＝0.07 bar。适用于高压燃气的设备（例如高压阀、截止阀、调节器、测量仪器等）比适用于低压燃气的设备价格和保养费用均高很多。无论使用高压小口径喷嘴烧窑，还是使用低压大口径喷嘴烧窑，只要满足燃气燃烧所需要配备的空气量（ft³/h）以及保证喷嘴的出气量（gal/h），都能将窑温提升到同一数值。高压燃气的设备与低压燃烧器搭配使用时效果很差，反之亦然。

表8-5　燃气的组成成分

燃气类型	C_3H_8	C_4H_{10}	H_2	CH_4	C_2H_6	C_2H_4	CO	CO_2	N_2	O_2	其他碳氢化合物
丙　烷	100%	—	—	—	—	—	—	—	—	—	—
丁　烷	—	100%	—	—	—	—	—	—	—	—	—
天然气	—	—	—	90.7%	3.8%	—	—	—	1.0%	—	4.5%
煤　气	—	—	52.5%	30.0%	0.8%	2.0%	6.8%	1.7%	3.5%	0.6%	2.1%
人造煤气	—	—	21.1%	4.0%	—	—	19.8%	6.8%	48.3%	—	—

表8-6　燃气特征

燃气类型	相对密度(空气为1)	BTU/ft³	BTU/gal	BTU/lb	火焰在空气环境中的温度		满足燃烧需求的空气、燃气比例
					(℃)	(℉)	
天然气	0.65	900~1150	41400	—	—	—	4.73∶1
丙　烷	1.52	2516	91690 (15.6℃)	21591	1979	3595	30.00∶1
丁　烷	2.00	3280	102032 (15.6℃)	21221	1996	3615	23.40∶1

丙烷与丁烷的区别如下：当温度超过 -42℃时丙烷会沸腾（生成干气）；当温度超过 -1.1℃时丁烷会沸腾（生成干气或者蒸气）。丁烷的燃烧能（BTU/kW·h）等级高于丙烷的燃烧能（BTU/kW·h）等级，丙烷的燃烧能（BTU/kW）等级又高于天然气的燃烧能（BTU/kW·h）等级。表8-6列出了上述三种燃气的对比分析数据。燃烧能（BTU/kW·h）等级分为很多种，等级划分取决于其来源，例如天然气的燃烧能（BTU/kW·h）等级划分主要取决于其原产地。

所有的燃气燃烧器均由三部分构成：混合器、燃烧器、控制器。

（1）混合器按照一定的比例将空气和燃气混合在一起，并借助压力将混合气体输送到燃烧器中。

（2）燃烧器点燃混合气体。

（3）控制器调节着混合气体的输入量，控制器也包括安全配件。

所有燃气燃烧器都是按照其所适用的燃气特征设计出来的。喷嘴限定着燃气的输出量：

$$Q = 1658.5\,KA\sqrt{\frac{\Delta P}{d}}$$

式中：Q——燃气输入量（ft³/h）；

　　　K——喷嘴效率；

　　　A——喷嘴面积（in²）；

　　　P——压强的下降值（inH_2O）；

　　　d——燃气的相对密度。

K 为喷嘴效率，其具体数值取决于喷嘴的形状以及无摩擦状态下的喷气角度。喷嘴效率范围介于 0.4～1.3 之间，常压燃烧器的最佳喷嘴效率范围介于 0.8～0.85 之间。

喷嘴所受的气压不同（介于 P_1 ～ P_3 之间），其压强的下降值（inH_2O）亦不同（图 8-37）：P_3 永远低于 P_1；P_2 低于 P_1 或 P_3。此外，另一个重要因素是从不同尺寸喷嘴中输出的气体量是压强下降值（inH_2O）的平方根。例如：当气压上升且压强下降值介于 1～16 inH_2O 时，其容积会下降至原始数值的 1/4。同时，将燃气喷嘴的口径增加 3 倍后，喷嘴的燃气输出量会随之增加 3 倍。由此可见，想要快速提升窑温时，使用大口径燃气喷嘴烧窑远比改变气压方便得多（参见图 8-38 气体流量图以及表 8-7 标准喷嘴输气量）。

燃烧器端口
P2
P1
P3

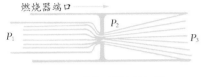

图 8-37　燃气喷嘴内的压强下降形式

火焰流速
火焰前缘
B3
#1
混合气体流速
燃气/空气混合气体
B2
B3
BT
混合室
P3
P1
P2
B1
B2

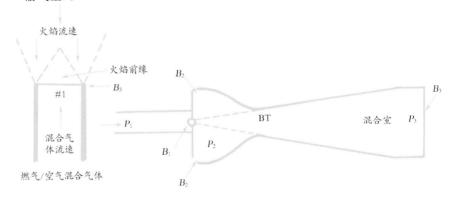

图 8-38　常规燃气燃烧器的设计结构

将上述关系牢记于心后就不难理解燃气燃烧器的设计形式及其功能了。如图 8-38 所示，当所选用的喷嘴套管与燃气的喷射形状相适宜时，其内表面越干净越不易产生涡流。燃气首先通过喷嘴上的 B_1 位置，之后与从空气阀（B_2 位置）中流入的空气混合在一起，最后进入混合器内部。从 P_1 位置释放出来的能量到达 P_2 位置后，几乎都被流入的空气所产生的负压抵消掉，因此 P_3 位置的气压较低。对于燃气和空气的混合气体而言，最好将 P_2 位置设计成负压形式。图 8-38 所示为常规燃气燃烧器的设计结构。

无论使用何种燃烧器烧窑，其最佳尺寸均需满足从 B_1 位置到 B_3 位置始终保持足够高的压强，且 P_2 位置为负压状态才行。从喷嘴中射出的燃气到达 BT 位置后继续沿着文丘里管的切线向前延伸（图 8-39）。BT 位置是文丘里管内最窄的部位，也是燃气燃烧器的限定因素之一。除了这一条之外，其他限定因素还包括以下这几条：

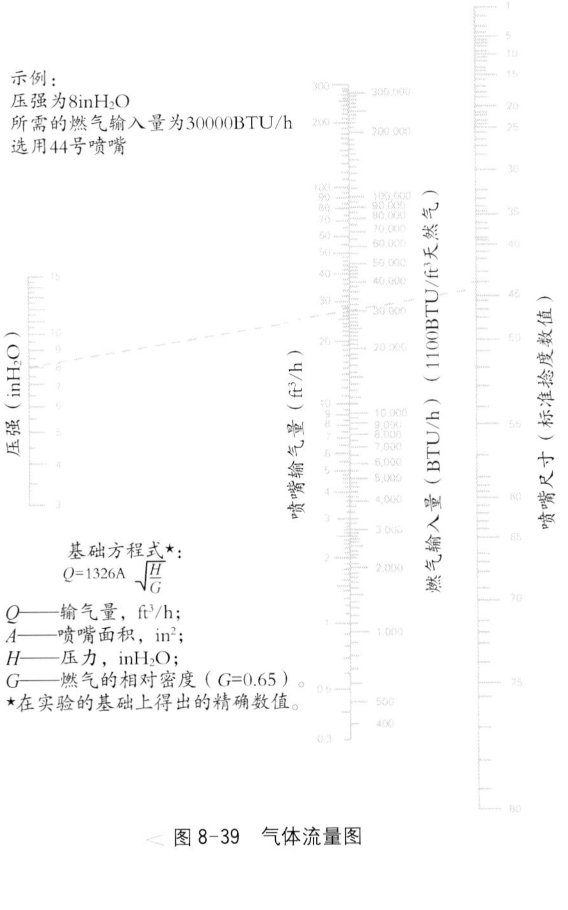

示例：
压强为8inH2O
所需的燃气输入量为30000BTU/h
选用44号喷嘴
压强（inH2O）
喷嘴输气量（ft3/h）
燃气输入量（BTU/h）（1100BTU/ft3天然气）
喷嘴尺寸（标准捻度数值）
基础方程式★：
Q=1326A √(H/G)
Q——输气量，ft3/h；
A——喷嘴面积，in2；
H——压力，inH2O；
G——燃气的相对密度（G=0.65）。
★在实验的基础上得出的精确数值。

图 8-39　气体流量图

表 8-7　标准喷嘴输气量

钢制钻孔尺寸	直径 (in)	喷嘴面积 (in²)	丙烷 2500 1.53 11.0	丁烷 3175 2.00 11.0	丁烷/空气 525 1.16 5.0	丁烷/空气 1000 1.31 7.0
		加热阀（BTU/ft³） 相对密度（空气为1.0) 压强（inH₂O)				
			气体流量 (BTU/h)			
—	0.006	0.000028	249	276	—	—
—	0.007	0.000038	333	374	—	—
—	0.003	0.000050	445	492	—	—
—	0.009	0.000064	570	630	—	—
—	0.010	0.000079	703	773	—	—
—	0.011	0.000095	345	936	—	—
—	0.012	0.000113	1005	1110	—	—
80	0.0135	0.000143	1270	1410	204	433
79	0.0145	0.000163	1470	1625	236	505
78	0.0160	0.000201	1790	1980	287	816
77	0.0120	0.000254	2260	2500	363	778
76	0.0200	0.000314	2790	3090	448	962
75	0.0210	0.000346	3030	3410	494	1060
74	0.0225	0.000393	3540	3920	567	1225
73	0.0240	0.000452	4020	4450	645	1390
72	0.0250	0.000491	4370	4840	700	1510
71	0.0260	0.000531	4730	5240	737	1630
70	0.0280	0.000616	5490	6070	878	1890
69	0.0292	0.000670	5960	6600	955	2060
68	0.0310	0.000755	6720	7440	1078	2320
67	0.0320	0.000804	7150	7920	1147	2470
66	0.0330	0.000855	7600	8420	1219	2620
65	0.0350	0.000962	8580	9480	1370	2950
64	0.0360	0.001018	9050	10080	1450	3120
63	0.0370	0.001075	9570	10600	1535	3290
62	0.0380	0.001134	10100	11140	1620	3470
61	0.0390	0.001195	10600	11800	1705	3660
60	0.0400	0.001257	11170	12300	1759	3850
59	0.0410	0.001320	11750	13000	1885	4040
58	0.0420	0.001385	12300	13600	1980	4240
57	0.0430	0.001452	12930	14300	2075	4450
56	0.0465	0.001698	15100	16700	2425	5200
55	0.0520	0.002120	18850	20900	3030	6490
54	0.0550	0.002380	21200	23400	3400	7280
53	0.0595	0.002780	24700	27400	3970	8520
52	0.0635	0.003170	28200	31200	4530	9700
51	0.0670	0.003530	31400	35000	5060	10800
50	0.0700	0.003850	34200	38000	5490	11800
49	0.0730	0.004190	37200	40300	5980	12850
48	0.0760	0.004540	40400	44700	6480	13950

续表

			丙烷	丁烷	丁烷/空气	丁烷/空气
加热阀（BTU/ft³）			2500	3175	525	1000
相对密度（空气为 1.0）			1.53	2.00	1.16	1.31
压强（inH₂O）			11.0	11.0	5.0	7.0
钢制钻孔尺寸	直径（in）	喷嘴面积（in²）	气体流量（BTU/h）			
47	0.0785	0.004840	43000	47600	6910	14900
46	0.0810	0.005150	45800	50700	7350	15800
45	0.0820	0.005280	47000	52000	7550	16200
44	0.0860	0.005800	51600	57200	8280	17800
43	0.0890	0.006220	55300	61300	8870	19100
42	0.0935	0.006870	61600	67700	9800	21100
41	0.0960	0.007240	64400	71300	10300	22200
40	0.0980	0.007540	67000	74200	10750	23100
39	0.0995	0.007780	69200	76600	11120	23900
38	0.1015	0.008090	72000	79600	11520	24800
37	0.1040	0.008490	75500	83600	12100	26000
36	0.1065	0.008910	79300	87800	12700	27300
35	0.1100	0.009500	84500	93600	13550	29100
34	0.1110	0.009630	86200	95300	13820	29700
33	0.1130	0.010030	93200	99500	14350	30800
32	0.1160	0.010570	94000	104000	14630	32400
31	0.1200	0.011310	100600	111500	16100	34600
30	0.1285	0.012960	115300	127600	18500	39800
29	0.1360	0.014530	129500	145200	20550	44600
28	0.1405	0.015490	137500	152500	22100	47500
27	0.1440	0.016290	145000	160500	23400	49900
26	0.1470	0.016970	151000	167000	24200	52000
25	0.1495	0.017550	156000	173000	25050	53800
24	0.1520	0.018150	161500	179200	25900	55700
23	0.1540	0.018630	166000	183500	26600	57200
22	0.1570	0.019360	172000	190700	27650	59300
21	0.1590	0.019860	176500	195700	28350	60900
20	0.1610	0.020360	181100	200000	29000	62400
19	0.1660	0.021640	193000	215000	30900	66500
18	0.1695	0.02256	200500	222000	32200	69100
17	0.1730	0.02351	209000	231500	33600	72200
16	0.1770	0.02461	219000	242500	35100	75600
15	0.1800	0.02545	236500	250530	36300	78100
14	0.1820	0.02602	242000	256500	37200	80000
13	0.1850	0.02888	249500	264500	38400	82500
12	0.1890	0.02806	250000	275000	40100	86200
11	0.1910	0.02885	255000	282000	40900	88000
10	0.1935	0.02940	261500	289500	42000	90200

数据来源：《丁烷-丙烷燃气使用手册》，法斯（Fas）设备有限公司授权再版，长岛，加利福尼亚。由于不同地域的温度以及气压均会对喷嘴的输气量造成影响，所以表中所列的钢制喷嘴钻孔尺寸是可以按照现实环境酌情改动的。当窑炉所在地点的海拔超过 1067 m 时，喷嘴规格的选择有所不同：当海拔介于 1067～1524 m 时，需使用 1 个大口径喷嘴（直径约为 0.005 cm）。当海拔介于 1524～1981 m 时，需使用 2 个大口径喷嘴（直径约为 0.01 cm）。当海拔超过 1981 m 时，需使用 3 个大口径喷嘴。

（1）喷嘴上的 B_1 位置过大，P_3 位置的气压增强，P_2 位置的负压降低；更多燃气通过 B_1 位置，P_2 位置的负压环境导致空气摄入量不足，进而导致空气／燃气的比例无法满足充分燃烧的需求。

（2）B_3 位置尺寸过大，P_3 位置的气压增强，虽然 P_2 位置也会形成负压，但是其压强值却不够高，此时只能等待其压强值上升到足够高之后，燃气才能穿越 B_2 位置(空气阀)。

（3）B_3 位置尺寸过大，P_3 位置的气压降低，P_2 位置的负压增强，此时只有从空气阀(B_2 位置)中流入的空气将燃气的浓度稀释到一定程度之后，才能满足充分燃烧的需求。

（4）P_1 位置的气压降低，P_2 以及 P_3 位置的气压亦会随之降低，P_2 位置的负压消失，文丘里管的功能失效(图 8-38)。当燃气／空气的混合气体到达 B_3 位置后，其喷射面积逐渐扩大，其流速逐渐降低。此时将混合气体点燃后，周圈气流会匀速燃烧，其烧成状态为♯1 位置先燃烧，之后再蔓延至♯2 位置，且烧成极不稳定（图 8-38）。火焰的燃烧形状为圆柱形。只有当混合气体的流速以及火焰燃烧率或火焰流速达到平衡时，火焰才能不偏不倚的出现在 B_3 位置上：当混合气体的流速超过火焰的燃烧率时，火焰的生成位置位于 B_3 位置前端；当火焰的燃烧率超过混合气体的流速时，火焰的生成位置位于 B_3 位置后端（燃烧器管道内部），我们将其称为回火，这种情况常常出现在预热窑炉阶段，由于气压过低喷嘴周围极易形成碳黑色痕迹且极易突然熄火。火焰虽然熄灭了但燃气仍在源源不断地流入窑炉内部，此时点火是非常危险的。因此在调试气压的时候必须格外注意才能避免出现回火现象。

B_3 位置的气压较低，该位置混合气体中一次风所占的比例为 20%～60%。设计较好且烧成功效最佳的燃烧器，其一次风所占的比例较高。比例处于最佳范围非常重要。市面上出售的燃烧器在容量、喷气量、气压以及一次风所占的比例等方面均有设定，你可以为你的窑炉选择最适合的燃烧器。燃烧器的燃烧能（BTU/kW · h）输入量足够高，且其压强下降值最低为 15 inH$_2$O 时为最佳设计。为了让燃烧能（BTU/kW · h）输入量满足烧窑所需要的数值就必须在窑炉内安装多个燃烧器，燃烧器数量越多越需注意其控制以及功效。

蒸气（干气）燃气燃烧器的烧成功效最佳，设计结构最合理，价格最低。市面上出售的燃烧器类型有很多种，陶艺窑炉最常使用的是：简易常压空气/燃气混合燃烧器、常压空气/燃气内置式燃烧器、预热空气燃烧器、自制管式燃烧器。

8.6.2　简易常压空气/燃气混合燃烧器

位于加利福尼亚州埃尔西诺湖的燃气用具公司（Gas Appliance）生产一

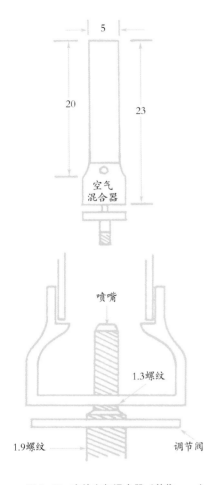

图 8-40 高效空气混合器（单位：cm）

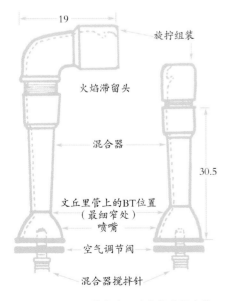

图 8-41 带有内置式火焰滞留喷嘴
的单铸燃烧器（单位：cm）

种简易的铸铁空气/燃气混合燃烧器，这种燃烧器适用于绝大多数窑炉（图 8-40）。火焰管道的直径为 5 cm，长度为 20 cm。从喷嘴到火焰管道末端的总长度为 23 cm。大多数简易空气/燃气混合燃烧器的长度均介于 23～30.5 cm 之间。铸铁混合器与一次风调节阀之间通常留有 1.3 cm 的间距。用天然气烧窑时建议选用 32 号喷嘴，该喷嘴在 8 inH$_2$O 压强下每小时可产生的燃烧能为 54000 BTU。用丙烷烧窑时建议选用 45 号喷嘴，该喷嘴在 11 inH$_2$O 压强下每小时可产生的燃烧能为 50000 BTU。用丁烷烧窑时建议选用 46 号喷嘴，该喷嘴在 11 inH$_2$O 压强下每小时可产生的燃烧能为 57200 BTU。

在高海拔地区使用这种燃烧器烧窑时，火焰不会出现在火焰管道头部处，而是出现在火焰管道内部。遇到这种问题时首先需要检查一下所使用的喷嘴尺寸是否与海拔相适宜。如果尺寸没问题，可以通过将火焰管道截短的方式纠正之，每次截短 2.5 cm，直至火焰出现在火焰管道头部为止。一般来讲截短 5 cm 左右就可以了。

奥尔森 24 号窑炉用的燃料为丙烷，使用 ♯32 喷嘴烧窑时将气罐压力降至 1 lb（0.45 kg）以下，同时使用最高压强（4 inH$_2$O），所生成的火苗长且柔和，窑温适宜且分布的非常均匀。需要注意的是，当气罐上没有调节器，无法将气罐压力降至 1 lb（0.45 kg）以下时不建议采用上述方式烧窑，因为气罐压力过高会导致过量燃气进入窑炉内部，进而增加烧成费用。一般准则为，使用较高气压烧窑时，喷嘴孔的面积需小一些。最好在气罐上安装一个高压调节器，在窑炉上安装一个低压调节器。经过调节的燃气需满足烧窑需求。

8.6.3 常压空气/燃气内置式燃烧器

图 8-41 为燃气用具公司生产的带有内置式火焰滞留喷嘴的单铸燃烧器，该燃烧器小巧简易，可产生的燃烧能为 75000 BTU。MR-750 型燃烧器在 3.5～9.5 inH$_2$O 气压下可产生的燃烧能为 17490～78440 BTU。火焰滞留头并非自导向形式，它会将外围火焰转向至锥形主火焰区域内，从而集中火焰。其效果与自导向式喷嘴极其相似，借助气压将火焰维持在燃烧器头部。与其他燃烧器相比，MR-750 型燃烧器与其所产生的燃烧能（BTU）数值范围最符合。这种燃烧器的烧成功效极佳、噪声极低、火头至火尾过渡自然。

此外，燃气用具公司还生产一种结构比较复杂的燃烧器，该燃烧器由一个简易铸铁混合器和一个文丘里常压套管组合而成。燃气在压力的推动下流过喷嘴，与此同时空气从空气阀流过喷嘴，两者在此处混合在一起。文丘里管上的束腰部位形成微真空，更多空气顺着空气阀进入管腔中。燃气/空气的混合气体在火焰套筒顶端燃烧（图 8-42）。采用 8 inH$_2$O 及其以上气压烧窑时，火头至火尾过渡极其自然。采用更高数值的气压烧窑时，应将火焰滞留头旋拧在火焰套筒上。火焰滞留头可以将火焰固定在火焰套筒顶端，而非窑炉内部，喷嘴周围会形成一圈引燃火焰，引燃火焰率先燃烧并逐步点燃主火焰。这种火焰滞留喷嘴亦称作"自导向"喷嘴。从喷嘴中冒出来的火焰为主火焰和引燃火焰的混合体。引燃火焰的出火孔位于喷嘴内部较低位置，其外侧的喷嘴管壁像盾牌一样保护着引燃火焰，这种设计结构可以防止引燃火焰受到交叉气流或低压的影响，进而达到维持主火焰持续燃烧的目的。即使将输气速度增加一些，从燃烧器中冒出来的火苗也不会变长、变猛烈。

燃气用具公司生产的 MR-750 型燃烧器以及 MR-100 型燃烧器均采用经济实用的火焰滞留型文丘里管结构，烧成功效都很不错。用 8 inH₂O 压强烧窑时，前者的燃烧能为 75000 BTU，后者的燃烧能为 100000 BTU。这两种燃烧器火头至火尾过渡自然，是奥尔森窑炉元件公司的首选燃烧器类型（图8-43）。

丹麦某个丙烷窑炉使用的是火焰除草机燃烧器，其设计虽简单但烧成效果却非常好（图8-44）。火焰混合器/增强器距离喷嘴 1.6 cm，在将气压调高的过程中始终都能令火焰聚集到一个适宜的焦点上。

位于美国伊利诺伊州罗克波特市的日食燃料工程公司（Eclipse Fuel Engineering Company）生产一种内置式燃气燃烧器，该燃烧器的燃烧能为 530～1200 BTU/ft³。这种喷嘴的混合器内设有一个针尖调节杆，该装置调节着燃气的输出量，能令燃烧器达到最佳状态。由于喷嘴的直径需与所使用的燃气类型相适宜，所以需要多次烧窑反复调整之后才能最终确定其调节位置（图8-45）。使用直径为 5 cm 的标准内置式燃烧器结合天然气烧窑，最高压强值为 7 inH₂O，燃气输入量为 83 ft³/h，燃烧能为 91300 BTU/h；当燃烧器的直径扩展到 7.5 cm 后，燃气输入量为 5.24 m³，燃烧能为 203500 BTU/h。上述燃烧器适用于倒焰窑以及交叉焰窑。对于顺焰窑而言最好选用燃烧能（BTU）数值较小的燃烧器，因为为了让窑温均匀分布，顺焰窑中通常会安装多个燃烧器。对于倒焰窑以及交叉焰窑而言最好选用燃烧能（BTU）数值较大的燃烧器，因为这类窑炉中安装的燃烧器数量相对较少。

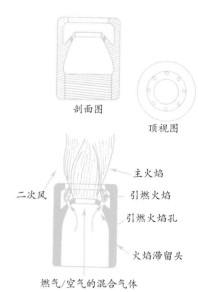

图 8-42 带有文丘里空气套管的简易铸铁混合器

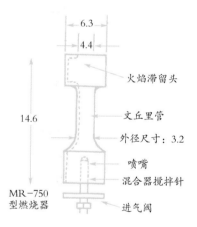

图 8-43 标准内置式燃烧器（单位：cm）

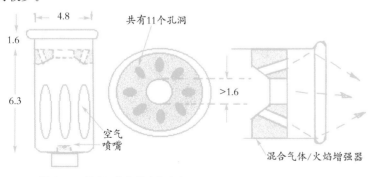

图 8-44 丹麦丙烷窑炉火焰除草机燃烧器（单位：cm）

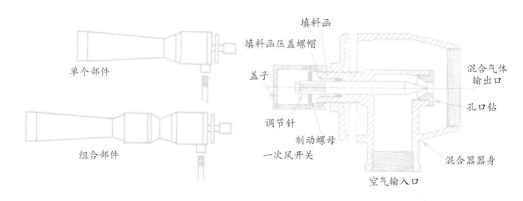

图 8-45　标准组合型内置式燃气燃烧器（左图）；空气混合器细部构造（右图）

8.6.4　管式燃烧器

波利多罗（polidoro）多气体管式燃烧器污染物排放量少、噪声低、烧成功效好，由不锈钢制作而成，规格各异，燃烧能（BTU）范围极为宽泛。这种燃烧器无须调节其一次风输入量，无论使用何种强度的气压烧窑，其火焰都很稳定且无声。这种燃烧器有两种类型：第一种是全预混火焰管式燃烧器，第二种是适用于小型气窑的部分预混火焰管式燃烧器。从化学角度，部分预混火焰管式燃烧器的工作原理：火焰燃烧既需要通过燃烧器的一次风，也需要圆柱形出火口上的二次风。其构造分为内外两层：内层是一个简易常压文丘里燃烧器，外层是一个顶部带有孔洞的不锈钢管。内层的简易常压文丘里燃烧器顶端焊接着一个曲线偏转罩。该部件可以将加压气体与空气的混合气体及其气压均分至管道内部的左右两侧。点燃后，管道顶端的火焰会吸收二次风来完成完全燃烧。这类燃烧器烧成效率极好，污染物排放量符合全球所有国家的标准（图 8-46）。

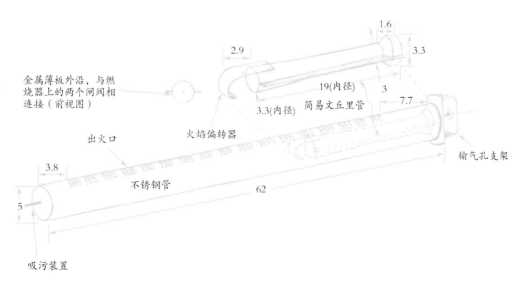

图 8-46　管式燃烧器（单位：cm）

8.6.5　罗德·波特燃烧器

坐落在德国普鲁廷市的罗德窑炉设备公司（Rohde Kilns and Equipment）生产一种高压燃烧器，这种燃烧器适用于该公司生产的高温（烧成温度最高可达 1400℃）窑炉以及个人组装的气窑。使用 0～1.5 bar（1 bar＝0.1 MPa）气压结合丙烷烧窑时，该燃烧器生成的燃烧能数值为 20 kW·h 或者 68242 BTU。箱型管道一侧喷嘴顶端安装着一个空气调节器，箱型管道上方安装着一个陶瓷材质的华夫扩压器。燃烧器上设有按钮式火花点火开关以及与安全截止阀相连接的热电偶（图 8-47）。

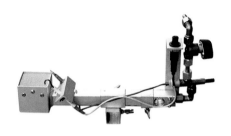

< 图 8-47　罗德·波特
（Rohde Pot）燃烧器

马克·沃德（Mark Ward）在美国田纳西州丹德里奇市创办了沃德燃烧系统有限公司（Ward Burner Systems），该公司专门生产适用于乐烧窑以及高温窑炉的文丘里管式燃烧器（属于该公司燃气用具系列产品）。这种加压燃烧系统适用于燃烧器位于窑炉侧部且火焰通道位于窑炉侧部或者底部的窑炉。该产品与丹尼斯·帕克斯设计的塔斯卡洛拉排油/柴油燃烧器极其相似，唯一的区别是前者使用燃气烧窑。沃德燃烧系统具有气压低、出气量高、压力调节范围广以及燃烧能（BTU）范围宽等特点。这种燃烧系统的空气输入量可控，烧成绝对安全，燃烧系统上设有火花点火装置。

8.6.6　常压复合型内置式燃烧器

日食燃料工程公司（The Eclipse Fuel Engineering Company）生产一种复合型内置式燃烧器，该燃烧器的燃烧能高达 1200～3300 BTU/ ft^3。这种燃烧器设有两级装置：与标准内置式燃烧器连接在一起的第二级喷嘴孔径较小，适用于燃烧能较高的燃气。此外，该产品的其他特征与标准内置式燃烧器无异。我用日食燃料工程公司生产的 5 cm 口径复合型内置式燃烧器（产品型号为 TR-80，喷嘴孔径为 18 号）烧三窑室阶梯窑（单间窑室的体积为 3.4 m³），采用 10 inH₂O 压强烧窑时，每个燃烧器的燃烧能约为 214200 BTU/h，所有燃烧器的最高组合燃烧能为 1285200 BTU/h。

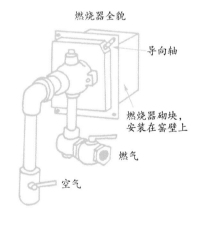

燃烧器全貌

导向轴

燃烧器砌块，安装在窑壁上

燃气

空气

< 图 8-48　混合燃烧器

8.6.7　混合燃烧器

由日食燃料工程公司、乔布·福尼窑炉公司以及其他公司生产的混合燃烧器（图 8-48）适用范围极其广泛。这种燃烧器特别适用于"对比例"（从化学角度，燃气和空气的混合比例十分适宜）高温窑炉。很多窑炉生产公司都为其产品配备这种燃烧器，因为这种燃烧器具有以下优点：

（1）不会出现回火现象。混合燃烧器内的空气和燃气在未到达混合地点之前互不混合（图 8-49）。

（2）由于燃气的利用率较高，所以烧成成本较低。

（3）燃烧能范围宽。例如：用口径最小的 TA-53 型燃烧器烧天然气，气压值为 5 inH$_2$O，其最大燃烧能为 100000 BTU/h，最小燃烧能为 20000 BTU/h。

（4）由于燃烧器上带有封闭且可控的装置，所以烧成绝对安全。但是这种燃烧器的价格较高，设计结构较复杂，需配备鼓风机以及调节设备，上述种种因素均限制了该产品的消费群体，并不适用于职业陶艺家以及绝大多数个人工作室。

日食燃料工程公司生产的混合燃烧器使用 100% 一次风烧窑，可以精确控制烧成气氛。这种燃烧器的燃气/空气混合通道由耐火材料制作而成，其结构与文丘里管的混合通道极为相似。混合通道内部呈阶梯状，一直延伸到出气孔末端（图 8-48）。阶梯部位生成负压（P$_2$ 位置），负压导致火焰涡流进而将其维持在阶梯部位上。其作用相当于火焰导向环，保证混合气体持续燃烧。低压将引燃火焰推至此处。仅需将其点燃就可以生成极为稳定且火头至火尾过渡非常自然的火苗。当气压输入值比较低且采用高温全速烧成时火焰极易熄灭。遇到这种问题时，可以通过在混合通道口部安装耐火隔离环的方式避免之。使用全封闭结构的燃烧器烧窑时，耐火隔离环与燃烧器应为一体式结构。图 8-50 为乔布·福尼窑炉公司生产的混合燃烧器，通过观察可以发现这种燃烧器的设计结构非常简单。这种类型的燃烧器可以在控制器/计算机的控制下烧窑，只需将烧成时间以及空气/燃气的混合比例设定好，就能将窑温逐步提升至理想状态，整个烧成过程十分安全高效。

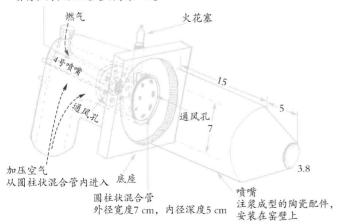

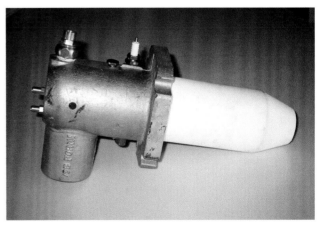

> 图 8-49　乔布·福尼窑炉公司
> 生产的混合燃烧器（单位：cm）

> 图 8-50A　乔布·福尼混合燃烧器，
> 注意看火花塞

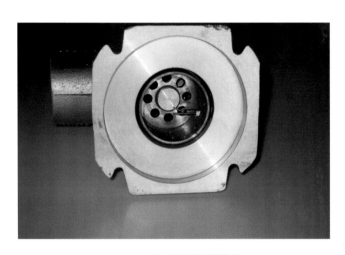

图 8-50B　乔布·福尼混合燃烧器上的圆柱状混合管

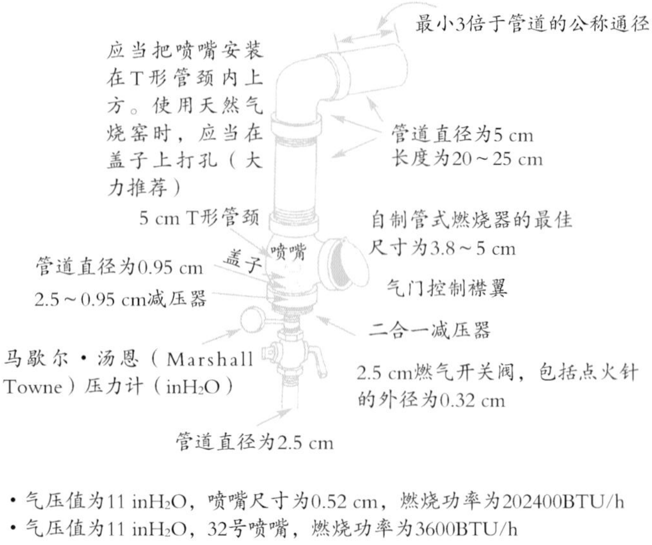

最小3倍于管道的公称通径

应当把喷嘴安装在T形管颈内上方。使用天然气烧窑时，应当在盖子上打孔（大力推荐）

管道直径为5 cm
长度为20～25 cm

5 cm T形管颈

自制管式燃烧器的最佳尺寸为3.8～5 cm

喷嘴

盖子

管道直径为0.95 cm

气门控制襟翼

2.5～0.95 cm减压器

二合一减压器

马歇尔·汤恩（Marshall Towne）压力计（inH₂O）

2.5 cm燃气开关阀，包括点火针的外径为0.32 cm

管道直径为2.5 cm

- 气压值为11 inH₂O，喷嘴尺寸为0.52 cm，燃烧功率为202400BTU/h
- 气压值为11 inH₂O，32号喷嘴，燃烧功率为3600BTU/h

图 8-51　弗雷德里克·奥尔森自制的管式燃烧器

8.6.8　自制管式燃烧器

如图 8-51～图 8-53 所示，使用数根管道就可以自制加压燃气燃烧器。按照总燃烧能（BTU）选择鼓风机的类型。自制管式燃烧器时需参考以下准则：每 1000 BTU 需要输入 0.28 m³ 空气（参见表 8-8，燃气的燃烧能）。有一点需要特别注意：鼓风机使用不当时烧成极其危险；输气管上必须配备电磁截止阀。

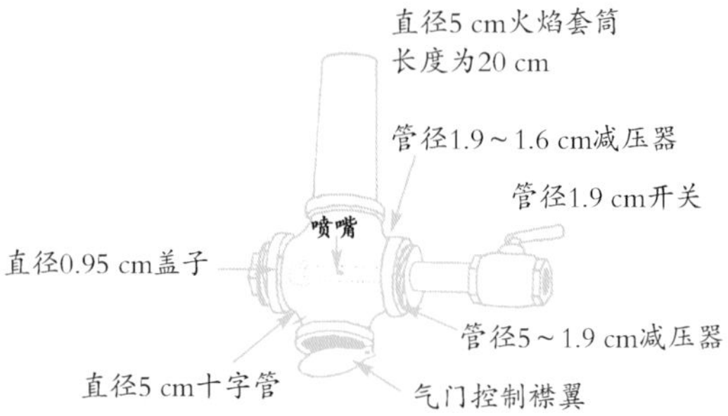

直径5 cm火焰套筒
长度为20 cm

管径1.9～1.6 cm减压器

管径1.9 cm开关

喷嘴

直径0.95 cm盖子

管径5～1.9 cm减压器

直径5 cm十字管

气门控制襟翼

图 8-52　奥尔森自制管式燃烧器细部构造

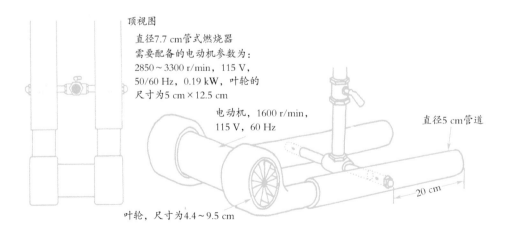

顶视图

直径7.7 cm管式燃烧器
需要配备的电动机参数为：
2850～3300 r/min，115 V，
50/60 Hz，0.19 kW，叶轮的
尺寸为5 cm×12.5 cm

电动机，1600 r/min，
115 V，60 Hz

直径5 cm管道

叶轮，尺寸为4.4～9.5 cm

20 cm

图 8-53　加压空气/燃气燃烧器

8.7　计算燃气需求量

在我看来，绝大多数气窑都是超负荷运行的。我有一座 1.02 m³ 的硬质耐火砖交叉焰窑，窑室内设有 6 个小型文丘里混合气体燃烧器（单个燃烧器的燃烧能为 36000 BTU/h），该窑的烧成时间为 12～15 h。使用同一种燃气烧一座 1.02 m³ 的绝缘耐火砖顺焰窑，窑室内设有 10 个小型文丘里混合气体燃烧器，烧至同等温度只需要 8 h。让窑炉超负荷运行的唯一优点是节省烧成时间。

关于燃气需求量的计算方法其实并没有标准规则。事实上，各气窑生产厂家也都将不同型号窑炉的燃烧能取得方式视为商业机密。他们公之于众的仅是各型号窑炉的体积、所需配备的燃烧器数量、燃烧能数值以及说明燃烧能与窑炉体积之间的关系列表。我有一位朋友在燃气用具公司工作，该公司生产燃气燃烧器，他告诉我对于燃气需求量的计算方法，他们公司和南加州窑炉公司所参照的标准一致——每 0.25 m³ 的燃烧能为 150000 BTU。在这方面，我也从长年烧窑的经验中总结出下列几条可供参考的"准则"。

表 8-8　计算燃气需求量

出火管尺寸（cm）	出火管长度（cm）	燃气歧管尺寸（cm）	喷嘴尺寸（cm）	燃烧功率（近似值）（BTU）
5	18～20	3.2	30	40000
3.8	18～20	2.5	32	54000
3.2	18～20	1.9	39	60000

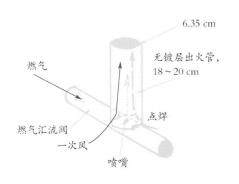

6.35 cm

无镀层出火管，18～20 cm

燃气

点焊

燃气汇流阀

一次风

喷嘴

图 8-54　简易管式燃烧器的计算方式

准则 1：对于由绝缘耐火砖建造的窑炉而言，窑炉内部每立方英尺的峰值燃烧能约为 10000 BTU/（ft³·h）；对于由硬质耐火砖建造的窑炉而言，窑炉内部每立方英尺的最低燃烧能约为 16000 BTU/（ft³·h），最高燃烧能约为 19000 BTU/（ft³·h）。

准则 2：燃烧器使用数量的计算方法为总燃烧能数值（准则 1）除以生产厂家给出的用户所选用的燃烧器燃烧能数值。使用自制燃烧器烧窑时其燃烧能不得而知，在这种情况下需参照前文第 2 章中有关烟道方面的内容推算出燃烧器的使用数量。对于顺焰窑而言，则需参照前文第 6 章中有关燃烧器的设定距离推算出其使用数量。

准则 3：使用自制燃烧器烧窑时，单个燃烧器的峰值燃烧能等于总燃烧能除以所使用的燃烧器数量。所得数值亦喷嘴的选择尺寸（表 8-8）。

准则 4：下面是几个给定的窑炉尺寸及其每小时的燃气供应量（m³）：

• 绝缘耐火砖窑炉

天然气：窑炉内部体积每 0.03 m³ 需供应 0.18～0.26 m³ 燃气，其所能达到的燃烧能为 1100 BTU/ ft^3。

丙烷：窑炉内部体积每 0.03 m^3 需供应 0.08~0.11 m^3 燃气，其所能达到的燃烧能为 2550 BTU/ ft^3。

丁烷：窑炉内部体积每 0.03 m^3 需供应 0.06~0.09 m^3 燃气，其所能达到的燃烧能为 3204 BTU/ ft^3。

• 硬质耐火砖窑炉

天然气：窑炉内部体积每 0.03 m^3 需供应 0.41 m^3 燃气。

丙烷：窑炉内部体积每 0.03 m^3 需供应 0.18 m^3 燃气。

丁烷：窑炉内部体积每 0.03 m^3 需供应 0.14 m^3 燃气。

准则 5：单个燃烧器每小时的峰值燃气消耗量等于每小时的供气总量（m^3）除以所使用的燃烧器数量。此外，你还可以借助图 8-38（气体流量图）得出单个燃烧器每小时的燃气消耗量，其计算方法如下：先在中间的标尺上找到燃烧器的燃烧能（BTU/h）数值，之后在左侧标尺上找出其对应的 ft^3/h（m^3/h）数值。

准则 6：依照图 8-54 可以找出适用于天然气的最佳喷嘴尺寸；依照表 8-5 可以找出适用于丙烷以及丁烷的最佳喷嘴尺寸。一般来讲，家用天然气的气压值为 8 inH_2O，燃气输入量为 175 ft^3/h。在气压不变的情况下，燃气供应商可以将每小时的燃气输入量增加至任意数值。液化石油气罐上设有高压调节装置以及 11 inH_2O 低压调节装置。采用高压烧窑，当输气管道尺寸适宜且气罐与窑炉之间的距离较近时，将气压设置为 1.25~2 psi 最合适；当气罐与窑炉之间的距离较远时，将气压设置为 25 psi 最合适。可以参照表 8-7 计算出任意距离所应选用的最佳燃气管道尺寸以及燃气的燃烧能。下面列举一种比较简单的计算方法：

一座 0.57 m^3 的交叉焰窑炉（由绝缘耐火砖建造而成），使用天然气烧窑，取最大值，计算单个燃烧器的燃气需求量及燃烧能；计算单个燃烧器的孔径；计算峰值耗气量；使用家用常规煤气表烧窑，该窑炉是否能够正常运行。

依照准则 1 计算：峰值总燃烧能的计算方式为：

20×10000 = 200000（BTU/h）

窑炉内部设有四个燃烧器（简易的混合气体燃烧器），单个燃烧器燃烧能的计算方式为：

200000÷4 = 50000（BTU/h）

依照准则 4 计算：燃气需求总量的计算方式为：

9.1×20 = 182（ft^3）（45 ft^3/单个燃烧器）

天然气的气压值为 8 inH_2O，可以使用家用常规煤气表烧窑，燃气需求量为 175 ft^3/h（参见图 8-44）。将上述所得排列在一起：气压值 8 inH_2O、单个燃烧器的燃气需求量 45 ft^3、单个燃烧器燃烧能 50000 BTU/h，最终可以推算出喷嘴的最佳尺寸为 34。

案例中的窑炉峰值耗气量为 182 ft³/h。家用常规煤气表的燃气输入量为 175 ft³/h，亏空 7 ft³/h。这就意味着在该窑炉烧成的过程中，再不能同时使用其他燃气设备了（即便是同时使用燃气热水器都不行）。但是使用最低燃烧能（7000 BTU）烧窑时，峰值耗气量会降低至 128 ft³/h，在这种情况下尚有 47 ft³/h 余额，这就意味着在该窑炉烧成的过程中，还可以同时使用一个 40 gal 的燃气热水器。

常规经验准则——陶艺窑炉内部体积每 9 ft³，其所需要的燃烧能为 150000 BTU/h——也就是说烧案例中的窑炉需要的燃烧能总值超过了 300000 BTU/h。峰值燃烧效率是指燃烧器在最高温度环境下所达到的效率。提升气压或者燃气输入量并不能提升火焰的温度。工业制造的燃气燃烧器都有峰值燃烧率。因此在烧窑的过程中，窑温是一点一点提升起来的，烧成初期以及中期燃烧器都无法达到其峰值燃烧率，峰值燃烧率仅出现于烧窑尾声。如果让燃烧器超负荷运行或者安装更多的燃烧器，就无须令燃烧器达到其峰值燃烧率来提升窑温。

与大多数陶艺家相比，我计算燃气需求量的方法比较低端，仅为烧气窑时的最低燃气需求量。在此方面，沃德燃烧系统有限公司创建者马克·沃德对我帮助很大，他提供了该公司制定的天然气、丙烷燃烧能以及喷嘴孔径表（表 8-9～表 8-14）。在计算上文中提到的各种数据时，可以将该表与前文中的表 8-7（标准喷嘴输气量）以及图 8-38（气体流量图）结合在一起使用。

8.7.1 高海拔地区燃气需求量调节方式

高海拔地区燃气需求量常规调节准则：当窑炉位于海拔超过 1524 m 的地区时，建窑位置每升高 610 m，所选用的喷嘴尺寸就要减小一个单位。海拔越高，单位体积内的空气氧含量越低，因此在这种地区烧窑时必须加大空气/燃气的混合比例。

8.7.2 燃气管尺寸计算

美国于 2019 年制定了燃气管道统一规范。

计算从燃气表到窑炉之间所需要的燃气管道长度。表 8-15 给出了各种距离的"长度"数列（当你手中的燃气管道数据无法与表中的某个数值相吻合时，只需选取其下一位数列即可）。根据你的窑炉的燃气需求量从数列当中选择最适宜的管道数值。

为多座窑炉安装串联式燃气管道时，窑炉与燃气表之间的距离必须取最大值，所有窑炉的总容量数值再加上 20% 即为主燃气管道的尺寸。连接单座窑炉的管道尺寸取决于主燃气管道的长度。无论使用天然气烧窑还

表 8-9　燃烧功率（BTU）以及喷嘴数据表——天然气

歧管气压	压力函数
4 inH$_2$O 或 2.3 oz/in^2 或 1/4 psi	2.5000
5 inH$_2$O 或 2.9 oz/in^2	2.7951
6 inH$_2$O 或 3.5 oz/in^2	3.0619
7 inH$_2$O 或 4 oz/in^2	3.3072
8 inH$_2$O 或 4.6 oz/in^2	3.5355
9 inH$_2$O 或 5.2 oz/in^2	3.7500
10 inH$_2$O 或 5.8 oz/in^2	3.9528
11 inH$_2$O 或 6.4 oz/in^2	4.1458
12 inH$_2$O 或 6.9 oz/in^2	4.3301
13 inH$_2$O 或 7.5 oz/in^2	4.5069
14 inH$_2$O 或 8 oz/in^2 或 1/2 psi	4.6771
15 inH$_2$O 或 8.7 oz/in^2	4.8412
16 inH$_2$O 或 9.3 oz/in^2	5.0000
17 inH$_2$O 或 9.8 oz/in^2	5.1539
18 inH$_2$O 或 10.4 oz/in^2	5.3033
19 inH$_2$O 或 11.0 oz/in^2	5.4486
20 inH$_2$O 或 11.6 oz/in^2	5.5902
21 inH$_2$O 或 12.1 oz/in^2	5.7282
22 inH$_2$O 或 12.7 oz/in^2	5.8630
23 inH$_2$O 或 13.3 oz/in^2	5.9948
24 inH$_2$O 或 13.9 oz/in^2	6.1237
25 inH$_2$O 或 14.4 oz/in^2	6.2500
26 inH$_2$O 或 15 oz/in^2	6.3738
27 inH$_2$O 或 15.6 oz/in^2	6.4952
27.7 inH$_2$O 或 16 oz/in^2 或 1 psi	6.5788
2　psi	9.3039
3　psi	11.3949
4　psi	13.1577
5　psi	14.7107
6　psi	16.1148
7　psi	17.4060
8　psi	18.6078
9　psi	19.7365
10　psi	20.8041
11　psi	21.8198
12　psi	22.7898
13　psi	23.7204
14　psi	24.6158
15　psi	25.4798
16　psi	26.3154
17　psi	27.1253
18　psi	27.9117
19　psi	28.6765
20　psi	29.4215
21　psi	30.1481
22　psi	30.8575
23　psi	31.5510
24　psi	32.2296
25　psi	32.8942

使用天然气烧窑时，燃烧器每小时的燃烧功率计算方法如下：

压力函数（与你所使用的歧管气压值* 相对应，见表 8-9）×孔口函数（喷嘴孔径）（见表 8-10）。所得数值为零海拔高度每小时的燃烧功率。

举例说明：喷嘴孔径为♯38，气压值为 7 inH$_2$O。

10711.16（♯38 喷嘴的孔口函数）×3.3072（7 inH$_2$O 的压力函数）＝燃烧功率 35423.95 BTU/h

使用天然气烧窑时，喷嘴孔径的计算方法如下：

用预期的或者已知的燃烧器燃烧功率除以压力函数（与你所使用的歧管气压相对应）。选择与得数最接近的孔口函数，进而推算出最适宜的喷嘴孔径。

举例说明：预期燃烧功率为 125000 BTU，气压值为 7 inH$_2$O。

125000÷3.3072（7 inH$_2$O 的压力函数）＝37796.32。与这一得数最接近的是♯11 喷嘴的孔口函数 37932.60，因此♯11 喷嘴就是最佳选择。注意事项：喷嘴孔径不宜超过燃烧器生产厂家的建议尺寸。

不同海拔地区的调节方式：

有些海拔的燃气密度较低，燃烧器使用数量较多。在这种情况下，燃气通过喷嘴时的摩擦力较小，其燃烧功率亦会随之降低。调节方式如下：用下述海拔因素乘以燃烧器的燃烧功率。除氧含量过低导致机械空气（鼓风机）增加的情况之外，不必选用更大孔径的喷嘴。

举例说明：在美国佐治亚州亚特兰大市烧窑，气压值为 8 inH$_2$O，♯28 喷嘴 3.5355（8 inH$_2$O 的压力函数）×20508.76（♯28 喷嘴的孔口函数）×0.9849（亚特兰大市的海拔为 320.04 m/1050 ft）＝71413.84 BTU/h。

海拔（m/ft）	海拔因素	海拔（m/ft）	海拔因素
海平面	1.000	1828.8/6000	0.9138
304.8/1000	0.9849	2133.6/7000	0.8999
609.6/2000	0.9700	2438.4/8000	0.8860
914.4/3000	0.9565	2743.2/9000	0.8729
1219.2/4000	0.9413	3048/10000	0.8579
1524/5000	0.9279	3352.8/11000	0.8455

*歧管气压是可以调节的。这种压力不能靠测量气体输出量的仪器来推算，因为测量仪上显示的气压数据是不稳定的。当你对歧管气压不甚明了时可以咨询燃气供应商。本表中的数据来源于燃烧功率为 1000 BTU/ft^3、密度为 64，摄氏温度 15.56℃ 的天然气。地域不同、烧成温度不同，天然气的价值以及比重亦不同。喷嘴孔径数据以 80 作为系数基础。通常系数值会在 ±5% 之间变动，具体数值取决于喷嘴/燃烧器的类型。由于上述种种不确定因素，本表中的各项数据仅为相对值，而非绝对值。

特此声明：倘若有人在烧窑实践过程中因使用表中的数据造成直接或者间接的损失或伤害，我们不承担任何责任（下同）。

本表由田纳西州丹德里奇市沃德燃烧系统有限公司（Ward Burner Systems a subdivision of Wing & Ward Studios, Inc.）提供，版权所有者：马克·沃德。

表 8-10　天然气喷嘴的孔口函数表

喷嘴孔径	面积（in²）	孔口函数	喷嘴孔径	面积（in²）	孔口函数	喷嘴孔径	面积（in²）	孔口函数
80	0.000143	189.33	40	0.00754	9982.96	2	0.03836	50788.64
79	0.000165	218.46	39	0.00778	10300.72	1	0.04083	54058.92
1/64 in	0.000191	252.88	38	0.00809	10711.16	A	0.04301	54945.24
78	0.000201	266.12	37	0.00849	11240.76	15/64 in	0.04314	57117.36
77	0.000254	336.60	36	0.00891	11796.84	B	0.04449	58904.76
76	0.000314	415.74	7/64 in	0.00940	12445.60	C	0.04600	60904.00
75	0.000346	458.10	35	0.00950	12578.00	D	0.04753	62929.72
74	0.000398	526.95	34	0.00968	12816.32	E. 1/4 in	0.04909	64995.16
73	0.000452	598.45	33	0.01003	13279.72	F	0.05187	68675.88
72	0.000491	650.08	32	0.01057	13994.68	G	0.05350	70843.00
71	0.000531	703.04	31	0.01131	14974.44	17/64 in	0.05542	73376.08
70	0.000616	815.58	1/8 in	0.01227	16245.48	H	0.05557	73574.68
69	0.000670	887.08	30	0.01296	17159.04	I	0.05811	76937.64
68	0.000755	999.62	29	0.01453	19237.72	J	0.06026	79784.24
1/32 in	0.000765	1012.86	28	0.01549	20508.76	K	0.06202	82114.48
67	0.000804	1064.50	9/64 in	0.01553	20561.72	9/32 in	0.06213	82260.12
66	0.000855	1132.02	27	0.01629	21567.96	L	0.06605	87450.20
65	0.000962	1273.69	26	0.01697	22468.28	M	0.06835	90495.40
64	0.001018	1347.83	25	0.01755	23236.20	19/64 in	0.06922	91647.28
63	0.001075	1423.30	24	0.01815	24030.60	N	0.07163	94838.12
62	0.001134	1501.42	23	0.01863	24666.12	5/16 in	0.07670	101550.80
61	0.001195	1582.18	5/32 in	0.01917	25381.08	O	0.07843	103841.32
60	0.001257	1664.27	22	0.01936	25632.64	P	0.08194	108488.56
59	0.001320	1747.68	21	0.01986	26294.64	21/64 in	0.08456	111957.44
58	0.001385	1833.74	20	0.02036	26956.64	Q	0.08657	114618.68
57	0.001452	1922.45	19	0.02164	28651.36	R	0.09026	119504.24
56	0.001698	2248.15	18	0.02256	29869.44	11/32 in	0.09281	122880.44
3/64 in	0.00173	2290.52	11/64 in	0.02320	30716.80	S	0.09511	125925.64
55	0.00212	2806.88	17	0.02351	31127.24	T	0.1006	133194.40
54	0.00238	3151.12	16	0.02461	32583.64	23/64 in	0.1014	134253.60
53	0.00278	3680.72	15	0.02545	33695.80	U	0.1064	140873.60
1/16 in	0.00307	4064.68	14	0.02602	34450.48	3/8 in	0.1105	146302.00
52	0.00317	4197.08	13	0.02761	36555.64	V	0.1115	147758.40
51	0.00353	4673.72	3/16 in	0.02688	35589.12	W	0.1170	154908.00
50	0.00385	5097.40	12	0.02806	37151.44	25/64 in	0.1198	158615.20
49	0.00419	5547.56	11	0.02865	37932.60	X	0.1238	163911.20
48	0.00454	6010.96	10	0.02940	38925.60	Y	0.1282	169736.80
5/64 in	0.00479	6341.96	9	0.03017	39945.08	13/32 in	0.1296	171590.40
47	0.00484	6408.16	8	0.03110	41176.40	Z	0.1340	177416.00
46	0.00515	6818.60	7	0.03173	42010.52	27/64 in	0.1398	185095.20
45	0.00528	6990.72	13/64 in	0.03241	42910.84	7/16 in	0.1503	198997.20
44	0.00581	7692.44	6	0.03269	43281.56	29/64 in	0.1613	213561.20
43	0.00622	8235.28	5	0.03317	43917.08	15/32 in	0.1726	228522.40
42	0.00687	9095.88	4	0.03431	45426.44	31/64 in	0.1843	244013.20
3/32 in	0.00690	9135.60	3	0.03673	47174.12	1/2 in	0.1964	260033.60
41	0.00724	9585.76	7/32 in	0.03758	49755.92			

表 8-11　燃烧功率（BTU）以及喷嘴数据表——丙烷

歧管气压	压力函数
4 inH$_2$O 或 2.3 oz/in^2 或 1/4 psi	1.6211
5 inH$_2$O 或 2.9 oz/in^2	1.8112
6 inH$_2$O 或 3.5 oz/in^2	1.9855
7 inH$_2$O 或 4 oz/in^2	2.1446
8 inH$_2$O 或 4.6 oz/in^2	2.2926
9 inH$_2$O 或 5.2 oz/in^2	2.4317
10 inH$_2$O 或 5.8 oz/in^2	2.5632
11 inH$_2$O 或 6.4 oz/in^2	2.6884
12 inH$_2$O 或 6.9 oz/in^2	2.8079
13 inH$_2$O 或 7.5 oz/in^2	2.9226
14 inH$_2$O 或 8 oz/in^2 或 1/2 psi	3.0329
15 inH$_2$O 或 8.7 oz/in^2	3.1393
16 inH$_2$O 或 9.3 oz/in^2	3.2423
17 inH$_2$O 或 9.8 oz/in^2	3.3421
18 inH$_2$O 或 10.4 oz/in^2	3.4389
19 inH$_2$O 或 11.0 oz/in^2	3.5332
20 inH$_2$O 或 11.6 oz/in^2	3.6250
21 inH$_2$O 或 12.1 oz/in^2	3.7145
22 inH$_2$O 或 12.7 oz/in^2	3.8019
23 inH$_2$O 或 13.3 oz/in^2	3.8873
24 inH$_2$O 或 13.9 oz/in^2	3.9710
25 inH$_2$O 或 14.4 oz/in^2	4.0529
26 inH$_2$O 或 15 oz/in^2	4.1331
27 inH$_2$O 或 15.6 oz/in^2	4.2119
27.7 inH$_2$O 或 16 oz/in^2 或 1 psi	4.2661
2 psi	6.0332
3 psi	7.3891
4 psi	8.5322
5 psi	9.5392
6 psi	10.4498
7 psi	11.2871
8 psi	12.0664
9 psi	12.7983
10 psi	13.4906
11 psi	14.1491
12 psi	14.7782
13 psi	15.3817
14 psi	15.9623
15 psi	16.5226
16 psi	17.0645
17 psi	17.5896
18 psi	18.0996
19 psi	18.5956
20 psi	19.0786
21 psi	19.5498
22 psi	20.0098
23 psi	20.4595
24 psi	20.8996
25 psi	21.3306

使用丙烷烧窑时，燃烧器每小时的燃烧功率计算方法如下：

压力函数（与你所使用的歧管气压值*相对应，见表 8-11）×孔口函数（喷嘴孔径）（见表 8-12）。所得数值为零海拔高度每小时的燃烧功率。

举例说明：喷嘴孔径为♯38，气压值为 11 inH$_2$O。

26777.90（♯38 喷嘴的孔口函数）×2.6884（11 inH$_2$O 的压力函数）＝燃烧功率 71989.71 BTU/h。

使用丙烷烧窑时，喷嘴孔径的计算方法如下：

用预期的或者已知的燃烧器燃烧功率除以压力函数（与你所使用的歧管气压相对应）。选择与得数最接近的孔口函数，进而推算出最适宜的喷嘴孔径。

举例说明：预期燃烧功率为 125000 BTU，1 psi。

125000÷4.2661（1 psi 的压力函数）＝29300。与这一得数最接近的是♯36 喷嘴的孔口函数 29492.10，因此♯11 喷嘴就是最佳选择。注意事项：喷嘴孔径不宜超过燃烧器生产厂家的建议尺寸。

不同海拔地区的调节方式：

有些海拔的燃气密度较低，燃烧器使用数量较多。在这种情况下，燃气通过喷嘴时的摩擦力较小，其燃烧功率亦会随之降低。调节方式如下：用下述海拔因素乘以燃烧器的燃烧功率。除氧含量过低导致机械空气（鼓风机）增加的情况之外，不必选用更大孔径的喷嘴。

举例说明：在美国佐治亚州亚特兰大市烧窑，气压值为 11 inH$_2$O，♯38 喷嘴。

2.6884（11 inH$_2$O 的压力函数）×26777.90（♯38 喷嘴的孔口函数）×0.9849（亚特兰大市的海拔为 320.04 m/1050 ft）＝70902.66 BTU/h。

海拔（m/ft）	海拔因素	海拔（m/ft）	海拔因素
海平面	1.000	1828.8/6000	0.9138
304.8/1000	0.9849	2133.6/7000	0.8999
609.6/2000	0.9700	2438.4/8000	0.8860
914.4/3000	0.9565	2743.2/9000	0.8729
1219.2/4000	0.9413	3048/10000	0.8579
1524/5000	0.9279	3352.8/11000	0.8455

*歧管气压是可以调节的。这种压力不能靠测量气体输出量的仪器来推算，因为测量仪上显示的气压数据是不稳定的。当你对歧管气压不甚明了时可以咨询燃气供应商。本表中的数据来源于燃烧功率为 1000 BTU/ft^3，密度为 64，摄氏温度 15.56℃ 的天然气。地域不同、烧成温度不同，丙烷的价值以及比重亦不同。喷嘴孔径数据以 80 作为系数基础。通常系数值会在 ±5% 之间变动，具体数值取决于喷嘴/燃烧器的类型。由于上述种种不确定因素，本表中的各项数据仅为相对值，而非绝对值。

表 8-12　丙烷喷嘴的孔口函数表

喷嘴孔径	面积 (in²)	孔口函数	喷嘴孔径	面积 (in²)	孔口函数	喷嘴孔径	面积 (in²)	孔口函数
80	0.000143	473.33	40	0.00754	24957.40	2	0.03836	126971.60
79	0.000165	546.15	39	0.00778	25751.80	1	0.04083	135147.30
1/64 in	0.000191	632.21	38	0.00809	26777.90	A	0.04301	142363.10
78	0.000201	665.31	37	0.00849	28101.90	15/64 in	0.04314	142793.40
77	0.000254	840.74	36	0.00891	29492.10	B	0.04449	147261.90
76	0.000314	1039.34	7/64 in	0.00940	31114.00	C	0.04600	152260.00
75	0.000346	1145.26	35	0.00950	31445.00	D	0.04753	157324.30
74	0.000398	1317.38	34	0.00968	32040.80	E. 1/4 in	0.04909	162487.90
73	0.000452	1496.12	33	0.01003	33199.30	F	0.05187	171689.70
72	0.000491	1625.21	32	0.01057	34986.70	G	0.05350	177085.00
71	0.000531	1757.61	31	0.01131	37436.10	17/64 in	0.05542	183440.20
70	0.000616	2038.96	1/8 in	0.01227	40613.70	H	0.05557	183936.70
69	0.000670	2217.70	30	0.01296	42897.60	I	0.05811	192344.10
68	0.000755	2499.05	29	0.01453	48094.30	J	0.06026	199460.60
1/32 in	0.000765	2532.15	28	0.01549	51271.90	K	0.06202	205286.20
67	0.000804	2661.24	9/64 in	0.01553	51404.30	9/32 in	0.06213	205650.30
66	0.000855	2830.05	27	0.01629	53919.90	L	0.06605	218625.50
65	0.000962	3184.22	26	0.01697	56170.70	M	0.06835	226238.50
64	0.001018	3369.58	25	0.01755	58090.50	19/64 in	0.06922	229118.20
63	0.001075	3558.25	24	0.01815	60076.50	N	0.07163	237095.30
62	0.001134	3753.54	23	0.01863	61665.30	5/16 in	0.07670	253877.00
61	0.001195	3955.45	5/32 in	0.01917	63452.70	O	0.07843	259603.30
60	0.001257	4160.67	22	0.01936	64081.60	P	0.08194	271221.40
59	0.001320	4369.20	21	0.01986	65736.60	21/64 in	0.08456	279893.60
58	0.001385	4584.35	20	0.02036	67391.60	Q	0.08657	286546.70
57	0.001452	4806.12	19	0.02164	71628.40	R	0.09026	298760.10
56	0.001698	5620.38	18	0.02256	74673.60	11/32 in	0.09281	307201.10
3/64 in	0.00173	5726.30	11/64 in	0.02320	76792.00	S	0.09511	314814.10
55	0.00212	5620.38	17	0.02351	77818.10	T	0.1006	332986.00
54	0.00238	7017.20	16	0.02461	81459.10	23/64 in	0.1014	335634.00
53	0.00278	9201.80	15	0.02545	84239.50	U	0.1064	352184.00
1/16 in	0.00307	10161.70	14	0.02602	86126.20	3/8 in	0.1105	365755.00
52	0.00317	10492.70	13	0.02761	88972.80	V	0.1115	369396.00
51	0.00353	11684.30	3/16 in	0.02688	91389.10	W	0.1170	387270.00
50	0.00385	12743.50	12	0.02806	92878.60	25/64 in	0.1198	396538.00
49	0.00419	13868.90	11	0.02865	94831.50	X	0.1238	409778.00
48	0.00454	15027.40	10	0.02940	97314.00	Y	0.1282	424342.00
5/64 in	0.00479	15854.90	9	0.03017	99862.70	13/32 in	0.1296	428976.00
47	0.00484	16020.40	8	0.03110	102941.00	Z	0.1340	443540.00
46	0.00515	17046.50	7	0.03173	105026.30	27/64 in	0.1398	462738.00
45	0.00528	17476.80	13/64 in	0.03241	107277.10	7/16 in	0.1503	497493.00
44	0.00581	19231.10	6	0.03269	108203.90	29/64 in	0.1613	533903.00
43	0.00622	20588.20	5	0.03317	109792.70	15/32 in	0.1726	571306.00
42	0.00687	22739.70	4	0.03431	113566.10	31/64 in	0.1843	244013.20
3/32 in	0.00690	22839.00	3	0.03673	117935.30	1/2 in	0.1964	260033.60
41	0.00724	23934.40	7/32 in	0.03758	124389.80			

表 8-13 天然气（相对密度为 0.65）管道尺寸计算表

管道长度 （ft）	最大输气量（ft³/h）								
	管径尺寸（in）								
	1/2	1/4	1	1¼	1½	2	2½	3	4
10	170	360	670	1320	1990	3880	5921	10770	22593
20	118	245	430	930	1370	2680	4189	7619	15984
30	95	198	370	740	1100	2150	3146	6213	13033
40	80	169	318	640	950	1840	2959	5381	11289
50	71	150	282	585	830	1610	2648	4816	10103
60	64	135	255	510	760	1480	2416	4394	9217
70	60	123	235	470	700	1350	2238	4070	8538
80	55	115	220	440	650	1250	2094	3808	7988
90	52	108	205	410	610	1180	1974	3590	7531
100	49	102	192	390	570	1100	1873	3406	7145
125	44	92	172	345	510	1000	—	—	—
150	40	83	158	315	460	910	1529	2781	5834
200	34	71	132	270	400	780	1324	2087	5053
250	30	63	118	238	350	690	—	—	—
300	27	57	108	215	320	625	—	—	—
350	25	52	100	200	295	570	—	—	—
400	23	48	92	185	275	535	—	—	—
450	22	45	86	172	255	500	—	—	—
500	21	43	81	162	240	470	—	—	—
550	20	41	77	155	230	450	—	—	—
600	19	39	74	150	220	430	—	—	—

表 8-14 丙烷以及丁烷管道尺寸计算表

燃烧功率 （BTU/h）	输气量 （ft³/h）	管道长度（ft）			
		管径尺寸（in）			
		3/8	1/2	3/4	1
300000	120	255	—	—	—
400000	160	147	—	—	—
500000	200	98	300	—	—
750000	300	49	145	—	—
1000000	400	29	81	330	—
1250000	500	20	56	220	—
1500000	600	14	42	160	—
1750000	700	11	32	120	—
2000000	800	9	26	97	305
2500000	1000	—	17	65	200
3000000	—	—	12	47	—
4000000	—	—	—	28	—
5000000	—	—	—	18	—

表 8-15　在输气管道上安装肘形管以及三通，计算管道的燃气容量时需将肘形管道的等效长度一并计入

	标准肘形管以及三通					
管道直径（in）	1/2	3/4	1	1¼	1½	2
等效长度（ft）	1.6	2.2	2.8	3.8	4.4	5.5

是使用液化石油气烧窑（表 8-7），燃气管道的最小直径为 2 cm。应将每一个肘形管道的等效长度都加至管道总长度数值中（表 8-6）。总之，选用直径较大的管道且将窑炉与燃气表之间的距离设置得远一些，远比选用直径较小的管道且将窑炉与燃气表之间的距离设置得近一些好很多。

8.7.3　燃烧器歧管

燃烧器歧管的设置形式多种多样。但不管怎样，输气管道必须具备为每一个燃烧器输送充分燃烧所需的足量燃气的能力。其中一种设置形式如下：先安装主输气管，之后按照每个喷嘴的孔径为其配备歧管，别忘了额外附加 20%（图 8-55）。英寸与毫米的换算见表 8-16。为保证总输气量，假使窑炉上设有 3 个燃烧器，那么这三个燃烧器的燃气总容量需与主管道的燃气容量相等。

上述系统适用于串联窑炉，1、2、3 为单座窑炉的燃气管道编号，A、B、C 为单座窑炉的编号。主输气管道尺寸的计算方法如下：所有窑炉的总燃烧能除以燃气燃烧能（BTU/ ft³）等于燃气输入量 ft³/h（m³/h）。使用天然气烧窑时，可以参照表 8-6 计算出燃气输入管的长度及其燃气输入量（ft³/h）；使用丙烷烧窑时，可以参照表 8-7 计算出燃气输入管的长度及其燃气输入量（ft³/h）。计算管道的燃气容量时需将肘形管道的等效长度一并计入，只有这样才能求得正确的燃气输入量数值（图 8-56）。同时烧串联在一起的数座窑炉时，必须在每个窑炉的三通以及闸阀之间各安装一个气压调节器，以便为每一座窑炉提供烧窑所需的正确压力值。

表 8-16　换算表——等值的英寸分数、英寸小数、毫米，这些数据在计算喷嘴孔径时极有帮助

英寸分数	英寸小数	毫米（mm）
1/64	0.015625	0.3969
1/32	0.03125	0.7938
3/64	0.046875	1.1906
1/16	0.0625	1.5875
5/64	0.078125	1.9844
3/32	0.09375	2.3812
7/64	0.109375	2.7781
1/8	0.125	3.1750
9/64	0.140625	3.5719
5/32	0.15625	3.9688
11/64	0.171875	4.3656
3/16	0.1875	4.7625
13/64	0.203125	5.1594
7/32	0.21875	5.5562
15/64	0.234375	5.9531
1/4	0.25	6.35

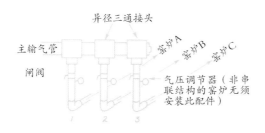

图 8-55　燃气燃烧器歧管

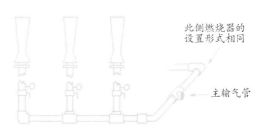

图 8-56　对于交叉焰窑炉以及倒焰窑而言，每一个燃烧器都需单独控制

歧管的第二种设置方式是在主输气管道上安装尺寸相同的分流管道。非串联结构的单座窑炉通常采用这种方式。只要主输气管道内的燃气供应充足，各喷嘴的气体输出量就是均等的。当主输气管道内的燃气供应不足时，距离气源最远的那个燃烧器无法供应足量的燃气。既可以使用一个闸阀同时控制所有燃烧器，也可以为每一个燃烧器单独配置一个控制阀。

对于顺焰窑而言，可以将其歧管设计成数个燃烧器共享式结构，在与歧管相连接的主输气管上安装一个闸阀（图8-57）。环绕形歧管结构可以有效降低燃气通过时的摩擦力，更便于燃气流通。共享式歧管上最多可以设置20个燃烧器。为多个燃烧器配备歧管时需考虑其总尺寸，别忘了额外附加20%。我有一座2.04 m³的顺焰窑，该窑配备的就是共享式歧管，该歧管的横截面面积为3.2 cm×3.2 cm或3.2 cm×5 cm，歧管管道的外形为正方形（无镀层管）。安装好歧管之后必须对其进行100 psi泄漏检测［美国通用管道规范规定，检测燃气是否泄漏需要对所有燃气管道施以60 psi压力，检测时长为1 h。参见由国际编码理事会（ICC）发布的2009年版水暖规范］。

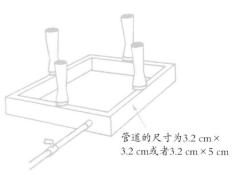

管道的尺寸为3.2 cm×3.2 cm或者3.2 cm×5 cm

< 图8-57 顺焰窑歧管系统

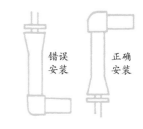

错误安装　正确安装

< 图8-58 千万不要将喷嘴反向安装

8.7.4 燃烧器的安装方法

千万不要把喷嘴装反了（图8-58）。安装喷嘴的时候一定要注意喷嘴与燃烧器之间的角度——诸如奥尔森窑炉元件公司生产的燃烧器、简易或者复合型内置式燃烧器——肘形管与喷嘴之间的过渡管道的长度非常重要。过渡管道的长度等于管道直径的3倍（图8-59）。燃烧器顶端或火焰滞留头的安装位置需超过燃烧器端口，因为点火环以及过度辐射或者背压都会导致该位置的热量无法排散。燃烧器顶端或火焰滞留头周围需有冷空气为其降温，否则它们极易被氧化，进而影响使用寿命。

燃烧器与设置在窑壁上的燃烧器端口之间的距离应为6 mm～2.5 cm，具体数值取决于所使用的燃烧器类型及其安装位置（图8-60）。我的实践经验是，氧化气氛下燃烧器与设置在窑壁上的燃烧器端口之间的距离宜远一些；还原气氛下燃烧器与设置在窑壁上的燃烧器端口之间的距离宜近一些。此外，该距离还取决于燃气充分燃烧所需的二次风供应量。例如，假如某一座窑炉在烧还原气氛的时候很难升温，那么在这种情况下最好使用大口径的喷嘴，以便能为燃气充分燃烧提供足够的二次风。同时还需保证窑炉烟道出口的面积不能过小。当然喷嘴的直径也不宜过大，空气/燃气的比例不适宜也无法令燃气充分燃烧。遇到这种问题时只需将大口径喷嘴替换成较小口径的喷嘴即可（适用于天然气的低压喷嘴型号为28～32；适用于丙烷的低压喷嘴型号为38～42）。在高海拔地区（1524 m以上）用丙烷或者天然气烧窑时，海拔每增加610 m，喷嘴型号降低一级，设置在窑壁或窑炉底部的燃烧器端口面积要比喷嘴/燃烧器顶端直径略大一些

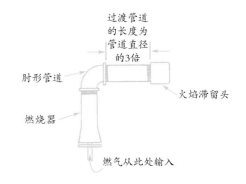

过渡管道的长度为管道直径的3倍

肘形管道

火焰滞留头

燃烧器

燃气从此处输入

< 图8-59 计算肘形管道与喷嘴之间的过渡管道长度

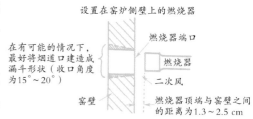

设置在窑炉侧壁上的燃烧器

燃烧器端口

在有可能的情况下，最好将烟道口建造成漏斗形状（收口角度为15°～20°）

燃烧器

二次风

窑壁

燃烧器顶端与窑壁之间的距离为1.3～2.5 cm

设置在顺焰窑窑炉底部的燃烧器

窑底

燃烧器顶端与窑壁之间的距离为0.64～2.5 cm

二次风

燃烧器

图8-60 燃烧器与烟道口之间的位置关系

表 8-17 燃烧器端口与燃烧器顶端的尺寸比例关系

燃烧器顶端尺寸 （in/cm）	燃烧器端口尺寸 （in/cm）
1½/3.8	1¾～2/4.4～5
2/5	½～3/6.3～7.5
2½/6.3	3～3½/7.5～8.8
3/7.5	3½～5/8.8～12.5
4/10	5～6/12.5～15
6/15	7～9/18.5～23

（表 8-17）。在有可能的情况下，我建议大家将燃烧器端口的形状设置成漏斗形（窑室一侧面积大，窑炉外壁一侧面积小，收口角度以 15°～20° 为宜）。在顺焰窑窑炉底部设置燃烧器端口时不必将其形状建造成漏斗形。

预热空气燃烧器的安装方式相对比较复杂，需要在窑炉框架上设置燃烧器安装轮缘以及在窑壁上预埋燃烧器砌块。预热空气燃烧器厂家亦生产与其产品相配套的安装零部件。

8.7.5 设定烟道进口以及烟道出口的尺寸

（1）烟道进口

每一个燃烧器端口面积都需与燃烧器顶端的面积相适宜。表 8-17 列出了两者之间的比例关系。一次风由燃烧器自行提供，二次风从烟道进口流入（图 8-60）。

对于用标准硬质耐火砖建造的窑炉而言，为燃烧器建造端口时既需要考虑燃烧器顶端的面积，也需要考虑耐火砖的尺寸。对于用绝缘耐火砖建造的窑炉而言，为燃烧器建造端口时，其面积与燃烧器顶端的面积相近即可。

（2）烟道出口

烟道出口面积的计算方法有以下三种：

① 将所有烟道进口的面积加在一起，所得数值即为烟道出口的面积。

② 首要准则为：窑炉内部体积每 28317 cm^3 需要配备的烟道出口面积为 16 cm^2。

③ 我发现无论使用什么燃烧器烧窑，当燃烧器的燃烧能为 7000 BTU 时，其需要配备的烟道出口面积为 6.45 cm^2。当燃烧器的燃烧能为 1000000 BTU 时，其需要配备的烟道出口面积为 923 cm^2 或者 30.5 cm×30.5 cm。

烟道口的面积宜大不宜小。对于面积过大的烟道口而言，要将其面积缩小一些很容易做到。我自己在计算烟道口面积的时候通常会采用上述三种计算方法中的第一条和第三条。

8.7.6 压力调节器

家用天然气管道或丙烷气罐的进气压力较高，压力调节器的功能是将进气高压转变为适合烧窑的出气低压。选择压力调节器时需考虑以下四方面因素：

（1）了解天然气的进气压力（天然气管道或天然气气表）

（2）燃烧器的压力等级

（3）峰值燃烧阶段的燃气供应量（ft^3/h）

（4）与窑炉相连接的主输气管道尺寸

举例说明：当气表上显示的气压值为 2 psi，燃烧器所受的气压为 8 inH_2O，与窑炉相连接的主输气管道直径为 2.5 cm，峰值燃烧阶段的燃

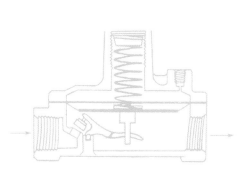

图 8-61 麦科斯牌压力调节器

气供应量为 500 ft³/h 时，应当选用配备 E 型（HO-1）弹簧的麦科斯（Maxitrol）牌 325-5 型压力调节器。这种压力调节器为单级调节器，其使用性能非常好，可以将不适用于烧窑的气压值降至适用程度（图 8-61）。它可以控制的最高进气压力值为 25 psi，出气压力值为 2 inH₂O～3 psi，峰值燃烧阶段的燃气供应量为 675 ft³/h。注意观察安装在调节器内部的弹簧，出气压力就是靠这根弹簧控制的。弹簧在其生产的过程中被赋予一定的压力调节值。弹簧不同调节出来的出气压力亦不同（表 8-18）。由不同生产厂家生产的压力调节器尺寸各异，性能和压力可以满足各种实际需要，所有压力调节器均带有使用说明书。

压力调节器适用于各种标准尺寸的管道。使用丙烷烧窑时，标准燃气罐调节器（11 inH₂O）适用于绝大多数窑炉，只要管道上设有数个弯管，那么燃气罐与窑炉之间的距离可以为任意值。我建议大家设置两级压力调节器：第一级可以选用诸如雷戈（Rego）牌的液化石油气压力调节器，将其出气压力设置为 5 psi。这种压力调节器可以控制的最高进气压力值为 400 psi，出气压力值为 0～30 psi。第二级压力调节器安装在窑炉上，其作用是控制燃烧器以及整个窑炉的气压（图 8-62）。与两级压力调节器相比，单级压力调节器很容易受到冷空气、弯管数量、管道长度、使用方式等因素影响，进而出现压力不足的现象。

表 8-18　麦科斯牌压力调节器上配备的弹簧压力数值

弹簧型号	压力范围
D（标准）	2～6 inH₂O
E（HO-1）	4～12 inH₂O
G（HO-1）	15～30 inH₂O
H	1～2 psi
J	2～3 psi

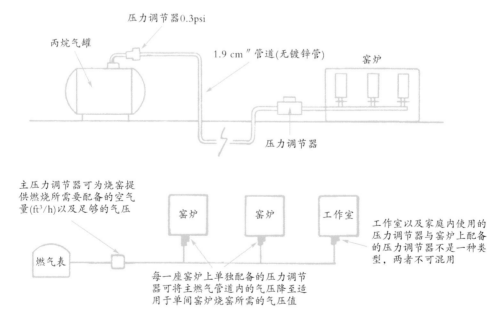

图 8-62　雷戈牌的液化石油气压力调节器

8.8 安全设备和程序

8.8.1 安全截止阀

安全截止阀的功能如下：避免输气管道因气压降低或者输气中断，而导致燃烧器熄火；烧窑初期，由于突发气流（突如其来的强风）导致燃烧器无法引燃。在烧窑的过程中，倘若窑炉未配备安全截止阀，但输气管道气压降低或者输气中断，那么这种状态下的窑炉就相当于一个定时炸弹。当供气恢复后或者再次引燃时，无论是窑炉内部的余热还是人为点火，都有引发爆炸的可能性。在这种情况下，通风设备就显得非常重要了。

诸如约翰逊/佩恩控件公司（Johnson/Penn Controls）以及 ITT 通用控件公司等国际知名公司均生产窑炉专用安全截止阀。所选产品类型取决于输气管道尺寸（通常为 $2 \sim 3.2$ cm）以及峰值燃烧阶段的燃气供应量（ft^3/h）。安全烧窑必须满足以下两方面要求：燃气供应量大于峰值燃烧阶段的燃气需求量；燃烧器配备安全截止阀以及开关阀。

上述两种安全阀的工作原理基本相同。手动复位后，从热电偶或者先导电机上发出的电流产生热磁效应，进而令安全阀保持在开启状态。当引燃火焰过小、断电或者限幅器开关在预设温度下被激活时，热电偶或者先导电机无法发出电流，没有电流就无法产生热磁效应，安全阀关闭，供气终止（图 8-63）。每一个安全阀都与热电偶的毫伏数据相匹配。其操作步骤如下：首先按下红色按键，此时安全阀开启，连接杆与磁铁接触；接下来点燃点火针，60 s 之后放开红色按键；此时点火针已为热电偶提供了足够的热能，热电偶上发出电流并产生热磁效应，进而令安全阀保持在开启状态。

图 8-64 展示了一种适用于燃烧器设置在倒焰窑或者交叉焰窑侧壁上的

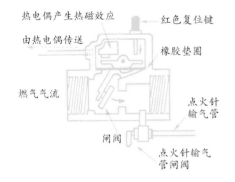

热电偶产生热磁效应
由热电偶传送
红色复位键
橡胶垫圈
燃气气流
点火针输气管
闸阀
点火针输气管闸阀

图 8-63 安全截止装置

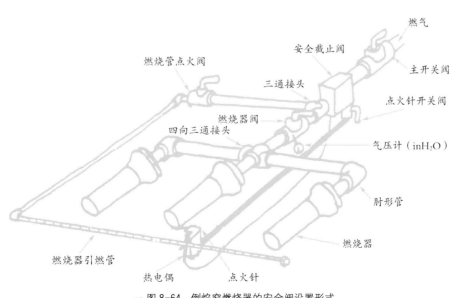

燃气
安全截止阀
燃烧管点火阀
主开关阀
三通接头
点火针开关阀
燃烧器阀
四向三通接头
气压计（inH₂O）
肘形管
燃烧器
燃烧器引燃管
热电偶
点火针

图 8-64 倒焰窑燃烧器的安全阀设置形式

安全阀设置形式，该形式简易高效，由歧管连接的数个燃烧器共享一个安全阀。输气气压降低、输气中断或者突发气流都会影响点火针的烧成状态。点火针一旦熄灭便无法为热电偶提供发出电流的热能，连接杆与磁铁分离，输气中断。在输气管道上设置安全阀极为重要，它能及时中断点火针的供气。这种安全阀设置形式的功效取决于点火针的敏感度。点火针、热电偶、安全阀三者必须匹配。在烧窑的过程中，必须时不时地检测一下热电偶的毫伏数值以及安全阀的毫安脱失范围，确保与生产厂家提供的安全使用说明书上的数据相符合（图8-64）。

将巴苏（Baso）阀（安全阀品牌名）的点火针和燃烧管连接起来，在燃烧管的另外一端安装热电偶，这种安装形式可以将烧成安全系数提升至100%。经美国天然气协会检测证明，采用同轴歧管燃烧器烧窑时，各项数据均与安装在燃烧管末端的热电偶毫伏数值完全匹配。将巴苏安全阀（H15DA-1型）打开后，让所有燃烧器持续燃烧，直至安装在燃烧管末端的热电偶毫伏数值与烧窑所需数值匹配为止。可以安装点火针二次点燃装置，但这样做就必须用电，等于是把一件简单的事情复杂化（图8-64A）。此外，也可以像图8-64B中那样为每一个燃烧器分别安装一个安全阀。对于安装在倒焰窑侧壁上的燃烧器而言，每一个燃烧器都应该单独设置安全阀。

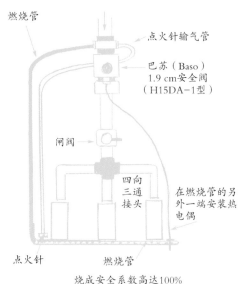

点火针输气管

巴苏（Baso）
1.9 cm安全阀
（H15DA-1型）

闸阀

四向
三通
接头

燃烧管

点火针输气管

在燃烧管的另外一端安装热电偶

点火针

燃烧管

烧成安全系数高达100%

< 图8-64A　一种烧成安全系数较高的安全阀设置形式

< 图8-64B　为每个燃烧器分别安装一个安全阀

< 图8-64C　安全旁路

图 8-65 展示了顺焰窑窑炉生产厂家在窑底上安装燃烧器时的标准安全系统设置形式。对于这种安全系统而言，最重要的一点是不能让环形燃烧器一直维持燃烧状态（预热阶段亦如是），因为当温度超过 204℃ 时窑底的金属托梁会下弯，进而失去其支撑能力；托梁失去功能再加上放置在窑炉内部的陶瓷作品重量，窑底极易坍塌。这种安全系统的唯一优点是可以在气压降低或者燃气中断时提供保护，以及引燃火焰的烧成状态不良时即时终止供气。为了百分百安全，每个燃烧器都应有独立的安全系统，或重新设计操作系统来支持持续供烧系统。

设计简洁且耗气量低的安全系统是最好的。为了便于安装或者节约预算，可以像图 8-64C 中那样为安全系统设置旁路。因此，最高级别的安全预防措施是让足够了解窑炉工作原理的人烧窑，且保证在整个烧窑的过程中一直坚守在岗。

适用于大型商业化生产的窑炉以及工业窑炉，由于其特殊使用环境以及生产要求，窑炉上配备的安全系统需要设计得更加精密。以下两种烧成安全控制设备均适用于大型商业化生产，它们都是由美国电子公司（Electronics Corp. of America）生产的，一种产品叫紫外线控制器（UVM），另外一种产品叫光电管控制器，亦称火焰棒控制器（TFM）。这两种产品上均设有火花点火装置，该装置与加压燃油/燃气燃烧器上的火花点火装置极为相似。紫外线控制器上设有紫外敏感气体放电管，它可以监测从燃气以及轻油火焰中发射出来的辐射线。光电管控制器或称火焰棒控制器（与热电偶的使用方法相同）用于监测燃气以及轻油火焰。上述两种安全控制设备可以同时监控引燃火焰以及主火焰，在引燃火焰未达到燃烧标准之前，主输气管道闸阀是不会打开的。倘若主火焰在 12 s 之内仍未被引燃，那么主输气管道闸阀就会自动关闭。上述两种安全控制设备需要与下列配件结合使用才能顺利运行：燃烧器检测器、点火变压器、点火针输气阀、

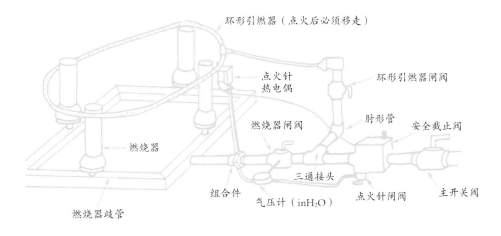

图 8-65　顺焰窑窑炉生产厂家在窑底上安装燃烧器时的标准安全系统设置形式

主输气管闸阀、锁定报警器、限制操作控制器、鼓风机、混合器、燃气流量检测开关以及大量管道装置（图 8-66）。

上述两种安全控制设备不适用于个人陶艺工作室，因为其价格过高以及安装复杂、易出错。例如：为一座 1.42 m³ 的倒焰窑安装上述安全控制设备，其价格约为 3500 美元/2188 英磅（编写此书时的市价），若再加上各种零部件以及安装费，价格要远高于此数值，电压或触发管不适宜都会导致安全控制设备无法正常运行。米诺波利斯·霍尼韦尔（Minneapolis Honeywell）公司、帕特洛（Partlow）公司、皮克斯（Pixsys）公司（一家坐落在帕多瓦的印度公司）生产一些新型安全控制设备，与前几年的同类产品相比，新产品具有体形小巧、功能更多以及售价低廉等显著优点。安装结构越复杂的设备越容易出错。新产品虽简单却完全能够达到与上述设计复杂且售价高昂的安全控制设备一模一样的使用效果。

8.8.2　窑炉通风

与其他问题相比，通风不畅会引发更多烧成隐患。使用天然气烧顺焰窑或者带有烟囱的倒焰窑以及交叉焰窑时，窑炉上部必须设置烟道排气罩（图 8-67），且烧窑场所的天花板上必须配备相应的排烟通道。顺焰窑的排气罩面积需超过窑顶的面积，尽量将烟雾直接排到室外。顺焰窑烟道出口部位的温度约为 954℃。距离窑顶 1.2 m 处的烟囱内部温度约为 399℃。美国统一建筑规范就通风方面将顺焰窑定为中温设备。为顺焰窑建造连通室外的排烟通道时，可以选用足以承受上述温度的厚金属板或不锈钢板，并在特定位置设置顶板螺旋千斤顶（图 8-68）。

使用丙烷烧窑时，应在窑炉底部设置至少两条对向的直接连通室外的排烟通道。**千万不要在地下室内使用丙烷烧窑**。其原因是丙烷比空气重，在地下室烧窑既不利于排烟也不利于疏散泄漏的丙烷。虽然也可以在地下

< 图 8-66　光电管控制器，亦称火焰棒控制器（TFM）的安装结构极为复杂，需要大量零部件以及管道

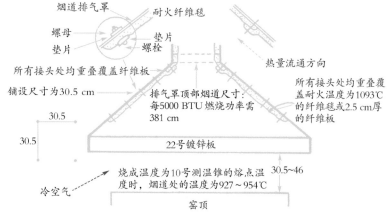

烟道排气罩　耐火纤维毯
螺母　　　　　　垫片
垫片　　　　　　螺栓
所有接头处均重叠覆盖纤维板
铺设尺寸为30.5 cm
排气罩顶部烟道尺寸：
每5000 BTU燃烧功率需
381 cm
热量流通方向
所有接头处均重叠覆盖耐火温度为1093℃的纤维毯或2.5 cm厚的纤维板
30.5
30.5
22号镀锌板
烧成温度为10号测温锥的熔点温度时，烟道处的温度为927～954℃
30.5~46
冷空气
窑顶

< 图 8-67　顺焰窑烟道排气罩的外观以及内部构造细节（单位：cm）

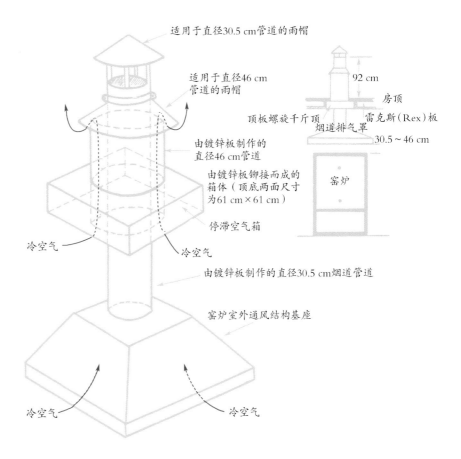

适用于直径30.5 cm管道的雨帽

适用于直径46 cm
管道的雨帽

92 cm

房顶

顶板螺旋千斤顶

雷克斯（Rex）板

烟道排气罩

30.5 ~ 46 cm

窑炉

由镀锌板制作的
直径46 cm管道

由镀锌板铆接而成的
箱体（顶底两面尺寸
为61 cm×61 cm）

停滞空气箱

冷空气

冷空气

由镀锌板制作的直径30.5 cm烟道管道

窑炉室外通风结构基座

冷空气

冷空气

⊲ 图 8-68　适用于窑炉室外通风结构的顶板螺旋千斤顶

室内设置抽气式排烟通风口，但是其建造成本十分高昂且很难与建筑物本身的通风口完美相接。当丙烷燃气燃烧器的位置低于地面时，必须在燃烧器周围设置适宜的排烟通道，以便于丙烷向下游走进而排出窑炉外部。对于顺焰窑而言，则需要借助烟道排气罩将废气排出室外。

　　烟道排气罩内需铺设绝缘纤维内衬，选用价格最低廉的耐热温度为1100℃的纤维毯或者纤维板都可以。图 8-67 展示了烟道排气罩的外观形象以及内部构造细节。借助螺栓以及螺母或者金属螺钉将耐火纤维毯固定在烟道排气罩内部，绝缘层的铺设位置位于烟道排气罩的正中心，其铺设面积为 30.5 cm×30.5 cm。当窑顶与屋顶之间的距离比较近时，连通两者的排烟管道内部亦需铺设绝缘层。在上述部位铺设陶瓷纤维板具有以下优点：预防金属氧化、减少金属热流失、有利于窑温持续上升。

　　为窑炉室外通风装置选用一款适宜的顶板螺旋千斤顶非常重要（图 8-68）。主排气管道（直径为 30.5 cm）与另外一条管道（直径为 46 cm）连通在一起，46 cm 管道的作用是为主排气管道提供降温所需的冷空气。该管道由停滞空气箱或顶板螺旋千斤顶支撑着，与屋顶连在一起。窑炉室外通风装置的横截面面积为 1 in²/5000 BTU。此外，将门窗打开或者在地面上以及屋顶上设置通风口也都能起到排烟作用。假如在烧窑的过程中，你能感觉到周围的环境越来越热且能闻到烟味，那就说明排烟装置设计得不够合理。遇到这种问题时，可以通过在屋顶处以及其他部位安装排气扇的方式改善之，当然在此之前还是向供热以及空气调节领域的专家咨询一下才好。

切记：窑温为 10 号测温锥的熔点温度时，带有拱顶的烟道温度约为 945℃。窑顶上方 1.2 m 处烟道排气罩内的温度约为 399℃。由此可见，为窑炉设置一套适宜的通风排气装置十分必要。

8.8.3　液化石油气罐

液化石油气罐尺寸各异，既可以购买也可以租用。对于体积为 0.68～1.13 m³ 的窑炉而言，我建议使用一个 1893 L 的液化石油气罐或者组合使用两个 946 L 的液化石油气罐。尺寸更小的液化石油气罐也能用。使用液化石油气罐烧窑时需注意以下几点：

（1）一定要把液化石油气罐竖立摆放，平放使用时蒸气会取代液体，难以达到其烧成功效。

（2）不要把液化石油气罐装得太满。液化石油气罐的内部空间设计结构为液体占 80%，蒸气占 20%（图 8-69）。这种设计形式可以满足外部环境温度升高时，罐体内部的液体膨胀之需。

（3）当罐体内部的液化石油气受潮时，罐体外部的调节器会冻结。遇到这种问题时，可以让液化石油气罐经销商往罐体内部注射少量干甲醇。每 9 kg 液化石油气注入 28 g 干甲醇，或者每 400 L 液化石油气注入大约 0.5 L 干甲醇就足够了。有些时候，夜晚烧窑气温较低且液化石油气罐内的燃气含量不足（少于 30%），就会出现气压下降且罐体外表面冻结的现象。遇到这种问题时，你唯一能做的就是往液化石油气罐上浇热水，直至烧窑结束。使用两个小液化石油气罐烧窑不会出现上述问题。在寒冷地区最好使用液化丙烷烧窑。向丙烷公司咨询液化丙烷气罐的安装方式以及丙烷燃烧器的使用数量。就此方面建议大家阅读以下著作：厄尔·克利夫德（Earle A. Clifford）撰写的《液化石油气使用指南》（*The Practical Guide to LP-Gas Utilization*），哈布雷斯出版公司（Harbrace Publications），1969 年版；尼尔斯·卢（Nils Lou）撰写的《烧窑艺术》（*The Art of Firing*），A & C 布莱克（A & C Black）/奥维耶多（Oviedo）出版公司（伦敦），清风出版公司（Gentle Breeze Publishing，佛罗里达），1998 年版。

（4）液化石油气罐与窑炉或窑棚之间的距离应该大于 10.7 m，且其放置位置应处于较低且顺风的区域，以便于能将泄漏的燃气顺利排出窑炉或窑棚外部。

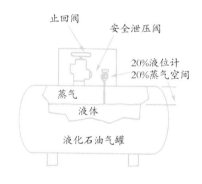

图 8-69　液化石油气罐透视图

8.9　一般安全预防措施

不要把废气排进通风管道中。不要在地下室内建造陶艺窑炉，不要把气窑、油窑或柴窑建造在高于地平面以上的部位。不要在教室中建造窑炉（可以在室外专门为窑炉建造一座窑棚）。在屋顶上设置窑炉烟囱或者排烟通道时，其位置不能与摄入新鲜空气的通道排列在一起。

燃气是很危险的，但只要预防措施做得好就能保证安全。曾经有一位在燃气公司工作的员工告诉我这样一件事：某个学生在烧窑之前为了净化喷嘴就把丙烷输气管打开了一会儿，在此期间喷嘴是得到了净化，但是比空气重的丙烷气体在窑室底部聚集了一层，而丙烷气体用肉眼是看不见的，所以当学生点燃燃烧器时聚集在窑室底部的丙烷气体立刻就爆炸了，窑顶被炸毁，被炸开的窑门重重地拍在刚要转身逃离的学生后背上。由此可见，在点火的时候最好把窑门开一条缝且将烟囱挡板打开。烧气窑的时候始终都要保持警惕性，待安全度过初烧阶段之后，再将烟囱挡板以及窑炉各部位的观火孔闭合住。

窑顶与窑棚之间、窑炉烟囱与带有托梁的屋顶烟道出口之间、木柴与烟囱之间都必须预留出足够的安全距离。除此之外，木柴和烟囱之间还必须设置隔热层和防水层。1963 年，我和约翰·夏贝尔在日本堂村烧盐釉窑。该窑棚的屋顶由瓦楞塑料板建造而成，就在烧窑进行到一半的时候——火苗从窑门拱顶以及撒盐孔内窜出——瓦楞塑料板受热熔融并逐渐向窑顶方向下沉，窑顶开始燃烧，在此紧急关头我们两人不得不手忙脚乱地一边烧窑一边灭火。还有一回，我的一位朋友在他的工作室里安装了奥尔森 24 型窑炉，他没有听从我的建议，仅将窑顶与窑棚之间的距离设为213 cm，第二次烧窑时窑棚就失火了。好在他本人当时一直守在窑炉边上，所以及时控制住了火势，并没有造成巨大的损失。各位读者从上述案例中不难看出安全预防措施的重要性，安全重于泰山！

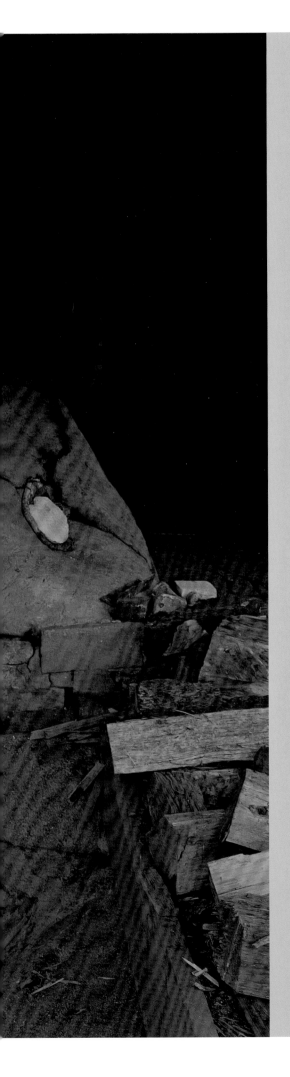

第 9 章

电
窑

电窑与前文中介绍的烧燃料的交叉焰窑、倒焰窑以及顺焰窑几乎没有什么共同之处。电窑既不依靠燃料及其产生的热能烧窑，也不依靠自然气流抽力烧窑，其工作原理以窑炉的设计形式为基础（参见第 3 章，窑炉设计原理中的准则 1 以及准则 9）。

电窑是 20 世纪的产物，可能成为窑炉建造史上第四个至关重要的创新。第一项革新是窑炉内部设有专门摆放陶瓷坯体的空间。第二项革新是高温耐火材料的发展，由此欧洲开始使用诸如煤、石油和天然气之类的矿物燃料烧窑。第三项革新是 20 世纪 30 年代，轻质绝缘耐火砖以及相关的耐火材料得到发展。第四项革新是适用于烧制陶瓷作品的电窑采用了与其他类型窑炉完全不同的设计形式，是电、电热丝以及轻质绝缘耐火砖这三种物质协同作业的新型产品。特此声明：本章将要介绍的电窑规划、电量参数的测量方法以及计算方法虽有助于读者理解电窑的工作原理，但不能作为电窑安装指南使用。安装电窑需要职业电工来操作，任何电气工程在正式实施之前都需获得注册专科机构的审核批准，这一点至关重要。

< 由弗雷德里克·奥尔森创作的尘土系列雕塑作品。电窑烧制

9.1　电窑规划

电窑内部无自然气流，烧窑靠的是从电热丝中产生的电能转化而成的热能。

9.1.1　电窑的形状

前文就窑炉外形设计曾讲过一系列准则，其中第一项准则为立方体是最佳形状。这一条对于电窑而言同样适用。安装在电窑窑壁上的电热丝散发出热辐射并向窑室中央部位传递。窑室过宽的话，热辐射是无法到达窑室中央部位的。因此窑室尺寸与电窑功效密切相关。为使窑室中央部位的烧成功效为最大值，立方体形电窑的尺寸通常不能超过 76.2 cm×76.2 cm×76.2 cm（0.44 m³）。我见过的最宽的梭式电窑为 114 cm。该窑的长度为 2.69 m，宽度为 114 cm，高度为 124 cm，窑炉侧壁、窑门以及窑炉底部布满了电热丝。图 9-1 以及图 9-2 展示了一座大型电窑，该窑位于立陶宛考纳斯市的杰希娅（Jiesia）骨质瓷工厂。窑室手推车上安装着氯丁橡胶车轮，硼板以及立柱产自德国。当窑炉体积超过 0.23 m³ 时，其窑室宽度通常介于 56～66 cm 之间，其硼板边长通常介于 51～61 cm 之间。在宽度已经确定的情况下，可以通过增加窑室长度或高度的方式增加电窑的容积。要想将顶开式电窑的容积提升至 0.57 m³ 以上，为了方便建造，最简易的办法就是增加窑室的高度。更改窑壁的尺寸相对较难，因此，可以通过将电窑改造成梭式窑或者在窑室两侧各设一个窑门的方式提升其容积。

最常见的电窑分为四种类型：顶开式电窑、前开式电窑、多边形顶开式电窑、多层顶开式电窑（图 9-3，图 9-3A）。

图 9-1　杰希娅骨质瓷工厂里的梭式电窑，工人们正在装窑

图 9-2　杰希娅骨质瓷工厂里
的电窑为典型的大型梭式窑

图 9-2A　杰希娅骨质瓷工厂里的电窑
内景以及窑壁上的电热丝布局

顶开式电窑

前开式电窑

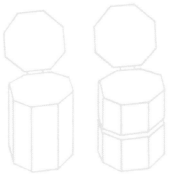

多边形顶　　多层顶开
开式电窑　　式电窑

图 9-3　电窑类型

图 9-3A　电窑内部结构

263

9.1.2　电窑耐火砖

由于电窑上的耐火砖是与散发热能的电热丝直接接触的，所以在为电窑选择耐火砖时一定要选用高品质的绝缘耐火砖。适用于电窑的耐火砖必须具备以下特质：①铝含量至少为 40%～45%；②铁（Fe_2O_3）含量不宜超过 1%；③碱（例如 Na_2O）含量不宜超过 0.4%。对于烧成温度低于 9 号测温锥熔点温度的电窑而言，最好选用 2300 型绝缘耐火砖；对于烧成温度超过 10 号以及 11 号测温锥熔点温度的电窑而言，最好选用 2600 型绝缘耐火砖。旧式巴布科克（Babcock）绝缘耐火砖以及威尔考克斯（Wilcox）绝缘耐火砖的 Fe_2O_3 含量为 2.4%，碱含量为 0.4%，由此可见这两种耐火砖并不适用于电窑。摩根热陶瓷生产的 JM-26 型绝缘耐火砖以及 K-26 型绝缘耐火砖，其 Fe_2O_3 含量为 0.8%，碱含量为 0.1%，由此可见这两种耐火砖非常适用于电窑。绝缘耐火砖 Fe_2O_3 含量超标时会影响电热丝的使用寿命，耐火砖与电热丝的接触面上不能有铁。

建议所有外表面使用康泰尔（Kanthal）合金电热丝，因为这种电热丝的外表面设有铝质或耐高温物质镀层。一定要选用高品质的绝缘耐火砖，因为电热丝氧化层保护得越好，其使用寿命越长。电热丝与空气接触后会被氧化。诸如氧化铁、碱、从陶瓷色剂以及釉料中挥发出来的水蒸气或者迸射出来的细小颗粒都会导致氧化层被破坏进而降低其使用寿命。

9.1.3　电热丝及其安装沟槽

对于电窑而言，除了第 2 章中介绍的窑炉建造方法之外还需补充一条：必须在耐火砖上设置电热丝安装沟槽。长方体形沟槽以及圆柱体形沟槽最常见（图 9-4）。这两种形状的沟槽很好建造。长方体形沟槽的建造方法如下：先用锯子在耐火砖的中间锯出两条平行缝隙（深 6 mm），之后将缝隙之间的耐火砖条剔除掉（图 9-5）。圆柱体形沟槽的建造方法也很简单：用配备了适当尺寸钻头的钻孔机从耐火砖中部或者顶角一侧钻至另一侧（沿着 23 cm 的长边），再借助锯子将孔洞进一步修整成适宜尺寸（图 9-6）。上述两种形状的沟槽都需具备足够的空间，既能满足热辐射向窑室中央部位传递，也能满足安装电热丝以及更换电热丝之需。

商业生产的电窑，其耐火砖窑壁上设有陶瓷质电热丝砌块，用于缠绕电热丝的陶瓷棒就搭建在砌块上。砌块不仅能将热辐射传递到窑室中央部位，还有助于延长电热丝的使用寿命（图 9-7，图 9-8）。此外，陶瓷质电热丝砌块还有一个优点，那就是可以使用铁含量较高的耐火砖或杂质较多的绝缘耐火砖建造电窑，因为电热丝仅会接触到高质量的砌块而不会接触到耐火砖。

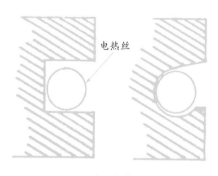

电热丝

◁　图 9-4　安装电热丝的长方体形沟槽以及圆柱体形沟槽

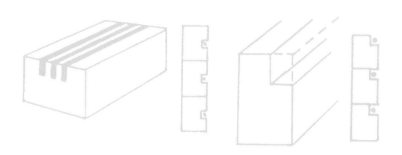

图 9-5 在耐火砖中部或者顶角处设置安装电热丝的立方体形沟槽

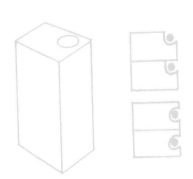

图 9-6 在耐火砖中部或者顶角处设置安装电热丝的圆柱体形沟槽

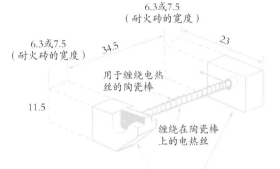

6.3或7.5
（耐火砖的宽度）

6.3或7.5
（耐火砖的宽度）

34.5

23

11.5

用于缠绕电热丝的陶瓷棒

缠绕在陶瓷棒上的电热丝

砌筑在窑壁内部的陶瓷质电热丝砌块

图 9-8 陶瓷质电热丝砌块（单位：cm）

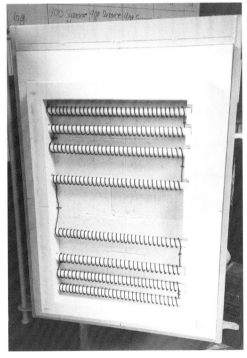

图 9-7 电窑窑门构造

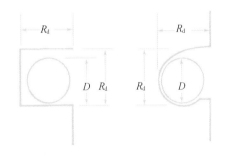

R_d R_d

D R_d R_d D

图 9-9 电热丝安装沟槽尺寸计算公式为 $R_d =$ 1.25D（坝塔尔合金公司授权转载）

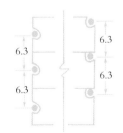

6.3

6.3

6.3

6.3

图 9-10 电热丝之间的距离设置（单位：cm）

安装电热丝的沟槽尺寸计算公式如下：$R_d = 1.25D$，这里的 D 指的是电热丝圈的直径，R_d 指的是安装电热丝的耐火砖沟槽直径（图 9-9）。电热丝的安装位置既不可过深也不可过浅。电热丝之间的距离取决于窑炉的尺寸、电热丝的直径、沟槽的尺寸以及电热丝的设置数量。窑炉各部位的电热丝设置距离应尽量均等。电热丝之间的距离通常为一块耐火砖的宽度或 6.3 cm（图 9-10）。对于体积较小的窑炉而言，安装电热丝的最小沟槽间距为 2 cm（图 9-11），电热丝之间的距离为 6.3 cm。在上下两行沟槽之间设置一条 45°的过桥，以此便可将电热丝从一行沟槽中引至另

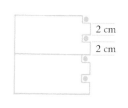

图 9-11 小型电窑电热丝的最小沟槽间距为 2 cm

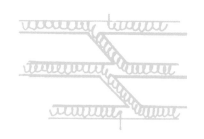

图 9-12 将电热丝从一行沟槽中引至另一行沟槽中

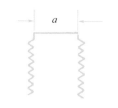

图 9-13 过桥 a = 电热丝之间的距离

一行沟槽中（图 9-12）。借助过桥可以将窑壁上的电热丝过渡到窑炉底部（图 9-13）。

康泰尔合金公司（Kanthal Corporation）生产一种专门用于搭建各种尺寸电热丝的特制耐火砖。用这种耐火砖搭建出来的电热丝最大间距为 7.5 cm，中等间距为 6.3 cm，最小间距为 2.5 cm（图 9-14）。坐落在意大利卡迪里亚诺市的乔布·福尼电窑公司生产霍伯克线（Hobbyker Line）电窑以及前开门式电窑，这两种窑炉内设有整体式沟槽窑壁（由摩根热陶瓷生产的 M 型陶瓷纤维板制作而成），电热丝之间的距离为 6.3 cm，窑炉底部对接角接头处设有隐蔽的过桥（图 9-15）。这些窑炉 15 cm 厚的窑壁中设有百叶窗式隔热板以及空气滞留区，因此上述两种窑炉的绝缘性能极好（想要了解更多相关内容，请联系奥尔森窑炉元件公司）。

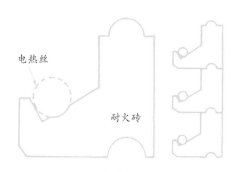

图 9-14 由坝塔尔合金公司生产的专门用于搭建各种尺寸电热丝的耐火砖

9.1.4 电窑窑顶以及窑壁

一旦把窑炉尺寸确定下来，耐火砖上也挖好了沟槽，那么接下来的电窑建造工作就很容易了。图 9-16 展示了三种 18 cm 厚窑壁的建造结构：①10 cm 厚 M 型高温陶瓷纤维板，5 cm 厚绝缘纤维板背衬，2.5 cm 厚空气滞留区；②6.3 cm 厚绝缘纤维板，一层顺砌耐火砖；③K-20 型绝缘纤维板背衬，一层顺砌耐火砖。当窑壁与窑炉框架没有绑固在一起时，上述窑壁的高度不宜超过 122 cm。一般来讲，当窑炉尺寸小于 51 cm×51 cm×51 cm 时，其窑壁厚度通常为 11.5 cm，且窑壁后设有金属（不锈钢）背衬。烧成温度为 6 号测温锥熔点温度的多边形窑炉，其窑壁由耐火砖侧砌而成，窑壁的厚度为 6.3 cm。绝大多数电窑上都设有通风孔，通风孔通常设置于窑壁顶部或者窑顶上。

与拱顶电窑相比，平顶电窑的建造方法相对简单且造价较低。图 9-17 展示了顶开式平顶电窑的常规构造，可以根据实际需要将该构造形式任意扩展或者缩小。电窑需要配置角钢框架。跨越窑顶的整行耐火砖由螺栓铆固在一起。

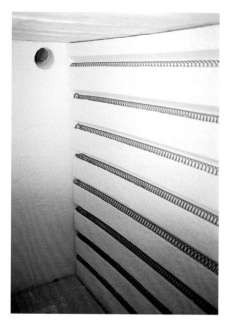

图 9-15 乔布·福尼公司生产的电窑具有整体式沟槽窑壁

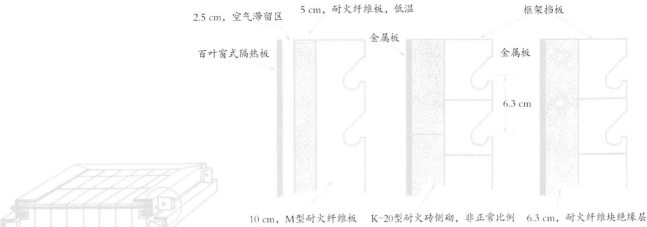

图 9-16　三种 18 cm 厚窑壁的建造结构

图 9-17　顶开式平顶电窑的常规构造

图 9-18　角钢框架顶角接头的焊接方式

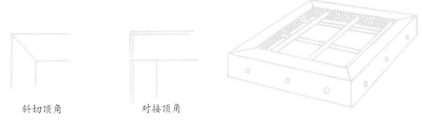

图 9-19　借助横杆加强杆将电窑平顶制造成整体式结构

角钢框架的顶角接头既可以是斜切结构的，也可以是对接结构的（图 9-18）。当窑炉的建造数量不多时，可以为其焊制斜切顶角角钢框架；当窑炉的建造数量较多时，可以为其焊制对接顶角角钢框架。对接顶角比斜切顶角更加坚固更加精确，借助金属切割机切割角钢既省时又省力。在角钢框架内设置横杆加强杆后可以将电窑的平顶制造成整体式结构（图 9-19）。

为便于排散水汽，当窑炉体积超过 0.23 m³ 时必须在窑顶上设置通风孔。对于顶开式窑炉而言，当窑盖的面积为 56 cm×132 cm 时，窑盖两侧应各设一个 6.3 cm×6.3 cm 的通风孔（图 9-20）。

9.2　多边形电窑的建造方式

多边形顶开式电窑以及多层顶开式电窑的窑壁由耐火砖侧砌而成时厚度为 6.3 cm，顺砌而成时厚度为 11.5 cm，具体尺寸取决于窑炉的最高烧成温度。这类窑炉设不设耐火纤维背衬均可，但必须设置不锈钢外套。

多边形电窑的设计基于耐火砖的尺寸（23 cm）。其建造方法如下：首先，根据自己的需求以及硼板的规格确定出窑炉的直径以及窑壁的厚度。其次，画两个同心圆，外圆的半径为窑炉外壁的半径；内圆的半径为

图 9-20　在大型顶开式电窑顶上设置通风口

窑炉内壁的半径。再者，在外侧同心圆的弧线上标记两个点，两点之间的距离为 23 cm，以该距离作为参照物画出一块耐火砖的轮廓。从同心圆的圆心拉一根绳子，绳子末端放在耐火砖轮廓的外角上，由此可以得出耐火砖的切角线（图 9-21）。最后，根据所画出的图形确定环形砖模板。

在给多边形电窑罩上不锈钢外套之前，需先在每一块耐火砖上开凿出电热丝安装沟槽。多边形的外角接头处需倒圆角（图 9-22）。用不锈钢网把环形耐火砖结构绑固成一个整体结构，再借助抱箍收拢不锈钢外套，并将两者牢牢地焊接在一起（图 9-23）。无须灰浆粘合以及勾缝。

多边形电窑的窑盖由耐火砖顺砌而成，窑盖的外形与窑身一致，借助灰浆把耐火砖粘合成一个整体结构，最后给窑盖也罩上一个不锈钢外套（图 9-24）。

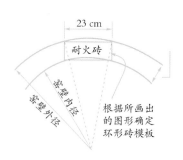

< 图 9-21 多边形电窑的耐火砖切角线确定方法

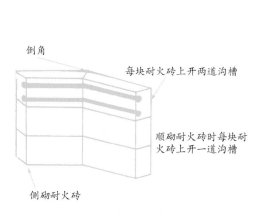

< 图 9-22 在多边形电窑的耐火砖上开凿安装电热丝的沟槽

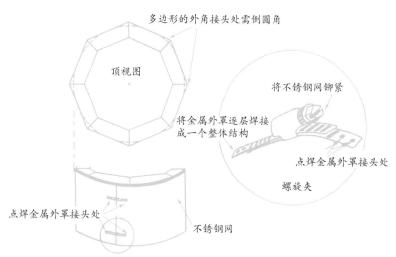

< 图 9-23 借助抱箍收拢不锈钢外套，并将两者牢牢地焊接在一起

9.3 如何用电窑烧还原气氛

电窑中的空气是静止的/中性的，只有将可燃气体引入窑室内部才能让电窑烧还原气氛。在电窑外部建造一间炉膛，在电窑底部设置一条烟道入口，在炉膛与烟道入口之间设置一条通道，同时在电窑烟道出口处建造一个烟囱（图 9-25）。还原烧成初期将炉膛以及烟囱打开，往炉膛内填适量的柴，让烟雾进入窑室内部，待烟雾逐渐由浓转淡后再重复上述步骤。这样做的目的并不是为了提升窑温，而是形成还原气氛，我们将此烧成阶段称为造烟。

用电窑烧还原气氛会影响电热丝的使用寿命。但是，只要让电窑交替烧氧化气氛和还原气氛，或者交替烧还原气氛和素烧，那么就可以将电热丝的损伤程度降至最低。电热丝的使用寿命取决于其外表面在氧化气氛中获得的氧化保护层，两种气氛交替烧有利于电热丝重获氧化保护层。

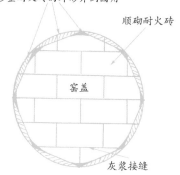

< 图 9-24 借助灰浆把耐火砖窑盖粘合成一个整体并罩上不锈钢外套

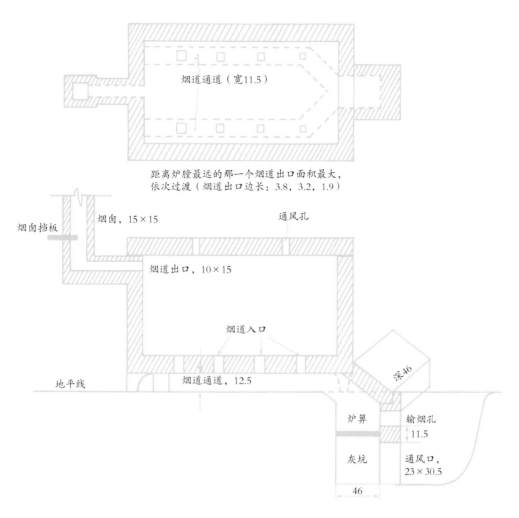

图 9-25　用电窑烧还原气氛，在窑炉下部建造一间炉膛，以便将烟雾引至窑室内部（单位：cm）

9.4　电量参数的测量方法以及计算方法

电流强度的单位为安培（A）。1 A 等于每秒钟流过 $6.24150974 \times 10^{18}$ 个电子。水、燃气、空气以及其他类似物质可以借助压力推动，并以磅力/平方英寸（lbf/in^2）或千帕（kPa）为单位标注其压力强度。电能也可以借助压力推动，该压力的单位为伏特（V）。仅靠安培或者仅靠伏特无法确定电热丝中的电能流通数量。这就和抽水差不多：在压力未知的情况下，只知道每分钟抽了多少加仑（或者多少升）水的话还是得不出总功。只有将安培和伏特放在一起时，才能确定电热丝中的电能流通数量（瓦数），即电流（安培）×电压（伏特）＝功率（瓦特）（电量参数通常以千瓦为单位）。

电阻也是制约电流强度的重要因素。就像从管道中流过的水一样，水的流量取决于推动水的压力，电的流量取决于电阻。电热丝的直径越小电阻越大；电热丝的长度越长电阻越大；电热丝的表面越粗糙电阻越大。

不同的材料具有不同的导电性能。综上所述，一根电热丝能产生多大的电阻取决于三方面因素：电热丝的长度、电热丝的直径、电热丝的制作材料。

从某种导体（例如电热丝）中通过的电流强度 I（A），既取决于电压 E（V），也取决于电阻 R。其计算公式为：

$$I = \frac{E}{R}$$

9.4.1　选择电热丝

本章介绍关于电窑建造的一般知识。然而就电热丝的设计及选择方面，我想强调的是除了实验别无良策。包括厂家在内，所有电窑建造者都是在实验的基础上逐步改良，最终才得出电热丝的最佳设计及选择方案的。在建造电窑的过程中，即便确定了窑炉设计方案，计算出了电热丝的尺寸，也最好再向有经验的窑炉建造者或者电热丝生产商咨询一下。除此之外，在将电热丝连接到开关、断路器以及电源上时，也最好再让电工复查一下你的电路设计及其连接形式是否适宜。若将所有因素都能考虑到位就不用购买电窑了。

以康泰尔（Kanthal）合金电热丝为例，该产品由金属电阻材料制作而成，具有性能好以及耐高温等优点，这也是高温电窑日益兴盛的原因所在。康泰尔合金电热丝能承受 10 号测温锥的熔点温度（1285℃）。适用于电窑的电热丝分为两种类型：适用于低温烧成的镍铬合金电热丝；适用于高温烧成的康泰尔合金电热丝。表 9-1 列出了上述两种电热丝的物理性质。

合金	A-1 型康泰尔合金电热丝（%）	A 型康泰尔合金电热丝（%）	8 号尼克罗塔尔镍铬合金电热丝（%）
化学分析	5.5 Al, 22 Cr 0.5 Co, 72 Fe	5.5 Al, 22 Cr 0.5 Co, 72.5 Fe	80 Ni 20 Cr
组成结构	线材和带材	线材和带材	线材和带材
最高承受温度持续烧成	1374℃（2505℉）	1329℃（2425℉）	1199℃（2190℉）
20℃时的电阻率（$\mu\Omega/cm^3$）	145	139	108
20℃时的电阻率（Ω/cm^3）	872	837	650

表 9-1　康泰尔®合金电热丝以及尼克罗塔尔（Nikrothal）镍铬合金电热丝的物理性质和电学性质

电热丝的使用寿命取决于下列 8 种因素：

（1）电热丝的耐高温性能

（2）烧成气氛，例如氧化气氛或者还原气氛

（3）电热丝的直径以及长度

（4）窑温

（5）电热丝的最大表面功率负荷（W/in²）[1]

（6）电热丝的使用频率

（7）电热丝的构造

（8）固定电热丝的耐高温材料

使用布朗夏普（B & S）线规时，直径介于 5～16（1.29～4.62 mm）之间的电热丝最适合陶艺窑炉。电热丝的耐高温性能与其尺寸以及烧成气氛密切相关。对于一座烧成温度为 6 号测温锥熔点温度的窑炉，其最佳电热丝直径为 12～16（2.052～4.62 mm）对于一座烧成温度为 10 号测温锥熔点温度的窑炉，其最佳电热丝直径为 5～12（1.29～2.052 mm）——为电窑选择电热丝时需以上述数值以及其他因素作为参考。窑炉的体积越大，其配备的电热丝直径越大。表 9-2 列举了各类电热丝的直径及其耐高温数值。

表 9-2　建议烧成温度

电热丝直径（in） （B&S 线规）	0.403 18	0.1285 8	≥0.1285 ≥8
A-1 型康泰尔合金电热丝	1224～1349℃		1375℃
A 型康泰尔合金电热丝	1174～1299℃		1336℃
D 型康泰尔合金电热丝	1099～1199℃		1286℃
8 号尼克罗塔尔镍铬合金电热丝	1073～1149℃		1199℃

电窑电热丝通常由线材和带材组合而成，这种结构有助于延长其使用寿命，而使用寿命与电热丝的直径密切相关。

9.4.2　电热丝的表面功率负荷

电热丝的表面功率负荷有两种测量方法：每平方英寸的功率数值（W/in²）以及每平方厘米的功率数值（W/cm²）。电热丝的表面功率负荷与单位时间内的损耗密切相关。表面功率负荷高意味着电热丝的直径较小、用材较少、制作成本较低、损耗率较高、使用寿命较短、使用成本较高。电热丝的表面功率负荷适宜时，既能达到预定的烧成温度，也能最大限度地延长其使用寿命。一般原则为尽量使用表面功率负荷较低的电热丝。图 9-26 展示了 A-1 型康泰尔电热丝以及 A 型康泰尔电热丝的最大表面功率负荷。由于电热丝的表面功率负荷取决于诸多因素，例如窑温、烧成气氛、固定电热丝的耐高温材料、电热丝的构造、电热丝的使用频率等，所以图中的数据仅供参考。

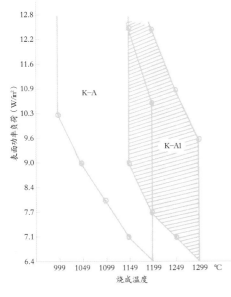

图 9-26　工业窑炉电热丝的最大表面功率负荷

---

[1] 1 in² = 6.45 cm²。因本章涉及的一些设备及其技术参数源自国外公司，为保证相关数据的准确性和可用性，故部分计量单位根据原著仍采用英制或美制计量单位。

电热丝的表面功率负荷通常为 $5\sim9\,W/in^2$。

9.4.3　康泰尔电热丝数据表

由表 9-3、表 9-4、表 9-5 中提供的数据可以得到以下信息：

Ω/ft，$20℃$：在电热丝长度已知的情况下，可以计算出 $20℃$ 环境下的电阻数值。结合烧成温度并计算该温度环境下的电阻，需将所得数值乘以因子 C_t（某烧成温度下的电阻）。表 9-3、表 9-4、表 9-5 中列举了各类电热丝的因子 C_t。

in^2/ft：在电热丝长度已知的情况下，可以计算出其热辐射表面积。将所得数值与电热丝的表面功率负荷结合在一起时，可以得出每平方英寸的瓦特数值（W/in^2）。

ft/lb：在电热丝长度已知的情况下，可以计算出其采购数量。

lb/ft：在电热丝长度已知的情况下，可以计算出单根电热丝的准确重量。

表 9-3　A-1 型康泰尔电热丝

所能承受的最高温度：1375℃	密度：7.1 g/cm³（0.256 lb/in³）	20℃环境下的电阻率：145 μΩ/cm³

结合烧成温度并计算该温度环境下的电阻，需将所得数值乘以因子 C_t

℃	20	100	200	300	400	500	600	700	800	900	1000	1100	1200	1300	1350	1375
℉	68	212	392	572	752	932	1112	1292	1472	1652	1832	2012	2192	2372	2462	2505
C_t	1.000	1.000	1.001	1.002	1.005	1.010	1.017	1.023	1.028	1.032	1.036	1.038	1.040	1.042	1.043	1.044

B&S 线规	直径 in	直径 mm	Ω/ft 20℃（68℉）	in²/ft	ft/lb	lb/ft	Ω/lb	in²/Ω 20℃（68℉）
1	0.289	7.348	0.01042	10.889	4.948	202.1	0.05154	1046
2	0.258	6.543	0.01314	9.721	6.238	160.3	0.08190	739.4
3	0.229	5.827	0.01657	8.629	7.867	127.1	0.1303	522.0
4	0.204	5.189	0.02089	7.687	9.921	100.8	0.2072	369.4
5	0.182	4.620	0.02635	6.858	12.51	79.90	0.3294	260.2
6	0.162	4.115	0.03323	6.104	15.78	63.36	0.5241	183.8
7	0.144	3.665	0.04188	5.426	19.89	50.28	0.8327	129.8
8	0.128	3.264	0.05281	4.823	25.07	39.87	1.325	91.71
9	0.114	2.906	0.06663	4.296	31.63	31.61	2.106	64.72
10	0.102	2.588	0.08398	3.843	39.89	25.06	3.348	45.74
11	0.091	2.304	0.1059	3.430	50.30	19.88	5.324	32.30
12	0.081	2.052	0.1335	3.052	63.41	15.77	8.463	22.81
13	0.072	1.829	0.1684	2.713	79.98	12.50	13.46	16.10
14	0.064	1.628	0.2124	2.412	100.8	9.914	21.40	11.37
15	0.057	1.450	0.2677	2.148	127.1	7.865	34.02	8.036
16	0.051	1.290	0.3376	1.923	160.3	6.237	54.11	5.674

表 9-4　A 型康泰尔电热丝

所能承受的最高温度：1330℃	密度：7.15 g/cm³ (0.258 lb/in³)	20℃ 环境下的电阻率：139 μΩ/cm³

结合烧成温度并计算该温度环境下的电阻，需将所得数值乘以因子 C_t

℃	20	100	200	300	400	500	600	700	800	900	1000	1100	1200	1300	1330
℉	68	212	392	572	752	932	1112	1292	1472	1652	1832	2012	2192	2372	2425
C_t	1.000	1.002	1.006	1.011	1.017	1.027	1.036	1.043	1.049	1.052	1.056	1.058	1.060	1.062	1.063

B&S 线规	直径 in	直径 mm	Ω/ft 20℃ (68℉)	in²/ft	ft/lb	lb/ft	Ω/lb	in²/Ω 20℃ (68℉)
1	0.289	7.348	0.01000	10.889	4.914	203.5	0.04909	1091
2	0.258	6.543	0.01261	9.721	6.195	161.4	0.07800	771.3
3	0.229	5.827	0.01591	8.629	7.812	128.0	0.1241	544.5
4	0.204	5.189	0.02005	7.687	9.852	101.5	0.1973	385.4
5	0.182	4.620	0.02530	6.858	12.42	80.46	0.3137	271.4
6	0.162	4.115	0.03189	6.104	15.67	63.81	0.4991	191.7
7	0.144	3.665	0.04020	5.426	19.75	50.63	0.7930	135.4
8	0.128	3.264	0.05069	4.823	24.90	40.15	1.262	95.67
9	0.114	2.906	0.06395	4.296	31.41	31.83	2.006	67.51
10	0.102	2.588	0.08061	3.843	39.61	25.24	3.189	47.72
11	0.09	2.304	0.1017	3.430	49.95	20.02	5.070	33.70
12	0.081	2.052	0.1282	3.052	62.97	15.02	8.060	23.79
13	0.072	1.829	0.1616	2.713	79.42	12.59	12.82	16.80
14	0.064	1.628	0.2038	2.412	100.1	9.984	20.38	11.86
15	0.057	1.450	0.2570	2.148	126.2	7.920	32.40	8.383
16	0.051	1.290	0.3241	1.923	159.2	6.281	51.53	5.919

表 9-5　8 号尼克罗塔尔镍铬合金电热丝

所能承受的最高温度：1200℃	密度：8.41 g/cm³	20℃ 环境下的电阻率：108 μΩ/cm³

结合烧成温度并计算该温度环境下的电阻，需将所得数值乘以因子 C_t

℃	20	100	200	300	400	500	600	700	800	900	1000	1100
℉	68	212	392	572	752	932	1112	1292	1472	1652	1832	2012
C_t	1.000	1.017	1.035	1.052	1.062	1.068	1.066	1.063	1.062	1.067	1.071	1.075

B&S 线规	直径 in	直径 mm	Ω/ft 20℃ (68℉)	in²/ft	ft/lb	lb/ft	Ω/lb	in²/Ω 20℃ (68℉)
000	0.410	10.40	0.003866	15.44	2.077	481.5	0.008030	3994
00	0.365	9.27	0.004879	13.75	2.621	381.6	0.01279	2818
0	0.325	8.25	0.006153	12.25	3.306	302.5	0.02034	1991
1	0.289	7.35	0.007782	10.91	4.181	239.2	0.03254	1402
2	0.258	6.54	0.009765	9.711	5.244	190.7	0.05121	994.5
3	0.229	5.83	0.01239	8.648	6.658	150.2	0.08249	698.0
4	0.204	5.19	0.01562	7.702	8.389	119.2	0.1310	493.1
5	0.182	4.62	0.01962	6.857	10.54	94.87	0.2068	349.5
6	0.162	4.11	0.02476	6.107	13.30	75.17	0.3293	246.6
7	0.144	3.66	0.03135	5.440	16.84	59.39	0.5279	173.5
8	0.128	3.26	0.03967	4.844	21.31	46.93	0.8454	122.1
9	0.114	2.91	0.05001	4.313	26.87	37.22	1.344	86.24
10	0.102	2.59	0.06248	3.842	33.56	29.80	2.344	61.49
11	0.091	2.30	0.07849	3.419	42.16	23.72	3.309	43.56
12	0.081	2.05	0.09907	3.046	53.22	18.79	5.273	30.75
13	0.072	1.83	0.1255	2.714	67.34	14.85	8.451	21.63
14	0.064	1.63	0.1588	2.417	85.25	11.85	13.54	15.22
15	0.057	1.45	0.2000	2.153	107.5	9.306	21.50	10.77
16	0.051	1.29	0.2499	1.915	134.2	7.450	33.54	7.663

in^2/Ω，$20℃$：康泰尔电热丝的尺寸选择标准依据，以烧成温度除以因子 C_t 可以计算电热丝所能承受的温度。

9.4.4 确定所需功率（kW）

电窑所需功率取决于窑炉的体积、预定烧成温度以及达到该烧成温度所需要的烧窑时间。总的说来，对于炻器烧成温度而言，可以通过下列两种方法求得其所需功率：

（1）窑室内部的所需功率 $1.2\ W/in^3$ 或者 $2.07\ kW/ft^3$，功率数值较低时约为 $10\ W/in^3$ 或者 $1.5\ kW/ft^3$。

举例说明：$2\ ft\times 2\ ft\times 2\ ft = 8\ ft^3$
$$8\times 1.5 = 12\ （kW）$$

在单位体积内，小窑炉的功率输出值高于大窑炉的功率输出值。由于会受到各种客观因素的影响，有些时候功率数值会偏差 ±25% 左右，具体数值还应在实践中慢慢摸索。

（2）窑壁表面的所需功率为 $5\sim 7\ W/in^2$。

图 9-27 展示了窑壁的布局形式。先将各窑壁面积相加，之后再乘以 $5\sim 7\ W$。由于 $5\sim 7\ W$ 范围较广，所以最好取其中间数 6 W。

举例说明：$24\ in\times 24\ in = 567\ in^2$
$$567\times 4\ （窑壁）= 2304\ （in^2）$$
$$2304\times 5\ （W）= 11.5\ （kW）$$

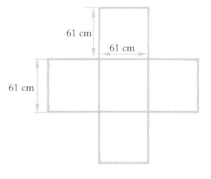

图 9-27 将窑壁展开以确定所需功率

所需功率较高时，可以将方法 1 更改为 $8\times 2.07 = 16.5$（kW）；方法 2 更改为 $7\times 2304 = 16.1$（kW）。根据表 9-6 中列举的所需功率数值，你会发现 16.1 kW 太高了。整个数列中部的数值偏低。该表格中列出的所需功率数值，是我在考察了 2010 年市面上出售的窑炉体积的基础上编制出来的。各位读者在计算窑炉所需功率时可以参考。

窑炉电压通常取决于局部电源电压，表 9-6 中列出的数值除了三相电窑之外，其他各种电窑都包括了。建议大家的入户电流容量不低于电窑所需电流的 $2\sim 3$ 倍为好。

9.4.5 计算电热丝的型号

计算电热丝的型号需要知道以下四个方面信息：

（1）最高烧成温度

（2）电压

（3）窑炉的容积

（4）电路数量

正式计算电热丝的型号之前，应在实践的基础上提出一系列假设。首先，了解最高烧成温度以及从表 9-3、表 9-4、表 9-5 中找出你所使用的

表 9-6　计算功率（kW）

体积（ft³）	功率（kW）	电压（V）	电流强度（A）	所需电热丝的型号
1	1.800	120	15	—
	4.600	230	20	3
2	5.500	220/240	25	3
	4.600	230/208	20（三相）	3
	5.290	230	23	4
3	5.060	230	22	4
	5.760	240	24	4
	8.050	230	35	—
4	11.000	208/240	26.6（三相）	—
	10.800	240	45	—
	14.400	220/240	60	—
5	8.850	230	38.5	—
	7.800	230	34	—
6	9.200	230	40	5
	16.800	220/240	70	—
7	11.250	230	47	—
	14.400	220/240	60	—
8	10.350	230	45	5
	9.200	230	40	5
	13.800	230	60	6
10	26.000	240	108	—
	30.000	220/240	125	—
13	24.000	220/240	100	—
	25.000	220/240	75	—
15	34.500	230	150	6
	36.000	220/240	150	—
16	30.000	220/240	125	—
	24.000	240	100	5

电热丝因子 C_t 数值。从安装在建筑物、房间或者工作室墙壁上的电表面板上查看电压数值。绝大多数电窑的电压数值介于 220～240 V 之间。窑炉的容积是已知的，通过上述种种信息可以计算出窑炉所需功率（kW）。

接下来，必须在实践的基础上提出一系列假设：①所需电路数量；②电热丝的表面功率负荷（W/in²）。对于一座烧成温度为 10 号测温锥熔点温度的窑炉，其电热丝表面功率负荷为 6.4～9 W/in²。为了达到均匀分布窑温的目的，窑壁上的加热面积必须足够大。因此必须在窑壁上尽可能多设置一些电热丝——这也意味着窑炉所需功率的总数值会被分解开，并分配到各组电热丝上。各组电热丝各分担一部分功率。

在计算电热丝型号的时候有一种相对简便的方法：先借助公式求出电热丝每欧姆（Ω）的表面积（in²/Ω），之后从前文中提供的表内查找与该数值相符的电热丝直径。

查出电流强度数值（I），从电热丝的表面功率负荷（P）范围（6.4～9 W/in²）中选择一个数值，接下来按照下列公式进行计算：

$$\text{in}^2/\Omega = \frac{I^2 C_t}{P}$$

即

$$\text{in}^2/\Omega = \frac{\text{电流强度}^2 \times \text{温度因子}}{\text{电热丝的表面功率负荷（W/in}^2)}$$

此处的电流强度数值（A）是单组电热丝的电流强度数值，而非整个窑炉的电流强度数值。

已知信息：240 V

　　　　　108 A

　　　　　26 kW

　　　　　10.5 ft³

窑炉内部共设有 6 组电热丝和 6 个开关，烧成温度为 10 号测温锥的熔点温度。

试求：电热丝的型号（B＆S 线规）

解题方法：6 组电热丝的电流强度总数值为 108 A，单组电热丝的电流强度数值为 18 A。

$$\text{in}^2/\Omega = \frac{I^2 C_t}{P} = \frac{18^2 \times 1.04}{8} = 42.12$$

从前文中提供的表内查找符合这一数值标准的电热丝直径，最终得出符合要求的电热丝型号为 10 号（B＆S 线规）

可以借助欧姆定律验证计算结果。欧姆定律指出电流强度与电压成正比，与电阻成反比。以下计算中的符号分别表示为：

E——电压（V）

P——功率输出量（W）

R_h——热电阻值（Ω）

R_c——冷电阻值（Ω）

下一步：

$$R_h = \frac{E^2}{P} = \frac{240^2}{4333} = \frac{57600}{4333} = 13.3$$

$$R_c = \frac{R_h}{C_t} = \frac{13.3}{1.04} = 12.8$$

计算单组电热丝的所需功率（千瓦）时，需要将 26 除以 6。

以此得出单组电热丝的所需功率为 4.333 kW，即

$$P = 4333\,\text{W}（单组电热丝的功率输出量）$$

选择与之相同的表面功率负荷 8（p），求出电热丝每欧姆（Ω）的表面积（in²/Ω）：

$$\text{in}^2/\Omega = \frac{P}{p R_c} = \frac{4333}{8 \times 12.8} = \frac{4333}{102.4} = 42.4$$

$in^2/\Omega=42.4$，从表 9-3 内查找符合这一数值标准的电热丝直径，最终得出符合要求的电热丝型号为 10 号（B & S 线规）。

通过表中列出的数值即可求得单组电热丝的长度，即：

$$\text{电热丝的长度}(L)=\frac{R_c}{(\Omega/\text{ft})}=\frac{12.8}{0.083}=154.2(\text{ft})$$

需要注意的是，上述计算是以假定电热丝的表面功率负荷为 8 W/in^2 为前提的，因此还需进一步求得其准确表面功率负荷值。

我们已经得出了电热丝的直径、长度以及所需功率，在此基础上可以求得电热丝所需的准确表面功率负荷：用功率除以电热丝的直径乘以 π 乘以电热丝的长度再乘以 12（转换成英寸），所得数值即为电热丝所需的准确表面功率负荷（W/in^2）：

$$\frac{\text{所需功率}}{\text{电热丝的直径}\times\pi\times\text{电热丝的长度}\times12}=\text{表面功率负荷}(W/in^2)$$

$$\frac{4333}{102\times3.14\times154.2\times12}=\frac{4333}{582}=7.4(W/in^2)$$

由此得出电热丝所需的准确表面功率负荷为 7.4 W/in^2，将此数值再次放入公式 $in^2/\Omega=I^2\times C_t/P$ 中验证，你会发现所应选用的电热丝型号刚好为 10 号（B & S 线规）。

9.4.6　计算电热丝线圈

《康泰尔电热丝使用手册》（*The Kanthal Handbook*）指出当烧成温度超过 999℃ 时，电热丝线圈的外径（D）应为电热丝直径（d）的 5～6 倍。

由此可知 $D=$（5～6 倍）d

$$5d=5\times0.102=0.51 \text{ 或者}\, ^{33}/_{64}\,(\text{in})$$
$$6d=6\times0.102=0.612 \text{ 或者}\, ^{39}/_{64}\,(\text{in})$$

取其平均值，得出外径为 $^9/_{16}$ in 或者 0.56 in 的电热丝线圈较为适用。

在给定长度的情况下，可以通过下列公式计算出电热丝线圈的型号：

$$\text{电热丝线圈的型号}(W)=\frac{\text{以英尺为单位的电热丝长度}\times12\,in}{\pi(D-d)}$$

$$=\frac{154.2\times12}{3.14\times(0.56-0.102)}$$

$$=\frac{1850.4}{1.43}=1293$$

接下来按照下列公式可以求出电热丝线圈的近似长度（L_w）：

$$L_w=Wd=1293\times0.102=131.8 \text{ in 或者 } 10.98 \text{ ft}$$

电热丝线圈的螺距等于其直径的 2 倍，S（螺距）=20，按照下列公式可以求出电热丝线圈的拉伸长度：

$$电热丝线圈的拉伸长度(L) = S/d \times L_w$$

$$L = (2 \times 0.102 \times 131.8 \text{ in})/0.102$$

$$L = 263.6 \text{ in 或者 } 22 \text{ ft(近似值)}$$

根据计算结果你可以判断出以下信息：①电热丝的表面功率负荷与窑温是否适宜；②电热丝的直径与窑温以及表面功率负荷（W/in^2）是否适宜；③电热丝线圈的拉伸长度是否与其安装空间相适宜。当安装空间显小时，必须选用 B&S 线规线号更大的电热丝（也许是 11 号或者 12 号），这样做可以在提升表面功率负荷的同时缩减电热丝线圈的使用长度。

把电热丝绕成圈并不容易，尤其是在徒手且没有合适工具的情况下。电热丝工厂是借助安装在车床上的钢心轴来卷曲线圈的。先将电热丝卷成一个紧密的圈，之后拉伸线圈直至其螺距等于电热丝直径的 2～3 倍为止。当电热丝的直径较大时，需要先将其通电加热至 700～750℃之后才能拉伸至理想长度。电热丝线圈的螺距不均会导致散热不均。在拉伸电热丝线圈的过程中，既要保持恒定的拉力，也要保持稳定的角度，只有这样才能获得相同的螺距。

安装电窑的时候，需在电表与电窑插座之间连接适宜的电线，也可以将电线直接固定在窑炉上。在绝大多数环境中，当电流强度超过 50 A 时，应当将电线直接固定在窑炉上。图 9-28 以及表 9-7 中列举了各型号电线的电流强度数值以及单位长度内的压降。图 9-29 为线路图。电窑是所有窑炉中最难建造的，其设计形式以及砌砖方式是所有窑炉中最简单的，对于电

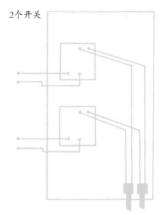

2个开关

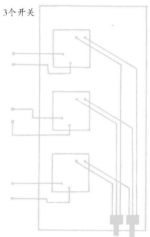

3个开关

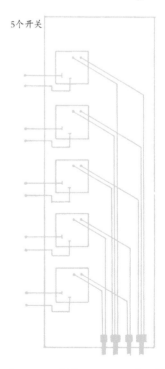

5个开关

图 9-29 线路图（既可以使用普通开关也可以使用压力开关）

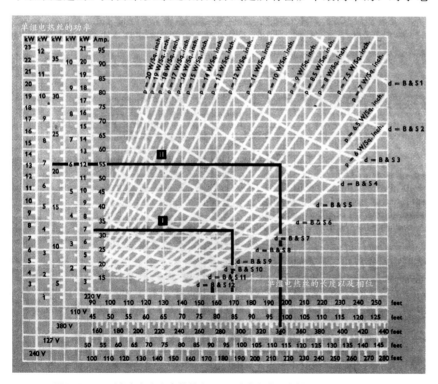

图 9-28 D 型康泰尔合金电热丝和 DS 型康泰尔合金电热丝，B&S 线规 1—12 号

窑而言，最难的部分是控制电源。由于计算电热丝型号、电阻数值、电热丝长度均取决于诸多不确定因素，除此之外还必须以实践作为计算的出发点，所以很难像其他窑炉那样给出可供参考的一般准则。因此，如果你想以本章中介绍的各项数据为基础为你的窑炉计算电热丝，还需向电热丝生产厂家或者电窑生产厂家进一步核实计算结果。

个人是很难将电热丝卷成圈的，因此最好使用商业生产的符合你窑炉要求的电热丝线圈。若将所有相关因素都考虑到位，自己建造电窑的成本不会高过购买的窑炉，其烧成效果也不会比购买的窑炉差。记住一点，窑炉设计者以及建造者的能力决定了窑炉的品质。

表 9-7　各型号电线的电流强度

电流强度（A）	电热丝型号（美国线缆规格）	每 100 ft（30.5 m）压降（V）
15	14	0.4762
20	12	0.3125
30	10	0.1961
40	8	0.1250
55	6	0.0833
70	4	0.0538
95	2	0.0370
110	1	0.0242

9.5　电窑维修

每次装窑时都应该进行预防性维修检查，一旦发现问题尽快维修。硼板的距离过近、烧成速度过快或者坯体炸裂后碎屑落入安装电热丝的沟槽内都会导致耐火砖结构受损。安装电热丝的沟槽必须时刻保持干净。耐火砖破损要及时更换，以防引发更严重的烧成问题。顶开式电窑窑盖上的耐火砖松动时应及时铆固。窑门无法密闭时应及时修正。

电热丝从沟槽内掉落下来时不要用力塞回去，因为电热丝的质地极为脆弱，在外力的影响下极易断裂。正确处理方法如下：先用丙烷喷枪将其加热，之后借助针头钳将其放归原位。如果电热丝是靠扣针固定在窑壁上，可以重新更换一根扣针或者多安装一根扣针。每年都需针对控制器、热电偶以及电热丝等电路连接配件进行一次彻底的检查维修。

电热丝的使用寿命取决于电窑的烧成温度以及达到该温度的烧成速度。一般来讲，对于一座烧成温度为 5 号或者 6 号测温锥熔点温度的窑炉而言，使用其建议烧成时间烧窑，电热丝的使用寿命约能达到烧 100 次窑。与上述烧成温度的窑炉相比，烧成温度为 9 号或者 10 号测温锥熔点温度的窑炉，其电热丝的使用寿命相对较短。当某座窑炉的烧成时间超过其建议烧成时间至少 2 h，那就说明电热丝已经老化需要更换了。此外，诸如无法达到预定烧成温度、电热丝变黑变长以及电热丝从沟槽中脱落等迹象也都表明需要更换电热丝了，需要从窑炉生产厂家预定同型号的电热丝并将老旧的电热丝替换掉。为了确保烧成质量，最好将整个窑炉内部的所有电热丝全都更换成新的。

第 章

创新型窑炉以及创意烧成

窑炉设计有严格的规定吗？我在前文中就窑炉设计讲解了很多基本准则。但基于这些基本准则，我们到底能在多大程度上自由发挥呢？我对这一问题十分感兴趣。窑炉的功能仅限于一种吗？它可以首先是一件雕塑作品但具有窑炉功能吗？反之呢？我为珍妮特·曼斯菲尔德建造的加尔贡赛车窑，其外观与真正的赛车无异，功能完全符合烧成要求（参见前文第4章相关内容）。加拿大亚伯达省埃德蒙顿市的礼花窑、古尔达格尔德国际陶艺中心的教堂窑以及匈牙利克斯克米特国际陶艺工作室的速烧窑（参见前文第7章相关内容）外观都是非常个性化的，但其设计结构均为传统式多火向窑。采用多火向结构的原因包括以下三点：让热量平均分布到不规则窑室的各个角落；达到缩短烧成时间的目的；在陶瓷坯体的外表面生成前所未有的烧成效果，最后这一条可能是现代窑炉目前所无法企及的。

我从2001年开始研究各类烧成技法的拓展技术，并将这些技术运用到外观犹如雕塑般的窑炉上，研究如何将就地而建的窑炉转变为另外一种形式，例如前文中介绍的变形多火向窑（参见第7章相关内容）。后文将介绍一系列项目、各种构造独特的窑炉以及各种创意十足的烧窑方法，这些内容对于进一步拓展此领域或许大有裨益。首先要介绍的这座窑炉非常独特，它是"世界上最热的乐器"。

10.1　世界上最热的乐器

1996年，我受邀参加了澳大利亚堪培拉国立大学主办的世界陶艺大会。我在参会期间建造了一座非常独特的窑炉，当时我想建造"世界上最热的乐器"。由于我不会演奏任何乐器，所以我给布莱恩·兰塞姆（Brian Ransome）写了一封信，向他求教乐器方面的知识，并按照他的建议将窑炉烟囱建造成了直笛的样子（图10-1，图10-2）。这座窑炉采用土拨鼠洞式穴窑构造——地面布局与我之前建造的加尔贡赛车窑极为相似。该窑的独特之处除了烟囱与乐器相似之外还有一点：居住在昆士兰北部蒂维岛上的陶艺家埃迪·普卢塔塔米瑞（Eddie Puruntatameri，1948～1995）的三个孩子卡伦（Karen）、罗伯特（Robert）以及瑞吉斯（Regis）在窑炉的外表面画了很多美丽的纹饰（图10-3，图10-4）。装饰纹样是为了纪念他们刚刚过世的父亲。

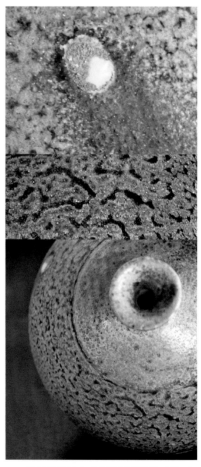

< 这只瓶子是在哈雷彗星光临地球并形成月食期间烧出来的，弗雷德里克·奥尔森，1986年

布莱恩·兰塞姆将我建造的乐器形烟囱称为吹口哨的烟道。我在烟囱内部设置了两个各自独立的烟道，每一个烟道都设有挡板，挡板开启时自然气流会在抽力的作用下从两个烟道中流过。我在两个烟道内各放了一块23 cm×23 cm的硼板（可以前后移动），伸入烟道的硼板长度为18 cm。硼板上有一条边是经过斜切的锐角边（小于45°），这样做的目的是将其当作乐器簧片（安装在乐器内部的小配件，可以分离气流并发出声音）使用

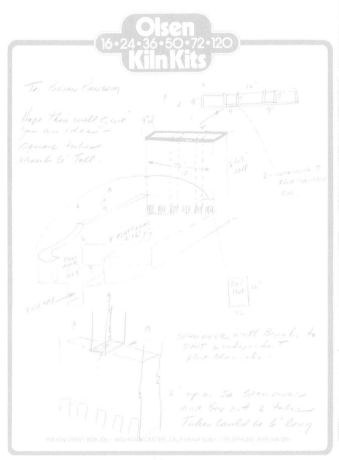

图 10-1

图 10-2

图 10-1，图 10-2 我在给布莱恩·兰塞姆的信中介绍"世界上最热的乐器"

图 10-3 窑炉外表面装饰由瑞吉斯·普卢塔塔米瑞以及罗伯特·普卢塔塔米瑞兄弟俩设计

图 10-4 装饰窑炉外表面

（图 10-5，图 10-6）。硼板上的斜切面以及支撑该硼板的耐火砖上相对应的斜切面都是用切砖锯锯出来的。在烟囱的不同高度位置设置了5 个孔洞。一位参与建窑的工作人员找来了两根长金属管，我们借此将烟囱提升到适宜的高度。金属管在钢丝绳及其自重的作用下稳稳地竖立起来（图 10-7）。烧窑初期没有出现任何问题（图 10-8），但晚上当与会嘉宾们前来听我的窑炉演奏"生日快乐，切斯特·尼利（Chester Nealie）"时出现了一个大问题：它演奏的曲目并不是我们设计的！两个烟道演奏的曲调不一样。假如你站在旁边，会发现这种差异非常明显。费格斯·斯图尔特（Fergus Stewart）是一位才华横溢的陶艺家兼摇滚乐/乡村音乐鼓手，他把他的扩音器运过来，使在场的每一个人都能清楚地听到乐曲声。我不得不承认同时演奏两个不同曲目的乐器算不上一件真正的乐器，本来我还计划让窑炉再多演奏一首里普利（Ripley）的 Believe It or Not，最终也只好作罢，但不管怎么说，那是一个难忘的夜晚，烧窑进行得很顺利，也为来参加世界陶艺大会的所有嘉宾们增添了一份乐趣。有些时候失败与成功的界限其实很模糊，就拿这次事件来说，虽然窑炉演奏乐曲失败了，但是它将人们聚集在一起见证挑战、分享过程、享受结果以及深入思考"没有尝试就没有收获"这一格言（图 10-9）。不管结果如何总应该去尝试一下的。

< 图 10-5　在烟道内放置能起到乐器簧片作用的硼板

< 图 10-6　能起到乐器簧片作用的硼板外观

< 图 10-7　建造好的烟囱后部外观

< 图 10-8　烧窑

_◁ 图 10-9 参加世界陶艺大会的嘉宾们正在聆听"世界上最热的乐器"演奏音乐

10.2 金山炉膛窑

对于很多柴烧陶艺家而言，炉膛是一个能诞生特殊类型陶瓷作品的位置。放置在炉膛内烧制的陶瓷坯体外表面落灰肌理明显、坯料发色奇特、釉料或流淌或凝聚成滴或呈粗糙硬壳状。日本陶艺大师松宫亮二对这种类型的陶艺作品非常痴迷（图 10-10），他曾建造过一座炉膛窑，该窑的装坯位置为灰坑。这座窑炉只有一间窑室和一个烟囱，窑室与烟囱之间的过渡区域呈漏斗状（图 10-11）。在该窑高度一半的位置设有炉算状砖砌结构，装坯位置位于左右两侧炉算状砖砌结构的下方，中间预留出一条方便装窑的通道（图 10-12，图 10-13）。窑炉侧部的火焰通道与窑炉前部相连接，窑炉地面位置设有通风口。

＜ 图 10-10　松宫亮二制作的陶瓶

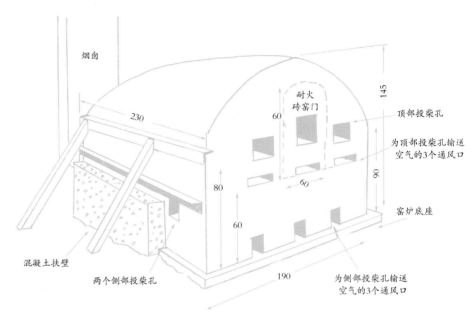

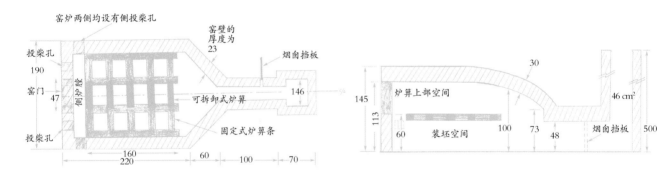

＜ 图 10-11　松宫亮二炉膛窑的结构速写图［由李·米德曼（Lee Middleman）提供］（单位：cm）

　　放置在窑炉地面上的陶瓷坯体角度各异，有的竖立摆放，有的水平摆放，摆好坯体之后会在装坯通道左右两侧的炉箅状砖砌结构上等距离搭建 5 条炉箅（图 10-14，图 10-15）。烧窑的时候从位于窑炉侧边的投柴孔添柴，火焰和热量从侧边穿越至所有坯体之间。烟囱的烟道出口位于炉箅状砖砌结构下方，火焰在自然气流抽力的影响下直接流向烟囱方向。往窑炉上部的 3 个投柴孔内添柴对提升窑温作用不大，其主要作用是形成炭火层，木柴的余烬会顺着炉箅状砖砌结构掉落到放置在其下方的坯体表面。部分火焰在自然气流抽力的影响下先通过坯体上部，之后继续向窑炉后方游走并进入烟囱。往位于窑炉侧部的投柴孔内持续添柴直至烧窑结束为止（图 10-16）。

＜ 图 10-12　窑炉上所有的孔洞都被封住了

＜ 图 10-13　炉算条以及方便装窑的通道

＜ 图 10-14　炉算状砖砌结构下方
水平放置着很多陶罐

＜ 图 10-15　稍后会用耐火砖将窑门封堵起来

＜ 图 10-16　松宫亮二正在烧
他的炉膛窑

达到预定烧成温度之后，开始往位于窑炉上部的投柴孔内添柴，投柴时长 24 h，共投 4 捆柴。每捆木柴的直径约为 1.2 m，单根木柴的横截面面积为 2 cm²，长度为 183 cm（图 10-17，图 10-18）。将木柴顺着投柴孔轻轻地推进窑炉内部，静待其燃尽掉落。待木柴余烬顺着炉算状砖砌结构掉落到放置在其下方的坯体表面之后再投放新柴，重复上述步骤直至全部木柴都投进窑炉并在坯体上部形成一层厚厚的灰烬层。一捆柴投完之后再投另一捆柴，新灰烬层将旧灰烬层覆盖住。松宫亮二发现四捆柴刚好能产生他所追求的烧成效果：坯体上半部分罩以熔融的釉色，坯体下半部分埋在炭火中，进而形成灰烬与釉料相融合的粗糙肌理。坯体上可以生成炉灰带来的黑色、灰色、紫色、黄色以及火焰纹理带来的橙色等一系列颜色变化。

图 10-17 通宵烧炉膛窑

图 10-18 茱莉亚·奈玛正在往炉膛窑内添柴

10.3 2005 融合窑

我曾为苏珊娜·卢卡斯·瑞吉奥（Susanne Lukacs-Ringel）建造了一座融合窑（土拨鼠洞式穴窑窑室后方设有速烧窑）。这座窑炉是建造在地面上的，从烟囱直到窑炉前部区域均由耐火砖建造而成。先确定出整个窑炉的体积，之后按照硼板的规格确定出每间窑室的大小，速烧窑的下方设有炉膛，其深度和尺寸适宜（图 10-19），前部窑室的炉

图 10-19 窑炉烟囱以及速烧窑炉膛坑

膛和灰坑尺寸也很适宜（图 10-20）。速烧窑的炉膛为 6 块耐火砖高，其顶部跨度由耐火砖侧砌而成，搭建跨度时需在炉膛烟道入口两侧各设一个支撑物（图 10-21）。速烧窑的窑底与烟囱齐平，公共墙上的烟道入口与第一间窑室齐平（图 10-22）。先砌筑速烧窑以及第一间窑室的外壁，之后再砌筑烟囱以及与前部窑室相连接的烟道、公共墙。将两间窑室的窑壁高度砌筑至穹顶起点位置（图 10-23），然后开始砌筑速烧窑的拱顶。接下来建造前部窑室的窑门拱顶（图 10-24），与此同时在窑室砖砌结构上部铺设木板（图 10-25）。由于这些木板将作为浇注穹顶的支撑板，所以其强度必须足以承受至少 1000 kg 黏土、沙子以

图 10-20 前部窑室以及炉膛和灰坑

图 10-21　速烧窑的炉膛通道顶部跨度由耐火砖侧砌而成

图 10-22　砌筑前部窑室以连接速烧窑的窑壁

图 10-23　将两间窑室的窑壁高度砌筑至穹顶起点位置

图 10-24　建造前部窑室的窑门拱顶

图 10-25　在窑室砖砌结构上部铺设胶合板，这些木板将作为浇注穹顶的支撑板

图 10-26　往木板上铺黏土并将其修整成穹顶的形状

及耐火浇注料的重量才行，此外，这些木板还必须方便拆卸（浇注好穹顶之后需将木板移走）。往木板上铺黏土并将其修整成穹顶的形状（图 10-26）。

浇注穹顶之前先在穹顶形黏土堆的外表面罩一层塑料布，浇注穹顶的材料为摩根热陶瓷生产的 2600 型低铁绝缘耐火浇注料以及水泥的混合物，借助前文中讲述的"投球法"（参见第 2 章相关内容）检测一下浇注料的稠稀程度是否合适，没有问题之后再借助抹刀将其平铺到穹顶形黏土堆的外表面。浇注层的厚度约为 12.5 cm（图 10-27）。待整个穹顶浇注好之后在其上部铺一层湿布并加盖一层塑料布，之后让它静置固化 24 h。在等待穹顶固化的期间为窑炉侧壁建造扶壁（图 10-28），扶壁由混凝土砌块以及重量极重的水泥板建造而成，将混凝土砌块以及水泥板靠放在窑壁旁边并借助水泥将其与窑壁浇注成一个牢固的整体。最后，在整个窑炉外表面铺一层地表黏土、水泥以及稻草的混合物，并进一步修整窑炉外形（图 10-29）。

窑炉建好后工作室里所有的工作人员立刻将陶瓷坯体摆进窑炉中，装坯位置包括土拨鼠洞式穴窑窑室以及烟道出口处（图 10-30）。用耐火砖将炉膛门封堵住，仅在炉算条下方以及炉算上方预留通风孔。这些通风孔连通投柴孔，这样不但可以为烧窑提供所需的空气，还可以借助它们控制炉算位置的炭火层厚度（图 10-31）。除了土拨鼠洞式穴窑窑室之外，速烧窑窑室内部也能摆放陶瓷坯体，这样一

< 图 10-27　苏珊娜·瑞吉奥借助铲刀将浇注材料平铺到穹顶支架上，浇注层的厚度为 12.5 cm

< 图 10-28　在等待穹顶固化的期间为窑炉侧壁建造扶壁

< 图 10-29　在整个窑炉外表面上铺一层地表黏土、水泥以及稻草的混合物，并进一步修整窑炉外形

< 图 10-30　将陶瓷坯体放置在土拨鼠洞式穴窑窑室中以及烟道出口处

来该窑就等于同时拥有了两个装坯空间。借助耐火砖将速烧窑的炉膛彻底封堵住。注意观察图 10-32 中窑壁两侧的炉箅以及烟道入口的结构。前部窑室的烧成温度为 10 号测温锥的熔点温度，其烧成时间约为 30 h（图 10-33），前部窑室的烧成工作结束后开始烧后部窑室。整座窑炉的烧成工作全部结束后让其自然降温，降温的时间约为 3 天（图 10-34）。初次烧成进行得非常顺利，烧好的陶瓷作品充分展现了穹顶穴窑柴烧作品的美感。

图 10-31　用耐火砖将炉膛门封堵住，仅在炉箅条下方预留通风孔

图 10-32　放置在速烧窑窑室内部的陶瓷坯体（注意观察窑壁两侧的炉箅以及烟道入口结构）

图 10-33　前部窑室的烧成温度为 10 号测温锥的熔点温度，其烧成时间约为 30 h

图 10-34　整座窑炉的烧成工作全部结束后让其自然降温，降温的时间约为 3 天

我们计划下一次烧窑时只烧速烧窑窑室，将窑炉前壁上的烟道全部封堵住，只用其下方炉膛烧窑。2005融合窑的两间窑室既可以同时烧，也可以单独烧。

10.4　风窑

斯蒂文·戴维斯（Steve Davis）是土豚黏土销售公司（Aardvark Clay and Supplies）的经理，他想让我帮他设计建造一座能烧出柴烧效果的窑炉，之所以提出这种请求是因为他居住在加利福尼亚州洛杉矶郊外，该地区不容许建造柴窑。他想要一座改良版的气窑，这座窑不用木柴烧也能令陶瓷作品呈现出柴烧美感。他计划在窑温达到一定程度之后将草木灰（草木灰熔融后可以形成釉层）投入窑炉内部，为此我将传统乐烧窑改建成小型穹顶穴窑形状，窑室内安装着鼓风机燃烧器。待窑温达到理想程度后，将过筛草木灰顺着燃烧器通风口投入窑室内部，接下来保温烧成20 min。这座窑的烧成结果非常好，草木灰在窑室内分布得十分均匀，陶瓷坯体如期呈现出完美的柴烧效果。由于这座窑炉是建造在便携式拖车上的，可以四处移动，所以斯蒂文将其命名为风窑（图10-35）。

◁　图10-35　建造在便携式拖车上的风窑

由于该窑炉是建造在便携式推车上的，所以鉴于其空间限制，我们只能摆放4块正方形硼板（边长为50 cm，厚度为2.5 cm）以及两块宽度为61 cm的耐火纤维板，纤维板的背衬材料是宽度为122 cm的金属网（图10-36）。在便携式拖车上建造角钢窑炉框架。窑底均分为三个部分：前面1/3是炉膛区，后面2/3是装坯空间。窑炉后壁与后排硼板之间预留着7.5 cm的空间；窑炉侧壁与两侧硼板之间预留着3.75 cm的空间。窑底以及窑壁由2300F型高岭棉纤维板层层叠摞而成，单层纤维板的厚度为2.5 cm，窑底以及窑壁的纤维板叠摞厚度为10 cm。纤维板内侧铺着莫来石硼板，单块硼板的规格为30 cm×60 cm×2.5 cm，在硼板的四个角上打孔并借助镍铬合金线将其绑固在耐火纤维板背衬以及最外侧的角钢框架上。窑底耐火纤维板上亦铺设硼板。铺设硼板的目的是保护其下方的纤维层，因为草木灰会导致高岭棉纤维板腐蚀受损。窑炉后壁上的烟道出口与窑底齐平，位于后窑壁中部。窑盖亦由耐火纤维板建造而成，其外部亦设有角钢框架。为了防止在装窑以及出窑的过程中不慎将镍铬合金线从耐火纤维板上拉下来，其表面设有陶瓷阻隔物。用于建造窑盖的耐火纤维板是经过预烧处理的，烧成温度为5号测温锥的熔点温度，其烧制目的是使其具有一定的预收缩性能。窑盖上共设有两个烟道出口，一个烟道出口位于盖子正中心，另一个烟道出口距离窑盖后边38 cm。

后窑壁上设有上下两排燃烧器端口（图10-37）。下排燃烧器端口距离窑底11.5 cm，上排燃烧器端口位于下排燃烧器端口的正上方，两排燃烧器端口之间的距离为23 cm。用于放置陶瓷坯体的底层硼板距离前窑壁

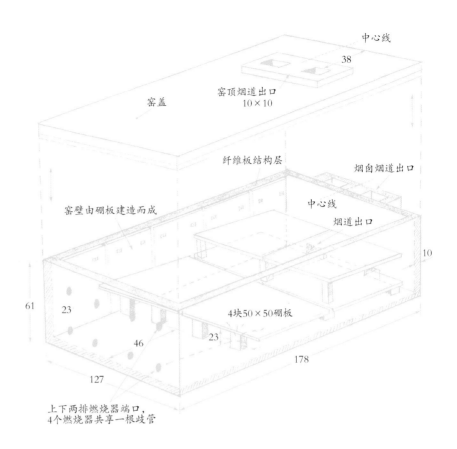

中心线
38
窑顶烟道出口
10×10
窑盖
纤维板结构层
烟囱烟道出口
窑壁由硼板建造而成
中心线
烟道出口
10
61
23
4块50×50硼板
46
23
178
127
上下两排燃烧器端口，
4个燃烧器共享一根歧管

图 10-36　风窑结构图（单位：cm）

图 10-37　从这个角度可以看到风窑的窑室以及设置在窑炉前壁上的燃烧器端口

图 10-38　4 个代顿牌 60CFM 型鼓风机燃烧器以及燃烧器火焰管道

46 cm，距离窑底 23 cm。正对下排燃烧器端口处竖立摆放（23 cm）耐火砖，目的是挡住从燃烧器中冒出来的烈焰，进而分散热量。此外，这些耐火砖还可以作为底层硼板的支撑物。燃烧器端口是挤压成型的瓷管，其长度超过内窑壁，可以起到预防草木灰腐蚀耐火纤维板的作用。

风窑使用 4 个代顿牌（Dayton）60CFM 型鼓风机燃烧器烧窑，燃烧器火焰管道的直径为 3.2 cm，长度为 46 cm，燃烧器进气孔面对地面方向（图 10-38）。歧管上设有 4 个球形阀，将丙烷燃气输入歧管后，可以借助球形阀控制每一个燃烧器的燃气输入量（图 10-39）。喷嘴的直径为 6 mm。火焰管道由不锈钢制作而成，燃烧器与输气管道相连接，输气管道上设有燃气旋塞阀。主输气管道上设有气压调节阀，丙烷燃气通过主输气管道先流入歧管中再流入燃烧器中。

该烧成系统上并没有设置安全保护设施。小型陶瓷坯体放置在窑室中部，高大的坯体放置在靠近窑壁处。此外，燃烧器端口与前窑壁之间的空隙内也可以放置坯体。该窑为顶开式窑炉，在装坯的过程中需谨慎操作，千万不要碰到耐火纤维窑壁的边缘。烧窑的时候从底排 4 个燃烧器中靠近中间的一个开始烧起，待燃烧器端口内的填充物彻底干透后开始烧中间位置的另外一个燃烧器，接下来开始烧两侧的燃烧器。待窑温达到 9 号测温锥的熔点温度后将草木灰引入窑室内部。从底排左侧燃烧器进气口处开始

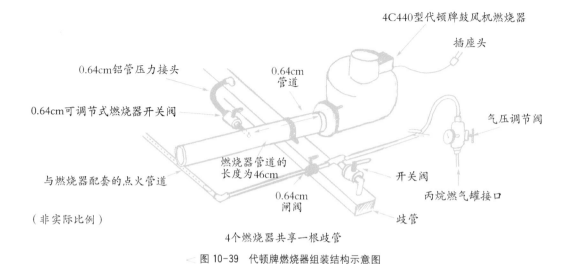

4C440型代顿牌鼓风机燃烧器

插座头

0.64cm铝管压力接头

0.64cm
管道

0.64cm可调节式燃烧器开关阀

气压调节阀

与燃烧器配套的点火管道

燃烧器管道的
长度为46cm

开关阀

丙烷燃气罐接口

0.64cm
闸阀

歧管

（非实际比例）

4个燃烧器共享一根歧管

> 图10-39　代顿牌燃烧器组装结构示意图

放灰（图10-40），将草木灰放到燃烧器进气口下方，气流会将草木灰吸进窑室内部，用杯子盛草木灰，每个燃烧器进气口放8杯灰。依次将草木灰放在下排每一个燃烧器进气口的下方。待下排所有燃烧器进气口都吸完灰之后再往上排燃烧器进气口下放灰。草木灰把火焰管道堵住时先把燃气关掉，借助强气压将草木灰吹进窑室内部之后再次供气。放灰作业结束后保温烧成一段时间，具体时长取决于陶瓷坯体的摆放密度。不进行保温烧成时，坯体的外表面会呈现出粗糙的落灰肌理。用各种烧成方法结合各类草木灰烧这座气窑，完全可以烧出和柴窑一模一样的效果（图10-41，图10-42）。

> 图10-40　将草木灰放到燃烧器进气口下方

> 图10-41　正在烧风窑

> 图10-42　用风窑烧出来的"柴烧"罐子

10.5 就地烧制

10.5.1 绪论

就地烧制雕塑作品可能是陶艺家所能从事的最令人沮丧、最令人生畏、最令人感到压力的工作。我们当然不希望失败，但失败却时时刻刻萦绕在心中。在材料选择、结构设计或者烧成的过程中，只要犯下任何一个小小的错误都会导致失败，当一大群人满怀着胜利憧憬最终看到的却是一件失败的作品时，那是一个多么令人尴尬的场面啊。

那么就地烧制到底是一次性的行为艺术，还是属于景观艺术呢？若要我来说的话，我认为两者兼备，它既是一次性的行为艺术，同时又是一件景观艺术品，尽管其陈列时间或许并不是永久性的。将大型雕塑作品烧制到 1100℃ 以上时，揭开缠绕在其外表面的耐火棉的那一刻，坯体便开始遭受不均匀物理降温压力的侵袭。雕塑作品的可持续年限取决于诸多因素，例如坯料的选择、结构设计，它的结构体上很可能会出现细小的裂痕。此外，在将作品拆解并运送到另外一个场地重新组装的过程中或许也会对其造成损伤。但不管怎么说，亲眼见证一件雕塑作品的诞生，从灼热逼人到冷却成型，其烧成场面无比壮观，绝对称得上是行为艺术。作为景观艺术作品的雕塑被烧制到理想温度后逐渐降温，或者当绝缘设备足够好时自然降温，整个烧成过程十分安全，作品的持久性也不错，但是能亲眼见证这种场面的人少之又少。就地烧成的开窑场面比其他任何类型的窑炉都更引人入胜。

如果你也想尝试就地烧制一件大型雕塑作品，必须注意以下几个方面：

(1) 雕塑作品的体量、形状以及所采用的建造方法决定了作品基座的尺寸以及炉膛的类型和设置数量。将作品以及炉膛的基座分割成数个独立的部分，有助于坯体在干燥过程中自由收缩。可以采用以下方式达到这一目的：①先在作品的基座上铺一层熟料或者沙子，之后再往沙子上铺一层厚纸板，在厚纸板上建造雕塑作品；②先在作品的基座上铺一层熟料或者沙子，之后再往沙子上铺一层碎陶砖，在碎陶砖上建造雕塑作品；③先在作品的基座上摆放一些小瓷管，其摆放方向与坯体的收缩方向一致，之后在小瓷管上铺一层裁切至适宜尺寸的硼板，再之后往硼板上铺一层厚纸板，在厚纸板上建造雕塑作品（图 10-43）。

(2) 雕塑作品的底部设计样式决定了炉膛的结构以及纤维毯的包裹方式。如果该雕塑一经建好后就再也不移动位置了，那么可以将纤维毯水平包裹在坯体的外表面，将纤维毯接头处重叠起来便好。让上层纤维毯的底边压住下层纤维毯的顶边。烧成结束后需将层层包裹的纤维毯剪开并揭掉。除此之外，我还采用过另外一种纤维毯包裹形式，在坯体周围设置金属框架以作为"窑壁"，之后将陶瓷坯体连同其"窑壁"全部包裹住。假如

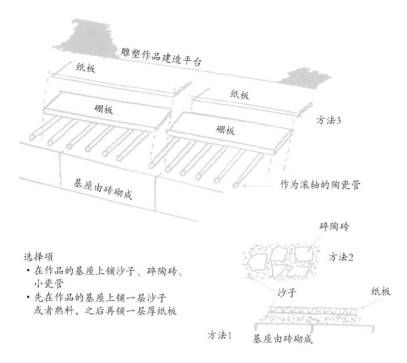

图 10-43　为了方便雕塑作品在烧制过程中自由收缩，可以如此建造其基座部分

雕塑作品的顶部尺寸太大，无法用纤维毯包裹住，可以为坯体建造一个顶部金属框架，之后将作品顶部连同其顶部金属框架全部包裹住。借助金属丝将纤维毯和"窑壁"接头绑固在一起。待烧窑结束要揭开纤维毯时，只需将金属丝剪断，移开顶上的纤维毯，作为"窑壁"的纤维毯就会自行脱落。在坯体周围搭建金属框架时可以采用上述纤维毯包裹形式，建造简单且方便拆卸。

（3）气候因素，特别是在风雨交加的时候就地烧制陶瓷作品，成功率会受到很大制约。

（4）很多人同时参与制作雕塑作品时很容易出错。绝大多数情况下，由于就地烧制的雕塑作品体量较大不得不招募志愿者来共同建造，于是志愿者的能力水平以及制作经验都会在很大程度上影响作品以及烧制的最终完成情况。

（5）作品以及烧制能否成功首先取决于你所选用的坯料。适用于就地烧制雕塑作品的坯料内必须含有至少 45% 的熟料。你的雕塑作品是用买来的坯料、天然黏土还是自己配制的坯料制作而成的？坯料是否适合制作就地烧制雕塑作品，这一点至关重要。用你所在地的天然黏土制作作品风险极大，因为天然黏土的适用性不得而知，不过往黏土内添加一些锯末（其添加量必须适宜，不能让黏土失去其可塑性）可以在很大程度上提升其干燥收缩以及升温、降温性能。在烧窑的过程中必须时不时地检查一下，预防坯体过早玻化熔融。无论是在什么情况下，坯料都是作品以及烧制成功与否的决定性因素。

（6）就地烧制雕塑作品时需从作品中央部位向周边部位烧，特别是当坯体在烧制过程中还未彻底干透时。以便于坯体内部蒸发出来的水蒸气从作品中央部位向周边部位扩散并被纤维毯吸收。此外，雕塑作品的外壁上必须带有孔洞，以便于气流自由穿行。

（7）就地烧制雕塑作品属于实验性烧窑。烧窑时间有可能长达数日之久，在此期间或许会出现很多意想不到的情况，每一个参与烧窑的志愿者或者任何一个人做出的任何一个决定都是作品以及烧制成功与否的决定性因素。烧制初期提升窑温以便将坯体中的水分蒸发出来，烧制中期采取保温烧制措施以便于蒸汽排散，在此期间的烧制速度亦是作品以及烧制成功与否的决定性因素。烧制初期升温过快会导致坯体炸裂进而影响整个雕塑作品的完整性。因此，在烧制初期必须对所有潜在性问题做到了然于心才行。

假如你能把上述所有注意事项全都顾及到，那么你一定会经历一次前所未有的烧窑体验，就地烧制的作品一定是你所有作品中最精彩的那一件。

10.5.2　世界陶艺学会 50 周年庆典纪念雕塑

2001 年世界陶艺学会 50 周年庆典期间，妮娜·霍尔（Nina Hole）受希腊雅典艺术设计大学邀请创作一件大型雕塑作品。妮娜邀请我和她共同完成这一设计项目。该雕塑的外形犹如希腊语中的 H 字符（图 10-44），这件雕塑是希腊历史上最大的就地烧成作品。

对于这件景观雕塑作品而言，其首要问题是如何烧制以及如何达到预定的烧成温度，以便令其具有足够的强度和持久性。这件雕塑作品采用妮娜发明的 J 形空心墙结构建造而成，该结构可以满足从作品内部烧成的要求（图 10-45）。我在 H 形雕塑基座的两侧各设置了一个柴窑炉膛。炉膛的烟道入口与雕塑底部直接连通（图 10-44）。垂直竖立的两个高塔型结构作为窑炉烟囱（图 10-46）。但是烟囱部位很难烧，因为其周围并没有诸如窑室般的储热空间。鉴于此我在每一个高塔型结构内部各放置了一块耐火纤维板，纤维板的放置高度位于高塔型结构的下方 1/3 处，其放置位置位于高塔型结构的一侧，其放置目的是让自然气流顺着烟道出口流至高塔型结构的上方。此外，在高塔型结构的 2/3 处亦放有一块耐火纤维板，其放置位置位于高塔型结构的另外一侧，如此一来高塔型结构内部的自然气流游走路线便呈 S 形（图 10-47）。两块纤维板之间的空间相当于烟囱挡板，可以将窑温均匀地分布到雕塑作品的每一个部位。高塔型结构由 7 个部分组合而成，各部分之间垫着厚纸板，每一个部分都是在厚纸板上建造起来的（图 10-48）。

雕塑作品外部包裹高岭纤维毯，纤维毯的宽度为 91 cm，厚度为 2.5 cm。

图 10-44　两座高塔型结构的下方各设有一个炉膛

图 10-45　空心墙的结构

图 10-46　在炉膛上砌筑高塔型结构

图 10-47　在两座高塔型结构的内部各摆放
　　　　　一块纤维板

图 10-48　高塔型结构由 7 个部分组合而成，一切就绪后只需将纤维毯包裹在其外表面就可以烧窑了

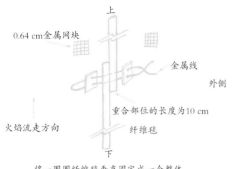

上

0.64 cm金属网块

金属线

外侧

重合部位的长度为10 cm

火焰流走方向

纤维毯

下

将一圈圈纤维毯垂直固定成一个整体

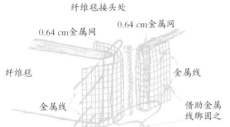

纤维毯接头处

0.64 cm金属网

0.64 cm金属网

纤维毯

金属线

金属线

借助金属线绑固之

借助金属网将纤维毯接头处绑固在一起

◁ 图 10-49　纤维毯接头处的处理方式

将纤维毯裁剪成适宜的长度后再将其包裹到雕塑作品的外表面。纤维毯接头处包裹着金属网，借助金属线将纤维毯与金属网紧紧地固定在一起（图10-49，层层缠绕在雕塑作品外部的纤维毯接头处就是靠这种方法固定在一起的）。

所选用的金属网以及金属线必须足以承受窑温（图 10-50）。将纤维毯由下至上包裹在雕塑作品的外表面。由于高塔型结构为下宽上窄式样，所以必须将纤维毯接头处部分叠摞起来，先把纤维毯接头处捏合在一起，之后用金属网以及金属线绑固之。一直将纤维毯缠绕到超过雕塑作品的顶部为止，超出部分相当于窑顶，在包裹每一个高塔型结构的纤维毯上预留出一个 10 cm × 12.5 cm 的烟道出口。

开窑日期选在世界陶艺学会会员作品展览日，为庆祝世界陶艺学会成立 50 周年，当晚还举行了盛大的希腊民族表演活动。我用刀子切断固定纤维毯的金属线，用一根长棍子揭掉缠绕在雕塑作品外表面上的纤维毯，炙热的雕塑由红变暗逐渐冷却下来（图 10-51，图 10-52）。除了这一件作品（图 10-53）之外，2007 年妮娜在墨西哥的夏拉帕还创作过一件名为伊斯洛特（Islote）的就地烧制雕塑作品（图 10-54）。该作品的长度为 4 m，高度为 3 m，亦采用妮娜发明的 J 形空心墙结构建造而成，纤维毯的铺设方式与上文中介绍的世界陶艺学会 50 周年庆典纪念雕塑相同。

◁ 图 10-50　烧窑

◁ 图 10-51　将纤维毯从雕塑作品的外表面上揭下来

◁ 图 10-52　炙热的窑炉

> 图 10-54 妮娜·霍尔在墨西哥创作的另外一件就地烧成雕塑作品

> 图 10-53 妮娜·霍尔和弗雷德里克·奥尔森在 H 形雕塑作品前合影留念

> 图 10-55 诺夫雕塑的炉膛结构

10.5.3 诺夫雕塑 2003

2003 年 9 月，意大利的诺夫（Nove）陶瓷协会举办了一场庆典，该协会坐落在威尼托平原上，我受邀创作并烧制一件体量巨大的就地烧成雕塑作品。诺夫的陶瓷生产史超过 300 年，诸如阿莱西奥·塔斯卡（Alessio Tasca）、庞贝·皮尼祖拉（Pompeo Pianezzola）、费德里克·博纳蒂（Federico Bonaldi）等世界著名意大利陶艺家都在诺夫地区工作。诺夫雕塑项目由来自 6 个国家的 13 名志愿者与我协力完成，每天工作 12 h，总工期为两周，这件雕塑作品共使用了 9 t 黏土，这些黏土由乔布·福尼窑炉公司的杰赛普·斯杜查罗（Giuseppe Stoccharo）提供。

诺夫雕塑由上下两个部分组成，下部为两个并列在一起的方锥形结构（高 4.5 m），上部是一个高度为 61 cm 的由陶管组合而成的抽象结构。我在两座方锥形结构下部各建造了一个速烧炉膛，炉膛基座是钢质结构的，既可以升降也可以移动。每间炉膛上各设有 3 个尺寸不同的烟道入口，

其作用是便于将窑温均匀分布至雕塑作品的底部（图10-55）。两座方锥由妮娜发明的J形空心墙结构建造而成，先在工厂内砌筑出方锥体的最底部两层结构，之后将其运到雕塑陈列处进一步建造完成（图10-56、图10-57、图10-58）。

道罗麦特斯（Dolomites）地区气候突变，强风肆虐天空中布满乌云。鉴于此情况我们不得不将已经建造好的部分用塑料布覆盖起来，这样做的目的是防止侧风侵袭，方锥形结构一侧干燥速度过快，进而导致雕塑开裂。为了让雕塑免于暴风雨的侵袭，我们搭建起脚手架并在雕塑顶部覆盖上防水布（图10-59，图10-60）。虽然外面风雨交加，但我们还是在防水布掩体下继续工作着，两座方锥形结构被逐层砌筑起来，我在两座方锥形结构内部1/3以及2/3高度处各摆放了一块纤维板，由陶管组合而成的抽象结构建造在方锥形结构的顶部（图10-61）。整个雕塑完成之后，我们在其外表面喷了一层赤陶泥浆。马上要开始喷泥浆时我才发现自己错误计算了泥浆的使用量，由于泥浆准备得太少了所以只喷了薄薄一层。事后总结经验，若当时再多喷一些泥浆，作品的颜色会更深一些更好看一些。

天空放晴之后用2.5 cm厚的高岭棉纤维毯将雕塑作品包裹起来。先在纤维毯接头处包裹金属网，之后再借助金属线将其牢牢地绑固住。层层叠摞至顶的纤维毯都是用这种方式绑好的（图10-62）。烧窑初期24 h借助丙烷燃气将雕塑作品彻底烘干，之后再柴烧两天。

< 图 10-56　捏制 J 形空心墙结构件

< 图 10-57　窑壁的构造

< 图 10-60　借助脚手架为雕塑作品
　　　　　　盖上防水布（夜间作业）

< 图 10-58　将雕塑作品的底部运送到
　　　　　　其陈列位置上

< 图 10-59　借助脚手架为雕塑作品
　　　　　　盖上防水布

< 图 10-61　诺夫雕塑上部的陶管
　　　　　　抽象结构

　　开窑的那个夜晚，闪电夹带着暴风雨再次造访了诺夫地区。值得庆幸的是，雨水在接触到炙热的纤维毯后立刻就蒸发掉了（图 10-63）。暴风雨过后，我们将包裹在雕塑作品（烧成后的总高度为 5.2 m）外表面的纤维毯全部揭落下来（图 10-64）。

　　就像照片中看到的那样，雕塑作品的外表面颜色并不是我所期待的赤陶色，而是一种淡淡的粉色（图 10-65）。

< 图 10-62　借助金属线将纤维毯的
　接头处绑固起来

< 图 10-63　包裹在纤维毯内部的雕塑
　作品只待烧制了

< 图 10-64　将包裹在雕塑作品
　外表面的纤维毯揭下来

< 图 10-65　我和参与此次项目的朋友们站
　在雕塑前合影留念

10.5.4　佩奇雕塑

匈牙利的佩奇（Pécs）市要举办一场盛大的陶瓷庆典，我受邀创作并烧制一件就地烧制的雕塑作品。布达佩斯市莫霍利·纳吉大学硅酸盐系教师茱莉亚·奈玛（Julia Nema）是该次庆典主办方的助手。她帮助我联系相关部门、招募志愿者以及将我的设计构思输入电脑，以求得结构比例正确无误。

很多年来我一直尝试用泥板以及挤压成型的部件建造各种结构的形体和模块，我发现对于这一类作品而言，其基座厚度至少要为 12.5 cm 才行。这一次我想在炉膛上建造一个外观犹如城市般的小型雕塑作品，该雕塑由众多独立的部件组合而成（图 10-66）。

图 10-66　雕塑作品的小泥稿

我在炉膛上方建造了一个角钢框架，框架内铺了一层耐火砖，雕塑作品就是在这个平台上建造起来的。角钢框架的高度与柴窑炉膛的高度相等，由耐火砖铺设的角钢框架平台上共设有 4 个燃气燃烧器端口，这些燃烧器可以为烧窑提供足够的燃烧能（BTU/kW·h）。其建造过程如下：首先设计出雕塑的结构、尺寸以及样式。其次，在此基础上制定作品平台的尺寸以及炉膛的设置位置。再者，确定作品平台的铺砖方式。接下来，设置烟道入口以及雕塑作品上各个组合部件的位置（图 10-67）。再之后，将炉膛砌筑到与角钢框架齐平的高度，并建造出烟道入口。

建造这件雕塑作品的 L 形组合部件尺寸各异，是用拍击成型的泥板和挤压成型的泥管粘合而成的（图 10-68）。作品中部形体最高（2 m），是由很多段挤压成型的方形泥管叠擦而成的，这个部分是最先制作并安装就位的，方形泥管周围环绕着很多个 L 形形体，它们是稍后做出来并安装上去的（图 10-69）。整个雕塑作品完成后，在其外表面喷涂了 3 种不同颜色的饰面泥浆，由于那一阵子天天下雨所以等了很多天坯体才彻底干透。

图 10-67　用纸板摆放出 L 形雕塑组合部件的放置位置，还可以看到烟道入口以及燃烧器的设置位置

图 10-68　泥板的构造

< 图 10-69　将雕塑作品的各个组成部分安装就位

< 图 10-70　将纤维毯包裹到角钢框架上

< 图 10-71　由纤维毯构成的窑壁

为了能够达到反复使用纤维毯的目的，我想采用一种更快且更自然的出窑方式。我用轻质角钢（32 mm×32 mm×5 mm）给雕塑作品做了一个立方体形的窑炉框架，框架四壁上设有纤维毯内衬（图 10-70），如此一来雕塑作品就相当于是放在窑炉中了。为了避免金属框架直接受热，其上面亦包裹着纤维毯。为了防止纤维毯从角钢框架上掉落下来，纤维毯接头处包裹着金属网（图 10-71）。由纤维毯构成的四面窑壁顶部、中部、底部 3 个位置均用金属线绑固着。

< 图 10-72　组装窑炉

框架顶部为独立式平顶结构，四角带有手柄，烧窑结束后可以将其从窑壁上拆卸下来。窑顶上设有 4 个 11.5 cm×12.5 cm 的烟道出口，其边长等于窑顶边长的 1/4。待整个雕塑作品彻底干透后，我们在其周围搭建窑壁并绑固之（图 10-72）。待四面窑壁搭建好之后，再将窑顶吊装到窑壁顶部。烧窑初期的 24 h，借助丙烷燃气将雕塑作品内部残留的水分彻底烘干，之后进行柴烧一直到烧成结束为止。烧窑进行到第三天的最后 12 h，我们在四面窑壁底部各添加了一个丙烷燃烧器，其目的是令窑炉中的温度均匀分布以及提升窑温（图 10-73）。

烧窑结束后，首先将窑顶从窑壁上拆卸下来，之后再将纤维毯窑壁拆落下来，炙热的雕塑作品暴露在空气中（图 10-74～图 10-76）。

< 图 10-73　烧窑

< 图 10-74　将窑顶从窑壁上
　　　　　 拆卸下来

< 图 10-75　将纤维毯窑壁拆
　　　　　 落后的场景

< 图 10-75A　逐渐冷却的
　　　　　　 雕塑作品

< 图 10-76　烧窑结束后，雕塑作品温度逐渐降至室温

10.5.5　五日雕塑

我曾为瑞士苏黎世的陶瓷动画工作室创作并烧制了一件为期5天（连制作带烧成）的就地烧制雕塑作品。由于工期比较短，所以我选用乐烧坯料完成作品，其外形呈椭圆形，器壁是擀压成型的泥板，壁厚2.5～3.5 cm，作品的宽度为30 cm，长度为0.9 m。制作作品共用了两天时间，这件高度为2 m的雕塑作品是用擀压成型的泥板建造起来的，内壁上关键位置处设有支撑构件。用纤维毯将雕塑作品包裹起来烧，第一天的烧制速度极慢，后两天的烧制速度较快，该作品的烧成温度为1000℃，第五天晚上顺利出窑。参见图10-77～图10-83。

<　图10-77　建造炉膛以及烟道入口

<　图10-78　器壁由擀压成型的泥板建造而成

<　图10-79　器壁内部关键位置设有支撑结构

<　图10-80　雕塑作品底部周圈设有供木柴通过的通道

<　图10-81　将雕塑作品包裹在纤维毯内部烧制

<　图10-82　将包裹在雕塑作品外表面的纤维毯揭下来

<　图10-83　烧制好的雕塑作品全貌

10.6　创新型窑炉

10.6.1　福尼/法尔科内雕塑

坐落在意大利南部蒙泰科尔维诺·罗韦拉市（Montecorvino Rovella）的法尔科内陶瓷工厂（Falcone Ceramic Factory）将要主办一场陶瓷庆典，我的老朋友，在乔布·福尼窑炉公司工作的杰赛普·斯杜查罗（Giuseppe Stoccharo）邀请我为该庆典创作并烧制一件纪念性雕塑作品。当我了解到蒙泰科尔维诺·罗韦拉市当地的黏土问题重重、局限较多并不适合创作就地烧成的雕塑作品后，当即决定在乔布·福尼窑炉公司所在地，即意大利北部的卡地利亚诺市（Cartigliano）寻找合适的黏土制作雕塑（图 10-84，图 10-85）并在该处素烧，之后再将素烧好的坯体运输到雕塑陈列区完成后续烧成工作，到时候将举行一次烧制表演。我在助手茱莉亚·奈玛以及众多工厂员工的帮助下将坯体放入自动化气窑中慢速素烧。

图 10-84　建造炉膛及其顶部平台

图 10-85　塑造雕塑作品

茱莉亚和我在离开卡地利亚诺市的时候对雕塑作品充满了信心。但当我们两个人正在塞纳河畔吃午餐的时候却接到了来自杰赛普的电话，他在电话中告诉我们烧窑出现问题了。由于某些原因导致烧成初期升温速度过快，雕塑作品炸裂了。我二人也因此没心思继续吃午餐了。我让杰赛普给我发一张作品的现状照片，想看看是整个坯体都炸毁了还是有什么部位残留下来。那件雕塑作品的总高度超过 2 m。当我看到其惨状后，第一反应是让杰赛普转告主办方取消烧制表演，但我不喜欢半途而废，希望能继续完成这项工作，我的搭档茱莉亚想到了好点子，她说完全可以将雕塑坯体的残留部件与其他材料结合起来，令作品呈现出全新的面貌。我在电话中与杰赛普简短交流了一番之后，决定将炸裂的雕塑坯体全部装到卡车上并运送到蒙泰科尔维诺·罗韦拉市。烧制表演也将如期举行。

到达蒙泰科尔维诺·罗韦拉市后我立刻在雕塑作品的残留部件上画下切割线，这些部件将作为新雕塑的立柱。茱莉亚将无法利用的部位扔掉，杰赛普用同样的坯料又复制了一些有用的造型，如此一来就可以将其组合成一件新雕塑作品了。法尔科内陶瓷工厂主要生产庞贝古城以及其他意大利古迹仿古陶瓷构件。我为雕塑作品建造了一个金属框架，作品底部正中间建造了一个柴烧炉膛，在炉膛两侧各安装了一个丙烷燃烧器。我们在原雕塑残留部件的基础上局部饰以由意大利仿古建筑部件构成的图案。茱莉亚在残留部件之间搭建出各种图形，雕塑的高度也因此得以提升。雕塑作品完成后，我们在其周围搭建金属框架、在框架上铺设纤维毯并借助金属网以及金属线将其牢牢地绑固住。纤维毯的高度超过雕塑作品的顶部，超出部分作为烟道出口。这件雕塑作品如期烧制、出窑，在降温的过程中没有出现任何问题。参见图 10-84～图 10-88。

◁ 图 10-86　在雕塑作品坯体周围包裹纤维毯

◁ 图 10-87　借助棍子将包裹在雕塑作品外表面的纤维毯揭下来

◁ 图 10-87A　揭掉纤维毯的雕塑作品的温度慢慢降至室温

◁ 图 10-88　烧窑结束后次日见到的雕塑作品全

10.6.2　垃圾桶乐烧窑

斯蒂芬·雅各布（Stefan Jacob）是瑞士苏黎世陶瓷动画工作室的主理人，他将宜家出品的垃圾桶改造成一系列适用于柴烧的乐烧窑炉。就像图 10-89 中看到的那样，这种垃圾桶乐烧窑设计简单、功能良好、便于携带。窑炉内部以及窑盖上均设有纤维毯内衬，窑盖用铰链连接在窑身上。窑盖中部设有炉筒式烟囱（图 10-90）。炉筒式烟囱的高度与垃圾桶的高度几乎相等。垃圾桶底部设有小型金属炉箅，炉箅下方为落灰区域，燃料燃烧区域位于炉箅与底层硼板之间。

用小号宜家垃圾桶改造的乐烧窑炉，其装坯空间的高度为 28 cm，直径为 27 cm，烧成温度为 1000℃，烧成时间为半小时，烧窑的时候需借助两个鞋盒将劈柴引燃。

◁ 图 10-89　垃圾桶乐烧窑

10.6.3　组合式窑炉

2010 年，德国柏林举办欧洲柴烧大会，我在参会期间主持了一次特别有趣的烧窑活动：同时烧 10 座窑，每一座窑炉中都放着一模一样的陶瓷坯体，烧成温度为 10 号测温锥的熔点温度，每一座窑炉所使用的木柴类型都不一样。该烧成活动的策划者为简·斯托尔曼（Jan Stoltmann）和他的学生们，举办这次活动的目的是探索烧成的可能性、各类木柴所能达到的烧成效果以及各窑炉烧成状态的对比。单座窑炉的体积为 0.2 m³，10 座窑炉同时烧。我对这种组合式窑炉的设计方式非常感兴趣，各间窑室两两相连，窑壁厚度适中。5 间炉膛与 5 个烟囱交错分布，炉膛与烟囱对向建造（图 10-91～图 10-95）。

◁ 图 10-90　垃圾桶乐烧窑内部以及烟囱

图 10-91　10 间窑室两两
共享一堵隔离墙

图 10-92　单间窑室以及烟囱细部构造

图 10-93　建造完成的窑室，窑室顶
部为斗拱状

图 10-94　借助铁丝将金属烟囱全部绑固在一起

图 10-95　烧窑结束后从这一
角度观察组合式窑炉

单间窑室的宽度为一块耐火砖的宽度，其长度为三块半耐火砖的长度，炉膛以及装坯区域位于窑室一半位置处。每一间炉膛的底部均设有通风口（图 10-96），空气从炉膛底部以及上方投柴孔位置进入窑室内部，每一座窑炉的烟道出口面积等于半块耐火砖的面积，由耐火砖建造而成的烟囱高度为 122 cm，烟囱顶部另设有一根金属烟囱，其高度亦为 122 cm。为了保持烟囱的稳定性，我们用铁丝将 10 根金属烟囱全部绑固在一起。窑炉顶部铺设着空心耐火砖。

< 图 10-96　每一座窑炉的底部均设有通风口

10.7　未来的窑炉会是什么样?

未来的窑炉设计将取决于设计者的实践经验、创造性以及勇气。我建造的多火向窑就是这一领域的探索之作。这些多火向窑具有建筑物般的外形，窑炉本身犹如雕塑作品。窑炉的外观为什么只能局限于一种样式呢？我从不这么认为，在我看来只要是在满足功能的基础上，那么将其建造成任何样式都是可以的。窑炉本身也完全可以成为一件景观雕塑作品。我期待有那么一天，世界各地的城市广场上出现各类景观式窑炉，每年烧一次公共艺术陶瓷雕塑，待其无法满足烧窑功能之后作为景观雕塑永远屹立在广场上供游人欣赏。为什么烧窑场所必须是杂乱不堪的？将其建造成雕塑公园那样不是更好吗？图 10-97 和图 10-98 分别展示了坐落在匈牙利凯奇凯梅特市以及日本金山市内的世界陶艺工作室，其周边环境是多么整洁有序啊！图 10-97 是匈牙利凯奇凯梅特市窑炉所在地，这座窑炉是我设计的，窑棚采用了当地的山墙式结构，周围的草坪再加上之前艺术家们留下来的雕塑作品，整个烧窑场所看上去完全不像我们印象中那般凌乱不堪。图 10-98 中的日本金山市窑炉是一座多火向窑，该窑建造在地面上，窑炉顶部覆盖着黏土，窑门由石头建造而成，窑炉顶部设有金属窑棚，在周边森林的掩映下呈现出一种洁净素雅的氛围。

< 图 10-97　匈牙利凯奇凯梅特市郊外的烧窑场所

< 图 10-98　日本金山市内的烧窑场所

图 10-99、图 10-100 和图 10-101　陶斯郊外的普韦布洛式教堂及受其启发设计的窑炉形式

图 10-102　弗雷德里克·奥尔森
绘制的黏土质阿富汗神殿

现在的我十分热衷于将建筑部件、建筑元素、房屋以及雕塑融合到窑炉设计中。每当我看见各种建筑结构——例如坐落在陶斯（Taos）郊外的普韦布洛（Pueblo）式教堂，坐落在新墨西哥的黏土建筑，坐落在阿富汗、巴基斯坦以及西非地区的清真寺和神殿——我会思考如何让它们转变为某种窑炉设计形式（图 10-99～图 10-102）。

1977 年，我在伊朗考察学习当地的黏土拱门、穹顶以及墓穴穹隆构造时，伊朗籍建筑师纳德·卡利里（Nader Khalili，1936～2008）发现了一座废弃的窑炉，该窑炉历经数百年风吹雨淋，与当地的建筑式样完全一致，由于长年遭受雨雪侵蚀已经部分残损了。他用残留的窑室烧窑，烧成效果极好。这件事情让我学习到用其他类型的黏土部件修补残破的旧窑，重新设计火路以及通风口后，它照样能烧制出陶瓦以及铺路砖。时至今日，来自印度庞迪切瑞（Pondicherry）市金桥陶瓷厂的雷·米克（Ray Meeker）仍在使用这座窑炉烧制陶瓷作品。

坐落在匈牙利凯奇凯梅特市以及佩奇市之间的天主教堂（图 10-103），以及坐落在加利福尼亚州洛杉矶市由弗兰克·盖里（Frank Gehry）设计的华特·迪士尼音乐厅（图 10-104）也别有一番风貌，上述建筑的外形完全可以设计成窑炉，只是与建筑比起来窑炉的体量相对较小一些而已。

图 10-103　匈牙利境内的天主教堂

图 10-104　加利福尼亚州洛杉矶市由弗兰克·盖里
设计的迪士尼音乐厅

　　除了将建筑结构融入到窑炉设计中之外，还可以采用短时间速写的方式设计窑炉：在 5 秒钟之内画出草图并将其转化为窑炉样式。我想若在教学中采用这种方式一定收益良多。首先，它能打破学生们心中有关窑炉设计的刻板印象；其次，它能启发学生们的创造性思维。学生针对其设计方案，在导师的引导下重温窑炉设计原理、所涉及的计算公式、所需采用的建造方法以及适合该窑炉特殊结构的烧成系统布局。加利福尼亚建筑师弗兰克·盖里在设计华特·迪士尼音乐厅的时候第一步是绘制大量速写图，在此之后他将这些速写图转变为模型小样，再之后将工程以及设计方面的问题全部排除掉并正式建造建筑。我在设计窑炉的时候第一步也是绘制速写图，在图纸的基础上进一步构思建造原理、所应选用的材料、排除有可能出现的烧成问题。

　　速写图既可以非常简约，也可以细致入微，图 10-105 展示了陶艺家斯坦·莱克·马德森(Sten Lykke Madsen)绘制的窑炉设计图，他曾在哥本哈根皇家陶瓷工厂工作。该图描绘了他设计的教堂窑样式，该窑坐落在丹麦的斯卡莱斯克(Skaelskør)市。1998 年 8 月，斯坦和我一起设计了教堂窑并参加了这座窑炉的首次烧窑仪式。他的设计方案为刻板的传统窑炉样式增色不少，成为窑炉设计者展示自我的平台。

29·8·1998　　TIL FRED OLSEN　FRA STEN

◁ 图 10-105　斯坦·莱克·马德森绘制的窑炉设计图

图 10-106 中的这座窑炉外观和穹顶穴窑差不多,窑室的内外轮廓均为有机曲线形,烧窑时火焰会顺着波状窑顶游走,这座窑炉至今还未建造。图中的白色部位以及阴影部位计划喷涂赤陶泥浆。图 10-101 为土拨鼠洞式穴窑,其设计灵感主要来源于陶斯郊外的普韦布洛式教堂。这座窑炉只有一间大窑室,窑室前部设有两个大炉膛,唯一的烟囱为土拨鼠洞式穴窑烟囱,但为了获得更强的自然气流抽力,计划在烟囱内部设置两条烟道。

日本绳文文化时期的坑式建筑也能转变为独特的窑炉设计样式,特别是三内丸山地区的建筑遗址(图 10-107A～图 10-108)。两个烟囱和两间炉膛分别建造在窑炉入口处及其对侧位置。既可以使用生耐火砖按照第 2 章中介绍的日本传统窑炉建筑形式建造之,也可以使用耐火浇注料浇筑穹顶。窑炉内部铺设纤维板内衬,内衬结构的外表面铺设黏土以及耐火浇注料的混合浆液,其外观犹如真正的茅草屋一般。

图 10-109 是我设计的更为激进的窑炉外形,不同方向的窑室穿插在一起,其中一间窑室极难建造。环状烟囱(外形犹如甜甜圈)两侧各设有一条烟道。两间窑室位于烟囱两侧,各窑室的烟道出口与环状烟囱交汇在一起。单间窑室的装坯空间约为 3 m³,环状烟囱的高度为 4.3 m。两间窑室可以同时烧。我希望将这座窑炉建造在某所大学的陶瓷系或者某个城市公园里,再或者某家甜甜圈工厂里。时至今日,这座窑炉仍未建造出来。蠕虫窑(图 10-110)的外形犹如一只蜷缩起来的虫子,烟囱位于虫身中部,宛若虫身的外壁上设有投柴孔——这座窑炉的外形前所未见,可以想象建造该窑以及烧窑都会是一件极为有趣的事情。这座窑炉的外观犹如雕塑,内部为土拨鼠洞式穴窑式样,其烟囱建造形式与前文中介绍的坐落在意大利南部蒙特科维诺·瑞维拉小镇上的雕塑作品相似。如果作为就地烧成雕塑作品,可以在其外表面随意涂鸦,想让它呈现出良好艺术气质的话可以将纹饰设计得更加精致些。我将窑炉设计成雕塑样式(图 10-111,图 10-112)并就地烧成有两个目的:第一,探索窑炉设计新方式;第二,挑战烧窑新方法。

图 10-106　带有有机曲线的穹顶穴窑

图 10-107　弗雷德里克·奥尔森绘制的日本绳文文化时期的建筑,下面那张图为在该建筑样式灵感下创作的窑炉

图 10-107A

图 10-108

图 10-107A 和图 10-108　日本绳文文化时期的坑式建筑,三内丸山地区的建筑遗址,位于日本青森县

　　从本章的观点可以清楚地看到，将雕塑或者组合形体作为窑炉设计的出发点有助于突破我们对窑炉式样的固有认知，相信在 21 世纪窑炉建造艺术一定会取得长足发展。

< 图 10-109　弗雷德里克·奥尔森绘制的环状烟囱窑

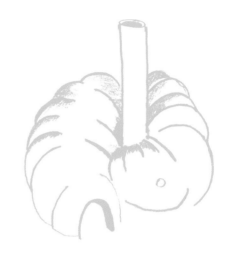

< 图 10-110　弗雷德里克·奥尔森绘制的蠕虫窑

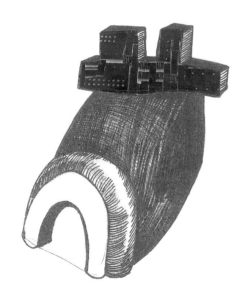

< 图 10-111　弗雷德里克·奥尔森
绘制的炙热烟囱窑

< 图 10-112　弗雷德里克·奥尔森绘制的造型
极其复杂的窑炉

窑 炉 指 南

附　录

附录 1 数据估算

耐火工业制品中的耐火砖有一系列数据表格，在建造窑炉的过程中，可以根据需要对照表格选用最适宜的耐火砖类型及其使用数量。下列数据是从表格中节选出来的，供窑炉设计、建造者参考。在建造窑炉的过程中，必须仔细研究每一个表格，从中解读有用的信息，以便节省时间和成本。

用 23 cm×6.3 cm 的耐火砖以及 23 cm×7.5 cm 的耐火砖砌筑 0.09 m² 的砖结构建筑，耐火砖的使用量如下所示：

窑壁厚度（cm）	23 cm×11.5 cm×6.3 cm 耐火砖使用量	23 cm×11.5 cm×7.5 cm 耐火砖使用量
6.3	3.6	
7.7	3.6	
11.5	6.4	5.3
11.5	7.7（5 丁 1 顺）	
19	10.8	
23	12.8	10.7
23	14.1（5 丁 1 顺）	
34.5	19.2	16.0
34.5	20.5（5 丁 1 顺）	

用 23 cm×6.3 cm 的耐火砖以及 23 cm×7.5 cm 的耐火砖砌筑 0.03 m³ 的砖结构建筑，23 cm×6.3 cm 的耐火砖使用量为 17 块，23 cm×7.5 cm 的耐火砖使用量为 14 块。

一块标准的 23 cm×6.3 cm 耐火砖重量为 3.5～3.8 kg。

0.03 m³ 的砖结构建筑重量为 59～63.5 kg。

0.03 m³ 的高硅耐火砖结构建筑重量为 47.5～54.5 kg。

1 000 块 23 cm×6.3 cm 的耐火砖，紧紧砌筑在一起时，可以建造出 1.66 m³ 空间；1 000 块 23 cm×7.5 cm 的耐火砖，紧紧砌筑在一起时，可以建造出 1.99 m³ 空间。

每立方米的重量（kg）：

普通耐火砖——1602

耐火黏土——1362

壤土（干粉）——1217

壤土（成块）——1522

壤土（松软状态）——1730

壤土（紧密状态）——2002

沙子（干松状态）——1602

沙子（干燥块状）——1762

沙子（潮湿块状）——2082

碎石块（紧压在一起）——1890

白垩——2323

花岗岩或者石灰石——2643

石膏——2291

砂石——2307

浮石——913

石英——2643

贝岩——2595

盐（粗盐）——721

页岩（美国）——2803

松木——400～721

枫木——785

橡木——801～945

· 塑形耐火砖的密度为 2082.6 kg/m³。标准包装（45 kg）的体积为 0.08 m³/0.11 m³。

· 136～181 kg 灰浆可以砌筑 1000 块耐火砖。

· 将各类材料的重量单位设置为 kg/m³，有助于陶艺家挖掘或者寻找材料并将其运输至目的地。

· 在建造窑炉的过程中，根据表 A-1 中列出的各项数据，可以找出最适合的耐火砖类型。

表 A-1　国际温标熔点（International Temperature Scale）

材料	熔点		材料	熔点	
	摄氏度（℃）	华氏度（℉）		摄氏度（℃）	华氏度（℉）
铝	660	1220	镍	1455	2651
锑	631	1168	钯	1554	2829
镉	321	610	黄磷	44	111
钙	850	1562	铂	1774	3225
铬	1800	3272	钾	63	145
钴	1490	2714	硅	1430	2606
铜	1038	1981	银	961	1762
金	1063	1945	钠	98	208
铁（纯净）	1539	2802	锡	232	450
铅	327	621	钛	1820	3308
镁	650	1202	钨	3410	6170
锰	1260	2300	钒	1735	3155
汞	-39	-38	锌	420	788
钼	2625	4757	锆	1750	3182

附录2　窑炉拱形结构耐火砖计算

$$r = \frac{S^2 + 4H^2}{8H} \qquad H = r - \frac{1}{2}\sqrt{4r^2 - S^2}$$

$$L = \frac{2\pi \cdot R\theta}{360} \qquad R = r + T$$

$$l = \frac{2\pi \cdot r\theta}{360} \qquad S = 2\sqrt{H[2(R-r)]}$$

$$\text{或}\ S = 2r \cdot \sin\frac{1}{2}\theta$$

式中：S —— 拱的跨度

T —— 拱的厚度

H —— 矢高（拱的高度）

R —— 拱的外径

r —— 拱的内径

l —— 拱的内弧长

L —— 拱的外弧长

θ —— 拱的包角

π —— 3.1416

圆周长 —— πd（d 为圆的直径）

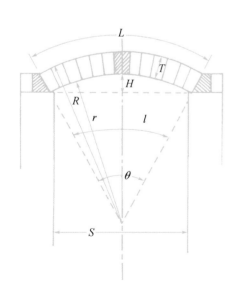

图 A-1　拱形结构的各项数据

砌筑拱的外弧时，耐火砖的使用量 $=L/(6.3\text{ cm 或}$ 7.7 cm)（具体取决于耐火砖的规格）

构成拱外弧的耐火砖总锥度 $=L-l$

$$\text{锥砖的使用数量} = \frac{\text{构成拱外弧的耐火砖总锥度}}{\text{单块耐火砖}}$$

锥砖的间距（直边耐火砖）

$$= \frac{\text{构成拱外弧的耐火砖数量}}{\text{锥砖的使用数量}}$$

上述拱形结构计算数据适用于任何体量、任何类型的窑炉（图 A-1），唯一要做的就是选择砌筑拱形结构的耐火砖类型（拱形耐火砖、楔形耐火砖、键砖）。

1. 拱的厚度

拱的厚度取决于所使用的耐火砖类型——硬质耐火砖还是绝缘耐火砖——以及拱的跨度。拱的厚度可以为 11.5 cm、17 cm、23 cm 以及更厚（图 A-2）。

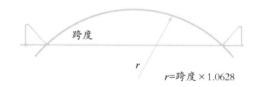

图 A-2　将削边砖作为拱脚砖使用时，跨度每增加 30.48 cm，矢高提升 3.81 cm

2. 矢高

将 23 cm×6.3 cm 的直削边砖作为拱脚砖建造拱形时，跨度每增加 30.48 cm，矢高提升 3.81 cm（表 A-2）。跨度每增加 30.48 cm，矢高提升 4.08 cm 时，圆心角的角度为 60°，拱的内径与其跨度相等（表 A-3）。当拱的跨度比较大时，跨度每增加 30.48 cm，矢高的提升数值至少为 4.45 cm。将 23 cm×7.5 cm 的直削边砖作为拱脚砖建造拱形且拱脚砖的角度为 48°时，跨度每增加 30.48 cm，矢高提升 5.85 cm。与其他高度数值相比，跨度每增加 30.48 cm，矢高提升 7.62 cm 时，其建筑结构相对更坚固。我建议大家在最低提升高度的基础上尽量将拱建造得高一些。跨度介于 122～244 cm 时，包括我在内的绝大多数窑炉建造者通常采用的矢高的提升数值为：跨度每增加 30.48 cm，矢高提升 10.16～15.24 cm。

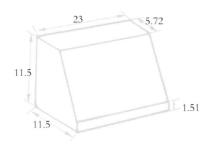

适用于厚度为11.5 cm的拱，跨度每增
加30.48 cm，矢高提升4.08 cm

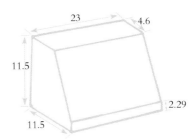

适用于厚度为11.5 cm的拱，跨度每增
加30.48 cm，矢高提升5.08 cm

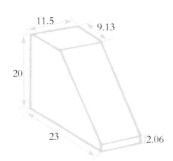

适用于厚度为23 cm的拱，跨
度每增加30.48 cm，矢高提升
5.08 cm

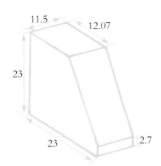

适用于厚度为23 cm的拱，跨
度每增加30.48 cm，矢高提升
3.81 cm

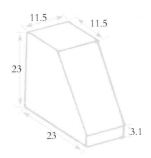

适用于厚度为23 cm的拱，跨
度每增加30.48 cm，矢高提
升4.08 cm

图 A-3　圆心角为60°的各类拱脚砖（单位：cm）

3. 耐火砖的类型

拱的厚度取决于耐火砖的类型，同时选择哪一种耐火砖又要考虑拱的厚度（图 A-3）。例如：建造厚度为11.5 cm的拱时，既可以只使用楔形砖砌筑，也可以将楔形砖和直形耐火砖组合起来砌筑。建造厚度为 17 cm的拱时，既可以只使用 23 cm 大楔形砖砌筑，也可以将23 cm 大楔形砖和 23 cm 大直形耐火砖组合起来砌筑。建造厚度为 23 cm 的拱时，既可以只使用楔形砖砌筑，也可以将楔形砖和直形耐火砖组合起来砌筑。此外，只使用键砖或者将键砖与直形耐火砖组合起来，也可以建造出厚度为 23 cm 的拱，但由于其承重面积较小所以并不建议大家采用这种方式。建造厚度超过 23 cm 的拱时，可以选用 34.5 cm 的楔形砖。

建造拱形结构时，最好选用 11.5 cm 或者 23 cm 的楔形砖以及角度适宜的拱脚砖，跨度每增加 30.48 cm，矢高的提升数值为 3.81 cm、4.08 cm、5.08 cm、5.85 cm。当拱的跨度和提升高度已给定时，可以按照前文中介绍的公式求出耐火砖的使用数量。得出需要的耐火砖数量不难，难的是根据所得数值找出与之匹配的耐火砖，或者将不符合尺寸要求的耐火砖裁切至适宜的尺寸。表 A-2—表 A-7 列举了各类最常使用的拱形结构数据。

4. 圆形窑炉内衬砌块数据表

表 A-8 以及表 A-9 中内衬砌块的内径以及外径均以厘米为单位。用 23 cm×23 cm×10 cm 的砌块铺设窑壁内衬，其内径为 183 cm 时外径为 229 cm。内衬结构的厚度为 23 cm，每 30.48 需要铺 3 列砖块。

表 A-2　拱的跨度每增加 30.48 cm，矢高提升数值

矢高提升数值（cm） （拱的跨度每增加 30.48 cm）	拱的内径 r	圆心角（°）	
		度（°）	圆弧片段
2.54	2.25203S	37° 50.9′	0.10514
3.18	1.54167S	47° 4.4′	0.13076
3.81	1.06250S	56° 8.7′	0.15596
4.08	1.00000S	60° 00.0′	0.16667
4.45	0.93006S	65° 2.5′	0.18067
5.08	0.83333S	73° 44.4′	0.20483
5.72	0.76042S	82° 13.4′	0.22840
5.85	0.74742S	83° 58.5′	0.23326
6.35	0.70417S	90° 28.8′	0.25133
6.99	0.66004S	98° 29.7′	0.27360
7.62	0.62500S	106° 15.6′	0.29517

注：拱的内径＝表中系数值×拱的跨度 S。

表 A-3　耐火砖的使用数量计算表

跨度 （cm）	矢高提升数值 （cm）	拱的内径 （cm）	每层耐火砖的使用数量（块）			使用数量总计 （块）
			2 号侧（厚）楔形砖 [23 cm×11.5 cm× （6.3～4.5 cm）]	1 号拱形砖 [23 cm×11.5 cm× （6.3～5.4 cm）]	直形耐火砖 （23 cm×11.5 cm× 6.3 cm）	
拱厚：11.5 cm						
拱的跨度每增加 30.48 cm，矢高提升 3.81 cm，所使用的拱脚砖为 23 cm 标准削边砖						
30.48	3.81	32.39	5	2	—	7
33.02	4.13	35.08	5	3	—	8
35.56	4.45	37.78	4	4	—	8
38.1	4.76	40.48	4	4	—	8
40.64	5.08	43.18	4	5	—	9
43.18	5.4	45.88	3	6	—	9
45.72	5.72	48.58	3	7	—	10
48.26	6.03	51.28	2	8	—	10
50.8	6.35	53.98	2	8	—	10
53.34	6.67	56.67	1	10	—	11
55.88	6.99	59.37	1	10	—	11
58.42	7.30	62.07	1	11	—	12

跨度 （cm）	矢高提升数值 （cm）	拱的内径 （cm）	2 号侧（厚）楔形砖 [23 cm×11.5 cm× （6.3～4.5 cm）]	1 号拱形砖 [23 cm×11.5 cm× （6.3～5.4 cm）]	直形耐火砖 （23 cm×11.5 cm× 6.3 cm）	使用数量总计 （块）
			每层耐火砖的使用数量（块）			
60.96	7.62	64.77	—	12	—	12
76.2	9.53	80.96	—	12	3	15
91.44	11.43	97.16	—	12	5	17
106.68	13.34	113.35	—	12	8	20
121.92	15.24	129.54	—	12	10	22
137.16	17.15	145.73	—	12	13	25
152.4	19.05	161.93	—	12	15	27
167.64	20.96	178.12	—	12	18	30
182.88	22.86	194.31	—	12	20	32

拱厚：11.5 cm

拱的跨度每增加 30.48 cm，矢高提升 4.08 cm。拱的半径 = 拱的跨度；圆心角 = 60°

跨度 （cm）	矢高提升数值 （cm）	拱的内径 （cm）	2 号侧（厚）楔形砖	1 号拱形砖	直形耐火砖	使用数量总计
30.48	4.05	30.48	6	1	—	7
33.02	4.45	33.02	6	2	—	8
35.56	4.76	35.56	5	3	—	8
38.1	5.08	38.1	5	4	—	9
40.64	5.48	40.64	4	5	—	9
43.18	5.79	43.18	4	5	—	9
45.72	6.11	45.72	3	7	—	10
48.26	6.43	48.26	3	7	—	10
50.8	6.83	50.8	3	8	—	11
53.34	7.14	53.34	2	9	—	11
55.88	7.46	55.88	2	10	—	12
58.42	7.86	58.42	1	11	—	12
60.96	8.18	60.96	1	11	—	12
63.5	8.49	63.5	1	12	—	13
66.04	8.81	66.04	—	13	—	13
68.58	9.21	68.58	—	13	1	14
76.2	10.24	76.2	—	13	2	15
91.44	12.22	91.44	—	13	4	17
106.68	14.29	106.68	—	13	7	20

跨度 （cm）	矢高提升数值 （cm）	拱的内径 （cm）	每层耐火砖的使用数量（块）			使用数量总计 （块）
			2 号侧（厚）楔形砖 ［23 cm×11.5 cm× （6.3～4.5 cm）］	1 号拱形砖 ［23 cm×11.5 cm× （6.3～5.4 cm）］	直形耐火砖 （23 cm×11.5 cm× 6.3 cm）	
121.92	16.35	121.92	—	13	9	22
137.16	36.2	137.16	—	13	12	25
152.4	20.4	152.4	—	13	14	27
167.64	22.46	167.64	—	13	17	30
182.88	24.53	182.88	—	13	19	32

拱厚：11.5 cm

拱的跨度每增加 30.48 cm，矢高提升 5.08 cm

跨度 （cm）	矢高提升数值 （cm）	拱的内径 （cm）	2 号侧（厚）楔形砖	1 号拱形砖	直形耐火砖	使用数量总计 （块）
30.48	5.08	25.4	8	—	—	8
33.02	5.48	27.54	8	—	—	8
35.56	5.95	29.61	7	2	—	9
38.1	6.35	31.75	7	2	—	9
40.64	6.75	33.89	7	3	—	10
43.18	7.22	35.96	6	4	—	10
45.72	7.62	38.10	5	5	—	10
48.26	8.02	40.24	5	6	—	11
50.8	8.49	42.31	5	6	—	11
53.34	8.89	44.45	4	8	—	12
55.88	9.29	46.59	4	8	—	12
58.42	9.76	48.66	4	9	—	13
60.96	10.16	50.80	3	10	—	13
63.5	10.56	52.94	2	11	—	13
66.04	11.03	55.01	2	12	—	14
68.58	11.43	57.15	2	12	—	14
71.12	11.83	59.29	1	14	—	15
73.66	12.30	61.36	1	14	—	15
76.2	12.70	63.50	1	15	—	16
91.44	15.24	76.20	—	16	2	18
106.68	17.78	88.90	—	16	5	21
121.92	20.32	101.60	—	16	7	23
137.16	22.86	114.30	—	16	10	26
152.4	25.40	127.00	—	16	12	28
167.64	27.94	139.7	—	16	15	31
182.88	30.48	152.4	—	16	18	34

续表

跨度 (cm)	矢高提升数值 (cm)	拱的内径 (cm)	每层耐火砖的使用数量（块）				使用数量总计 (块)
			3号侧（厚）楔形砖 [23 cm×11.5 cm× (6.3~2.5 cm)]	2号竖（厚）楔形砖 [23 cm×11.5 cm× (6.3~4.5 cm)]	1号拱形砖 [23 cm×11.5 cm× (6.3~5.4 cm)]	直形耐火砖 (23 cm×11.5 cm ×6.3 cm)	
拱厚：11.5 cm							
拱的跨度每增加 30.48 cm，矢高提升 5.85 cm，所使用的拱脚砖为 23 cm 标准削边砖							
30.48	5.87	22.78	1	7	—	—	8
33.02	6.35	24.69	1	8	—	—	9
35.56	6.83	26.59	—	9	—	—	9
38.1	7.30	28.50	—	9	—	—	10
40.64	7.78	30.40	—	8	—	—	10
43.18	8.26	32.31	—	7	—	—	10
45.72	8.81	34.21	—	7	—	—	11
48.26	9.29	36.04	—	6	—	—	11
50.8	9.76	37.94	—	6	—	—	12
53.34	10.24	39.85	—	6	6	—	12
55.88	10.72	41.75	—	6	7	—	13
58.42	11.19	43.66	—	5	8	—	13
60.96	11.67	45.56	—	5	9	—	14
63.5	12.14	47.47	—	4	10	—	14
66.04	12.70	49.37	—	3	11	—	14
68.58	13.18	51.28	—	3	12	—	15
76.2	14.61	56.99	—	2	14	—	16
83.82	16.11	62.63	—	—	17	—	17
91.44	17.54	68.34	—	—	18	1	19
99.06	19.05	74.06	—	—	18	2	20
106.68	20.48	79.77	—	—	18	3	21
114.3	21.91	85.41	—	—	18	5	23
121.92	23.42	91.12	—	—	18	6	24
129.54	24.84	96.84	—	18	7	—	25
137.16	26.35	102.55	—	18	9	2	27
144.78	27.78	108.19	—	18	10	5	28
152.4	29.21	113.90	—	18	11	7	29
160.02	30.64	119.62	—	18	13	10	31
167.64	32.15	125.33	—	18	14	12	32
175.26	31.12	130.97	—	18	15	15	33
182.88	34.05	136.68	—	18	17	18	35

跨度（cm）	矢高提升数值（cm）	拱的内径（cm）	每层耐火砖的使用数量（块）			使用数量总计（块）
			2号竖（宽）楔形砖 [23 cm×11.5 cm× (6.3~4.5 cm)]	1号竖（宽）楔形砖 [23 cm×11.5 cm× (6.3~4.76 cm)]	直形耐火砖 (23 cm×11.5 cm ×6.3 cm)	

拱厚：23 cm

拱的跨度每增加 30.48 cm，矢高提升 3.81 cm

跨度	矢高提升	内径	2号	1号	直形	总计
45.72	5.72	48.58	5	6	—	11
48.26	6.03	51.28	5	7	—	12
50.8	6.35	53.98	4	8	—	12
53.34	6.67	56.67	3	10	—	13
55.88	6.99	59.37	3	10	—	13
58.42	7.30	62.07	2	12	—	14
60.96	7.62	64.77	1	13	—	14
63.5	7.94	67.47	—	14	—	14
66.04	8.26	70.17	—	14	1	15
68.58	8.57	72.87	—	14	1	15
76.2	9.53	80.96	—	14	2	16
91.44	11.43	97.16	—	14	5	19
106.68	13.34	113.35	—	14	7	21
121.92	15.24	129.54	—	14	10	24
137.16	17.15	145.73	—	14	12	26
152.4	19.05	161.93	—	14	15	29
167.64	20.96	178.12	—	14	17	31
182.88	22.86	194.31	—	14	20	34
198.12	24.77	210.50	—	14	22	36
213.36	26.67	226.70	—	14	25	39

拱厚：23 cm

拱的跨度每增加 30.48 cm，矢高提升 4.08 cm。拱的半径＝拱的跨度；圆心角＝60°

跨度	矢高提升	内径	2号	1号	直形	总计
45.72	6.11	45.72	7	5	—	12
48.26	6.43	48.26	6	6	—	12
50.8	6.83	50.80	5	8	—	13
53.34	7.14	53.34	4	9	—	13
55.88	7.46	55.88	3	10	—	13
58.42	7.86	58.42	3	11	—	14
60.96	8.18	60.96	2	12	—	14
63.5	8.49	63.50	2	13	—	15
66.04	8.81	66.04	1	14	—	15
68.58	9.21	68.58	—	15	—	15
76.2	10.24	76.20	—	15	2	17
91.44	12.22	91.44	—	15	4	19
106.68	14.29	106.68	—	15	7	22
121.92	16.35	121.92	—	15	9	24

续表

跨度 （cm）	矢高提升数值 （cm）	拱的内径 （cm）	每层耐火砖的使用数量（块）			使用数量总计 （块）
			2 号竖（宽）楔形砖 [23 cm×11.5 cm× （6.3～4.5 cm）]	1 号竖（宽）楔形砖 [23 cm×11.5 cm× （6.3～4.76 cm）]	直形耐火砖 （23 cm×11.5 cm ×6.3 cm）	
137.16	18.42	137.16	—	15	12	27
152.4	20.40	152.40	—	15	14	29
167.64	22.46	167.64	—	15	17	32
182.88	25.32	182.88	—	15	19	34
198.12	26.51	198.12	—	15	22	37
213.36	28.58	213.36	—	15	24	39

拱厚：23 cm

拱的跨度每增加 30.48 cm，矢高提升 5.08 cm

跨度 （cm）	矢高提升数值 （cm）	拱的内径 （cm）	2 号竖（宽）楔形砖	1 号竖（宽）楔形砖	直形耐火砖	使用数量总计
45.72	7.62	38.10	11	2	—	13
48.26	8.02	40.24	10	3	—	13
50.8	8.49	42.31	9	5	—	14
53.34	8.89	44.45	8	6	—	14
55.88	9.29	46.59	7	7	—	14
58.42	9.76	48.66	7	8	—	15
60.96	10.16	50.80	6	9	—	15
63.5	10.56	52.94	6	10	—	16
66.04	11.03	55.01	5	11	—	16
68.58	11.43	57.15	4	13	—	17
71.12	11.83	59.29	3	14	—	17
73.66	12.3	61.36	2	15	—	17
76.2	12.70	63.50	2	16	—	18
78.74	13.10	65.64	1	17	—	18
81.28	13.57	67.71	1	18	—	19
83.82	13.97	69.85	—	19	—	19
91.44	15.24	76.20	—	19	1	20
106.68	17.78	88.90	—	19	4	23
121.92	20.32	101.60	—	19	7	26
137.16	22.86	114.30	—	19	9	28
152.4	25.40	127.00	—	19	12	31
167.64	27.94	139.70	—	19	14	33
182.88	30.48	152.40	—	19	17	36
198.12	33.02	165.10	—	19	19	38
213.36	35.56	177.80	—	19	22	41

拱厚：23 cm

拱的跨度每增加 30.48 cm，矢高提升 5.08 cm。所使用的拱脚砖为 23 cm 标准削边砖

跨度 （cm）	矢高提升数值 （cm）	拱的内径 （cm）	2 号竖（宽）楔形砖	1 号竖（宽）楔形砖	直形耐火砖	使用数量总计
45.72	8.81	34.21	14	—	—	14
48.26	9.29	36.04	13	1	—	14
50.8	9.76	37.94	12	2	—	14

跨度（cm）	矢高提升数值（cm）	拱的内径（cm）	每层耐火砖的使用数量（块）			使用数量总计（块）
			2号竖（宽）楔形砖 [23 cm×11.5 cm×（6.3～4.5 cm）]	1号竖（宽）楔形砖 [23 cm×11.5 cm×（6.3～4.76 cm）]	直形耐火砖（23 cm×11.5 cm×6.3 cm）	
53.34	10.24	39.85	11	4	—	15
55.88	10.72	41.75	10	5	—	15
58.42	11.19	43.66	10	6	—	16
60.96	11.67	45.56	9	7	—	16
63.5	12.14	47.47	9	8	—	17
66.04	12.70	49.37	8	9	—	17
68.58	13.18	51.28	7	11	—	18
71.12	13.65	53.18	6	12	—	18
73.66	14.13	55.09	5	13	—	18
76.2	14.61	56.99	5	14	—	19
78.74	15.08	58.82	4	15	—	19
81.28	15.56	60.72	3	17	—	20
83.82	16.11	62.63	2	18	—	20
86.36	16.59	64.53	2	19	—	21
88.9	17.07	66.44	1	20	—	21
91.44	17.54	68.34	—	21	—	21
106.68	20.48	79.77	—	21	3	24
121.92	23.42	91.12	—	21	6	27
137.16	26.35	102.55	—	21	8	29
152.4	29.21	113.90	—	21	11	32
167.64	32.15	125.33	—	21	14	35
182.88	35.08	136.68	—	21	16	37
198.12	38.02	148.11	—	21	19	40
213.36	40.96	159.31	—	21	21	42

表 A-4 用 23 cm×10 cm×6.3 cm 的拱形砖砌筑拱形结构时，其使用数量

拱形结构的内径（cm）	3号竖（厚）楔形砖	2号侧（厚）楔形砖	1号拱形砖	直形耐火砖	使用数量总计（块）
15.24	19	—	—	—	19
17.78	18	3	—	—	21
20.32	17	5	—	—	22
22.86	15	8	—	—	23
25.4	14	10	—	—	24
27.94	13	13	—	—	26
30.48	12	15	—	—	27
33.02	10	18	—	—	28
35.56	9	20	—	—	29
38.1	8	23	—	—	31
40.64	7	25	—	—	32
43.18	5	28	—	—	33

续表

拱形结构的 内径（cm）	3号竖（厚）楔形砖	2号侧（厚）楔形砖	1号拱形砖	直形耐火砖	使用数量 总计（块）
45.72	4	30	—	—	34
48.26	3	33	—	—	36
50.8	2	35	—	—	37
53.34	—	38	—	—	38
55.88	—	36	3	—	39
58.42	—	36	5	—	41
60.96	—	34	8	—	42
63.5	—	33	10	—	43
66.04	—	31	13	—	44
68.58	—	31	15	—	46
71.12	—	29	18	—	47
73.66	—	28	20	—	48
76.2	—	26	23	—	49
78.74	—	26	25	—	51
81.28	—	24	28	—	52
83.82	—	23	30	—	53
86.36	—	21	33	—	54
88.9	—	20	36	—	56
91.44	—	19	38	—	57
93.98	—	18	40	—	58
96.52	—	16	43	—	59
99.06	—	15	46	—	61
101.6	—	14	48	—	62
104.14	—	13	50	—	63
106.68	—	11	53	—	64
109.22	—	10	56	—	66
111.76	—	9	58	—	67
114.3	—	8	60	—	68
116.84	—	7	63	—	70
119.38	—	5	66	—	71
121.92	—	4	68	—	72
124.46	—	3	70	—	73
127	—	2	73	—	75
129.54	—	—	76	—	76
137.16	—	—	76	4	80
152.4	—	—	76	11	87
167.64	—	—	76	19	95
182.88	—	—	76	26	102
198.12	—	—	76	34	110
213.36	—	—	76	41	117

注：表格中的数据亦适用于 34 cm×11.5 cm×6.3 cm 的拱形砖。

表 A-5　用 23 cm×11.5 cm×6.3 cm 楔形砖以及 34 cm×11.5 cm×7.5 cm 楔形砖砌筑拱形结构时，其使用数量

拱形结构的内径（cm）	3号竖（厚）楔形砖	2号侧（厚）楔形砖	1号拱形砖	使用数量总计（块）	拱形结构的内径（cm）	3号竖（厚）楔形砖	2号侧（厚）楔形砖	1号拱形砖	使用数量总计（块）
45.72	29	—	—	29	129.54	—	50	13	63
48.26	28	2	—	30	132.08	—	49	15	64
50.8	26	5	—	31	134.62	—	48	17	65
53.34	25	7	—	32	137.16	—	47	19	66
55.88	24	9	—	33	139.7	—	46	21	67
58.42	23	11	—	34	142.24	—	45	23	68
60.96	22	13	—	35	144.78	—	44	26	70
63.5	21	15	—	36	147.32	—	43	28	71
66.04	20	17	—	37	149.86	—	42	30	72
68.58	19	19	—	38	152.4	—	41	32	73
71.12	18	21	—	39	154.94	—	40	34	74
73.66	17	23	—	40	157.48	—	39	36	75
76.2	16	25	—	41	160.02	—	38	38	76
78.74	15	27	—	42	162.56	—	37	40	77
81.28	14	29	—	43	165.1	—	36	42	78
83.82	13	31	—	44	167.64	—	35	44	79
86.36	12	33	—	45	170.18	—	34	46	80
88.9	10	36	—	46	172.72	—	33	48	81
91.44	10	38	—	48	175.26	—	32	50	82
93.98	9	40	—	49	177.8	—	30	53	83
96.52	8	42	—	50	180.34	—	29	55	84
99.06	7	44	—	51	182.88	—	28	57	85
101.6	6	46	—	52	185.42	—	27	59	86
104.14	5	48	—	53	187.96	—	26	61	87
106.68	3	51	—	54	190.5	—	25	63	88
109.22	2	53	—	55	193.04	—	24	65	89
111.76	1	55	—	56	195.58	—	23	67	90
114.3	—	57	—	57	198.12	—	22	70	92
116.84	—	56	2	58	200.66	—	21	72	93
119.38	—	55	4	59	203.2	—	20	74	94
121.92	—	54	6	60	205.74	—	19	76	95
124.46	—	52	9	61	208.28	—	18	78	96
127	—	51	11	62	210.82	—	17	80	97

表 A-6　用 23 cm×11.5 cm×6.3 cm 楔形砖砌筑拱形结构时，其使用数量

拱形结构的内径（cm）	2号竖（宽）楔形砖	1号竖（宽）楔形砖	直形耐火砖	使用数量总计（块）	拱形结构的内径（cm）	2号竖（宽）楔形砖	1号竖（宽）楔形砖	直形耐火砖	使用数量总计（块）
68.58	57			57	111.76	21	57	—	78
71.12	55	3		58	114.3	19	61	—	80
73.66	52	7		59	116.84	17	64	—	81
76.2	51	10	—	61	119.38	15	67	—	82
78.74	48	14	—	62	121.92	13	70	—	83
81.28	46	17	—	63	124.46	11	74	—	85
83.82	44	20	—	64	127	9	77	—	86
86.36	42	24	—	66	129.54	6	81	—	87
88.9	40	27	—	67	132.08	4	84	—	88
91.44	38	30	—	68	134.62	2	88	—	90
93.98	36	34	—	70	137.16		91	—	91
96.52	34	37	—	71	152.4		91	7	98
99.06	32	40	—	72	167.64		91	15	106
101.6	29	44	—	73	182.88		91	22	113
104.14	28	47	—	75	198.12		91	30	121
106.68	25	51	—	76	213.36		91	38	129
109.22	23	54	—	77					

注：表格中的数据亦适用于 23 cm×17 cm×6.3 cm 的楔形砖以及 23 cm×23 cm×6.3 cm 的楔形砖。

表 A-7　用 23 cm×11.5 cm×7.5 cm 的楔形砖以及 23 cm×17 cm×7.5 cm 的楔形砖砌筑拱形结构时，其使用数量

拱形结构的内径（cm）	3号竖（宽）楔形砖	2号竖（宽）楔形砖	使用数量总计（块）	拱形结构的内径（cm）	3号竖（宽）楔形砖	2号竖（宽）楔形砖	使用数量总计（块）
91.44	57		57	121.92	44	26	70
93.98	56	2	58	124.46	43	28	71
96.52	55	4	59	127	42	30	72
99.06	54	6	60	129.54	41	32	73
101.6	52	9	61	132.08	40	34	74
104.14	51	11	62	134.62	39	36	75
106.68	50	13	63	137.16	38	38	76
109.22	49	15	64	139.7	37	40	77
111.76	48	17	65	142.24	36	42	78
114.3	47	19	66	144.78	35	44	79
116.84	46	21	67	147.32	34	46	80
119.38	45	23	68	149.86	33	48	81

拱形结构的 内径（cm）	3号 竖（宽） 楔形砖	2号 竖（宽） 楔形砖	使用数量 总计（块）	拱形结构的 内径（cm）	3号 竖（宽） 楔形砖	2号 竖（宽） 楔形砖	使用数量 总计（块）
152.4	32	50	82	185.42	18	78	96
154.94	31	52	83	187.96	17	80	97
157.48	29	55	84	190.5	16	82	98
160.02	28	57	85	193.04	15	84	99
162.56	27	59	86	195.58	14	86	100
165.1	26	61	87	198.12	13	88	101
167.64	25	63	88	200.66	12	90	102
170.18	24	65	89	203.2	11	92	103
172.72	23	67	90	205.74	10	94	104
175.26	22	70	92	208.28	9	96	105
177.8	21	72	93	210.82	7	99	106
180.34	20	74	94	213.36	6	101	107
182.88	19	76	95				

注：表格中的数据亦适用于 34 cm×23 cm×7.5 cm 的楔形砖。

表 A-8　用 23 cm×15 cm×10 cm 砌块铺设窑壁内衬时，其使用数量（内衬结构的厚度为 15 cm）

窑壁内径 （cm）	砌块的型号及 其使用数量（块）		使用数量 总计（块）	窑壁内径 （cm）	砌块的型号及 其使用数量（块）		使用数量 总计（块）
	30—42	**35—48**			**54—66**	**60—72**	
76.2	15	—	15	137.16	23	—	23
83.82	8	8	16	144.78	12	12	24
	36—48	**42—54**			**60—72**	**66—78**	
91.44	17	—	17	152.4	26	—	26
99.06	9	9	18	160.02	13	14	27
	42—54	**48—60**			**66—78**	**72—84**	
106.68	19	—	19	167.64	28	—	28
114.3	10	10	20	175.26	14	15	29
	48—60	**54—66**			**72—84**	**78—90**	
121.92	21	—	21	182.88	30	—	30
129.54	11	11	22	190.5	15	16	31

表 A-9　　用 23 cm×23 cm×10 cm 砌块铺设窑壁内衬时，其使用数量（内衬结构的厚度为 23 cm）

窑壁内径 （cm）	砌块的型号及 其使用数量（块）		使用数量 总计（块）	窑壁内径 （cm）	砌块的型号及 其使用数量（块）		使用数量 总计（块）
	48—66	**54—72**			**72—90**	**78—96**	
121.92	23	—	23	182.88	32	—	32
129.54	12	12	24	190.5	16	17	33
	54—72	**60—78**			**78—96**	**84—102**	
137.16	26	—	26	198.12	34	—	34
144.78	13	14	27	205.74	17	18	35
	60—78	**56—84**			**84—102**	**90—108**	
152.4	28	—	28	213.36	36	—	36
160.02	14	15	29	220.98	18	19	37
	56—84	**72—90**					
167.64	30	—	30				
175.26	15	16	31				

注：北美耐火材料有限公司生产的圆形窑炉纤维内衬材料，厚度还有 11.5 cm 和 19 cm 等。

附录3　窑温颜色指南

很多时候测温锥和测温计都靠不住，在这种情况下，陶艺家必须学会通过观察窑炉内部颜色的方式来判断窑温。当达到预定窑温时，窑炉内部会呈现出某种特定的颜色，看到这种颜色后可以通过一个极其简单的方式来检验釉料是否已经熔融成熟：将一个晾衣架顺着观火孔伸到窑炉中，将其靠近坯体并观察釉面的反应，熔融成熟的釉面会像镜子那样反射出晾衣架的影像。参见表 A-10～表 A-12。

表 A-10　用于检测釉面熔融成熟程度的窑温颜色指南

颜色	摄氏温度（℃）	华氏温度（℉）
微红	475	885
暗红	475～650	885～1200
暗红—桃红	650～750	1200～1380
桃红—鲜桃红	750～815	1380～1500
鲜桃红—橙色	815～900	1500～1650
橙色—黄色	900～1090	1650～2000
黄色—亮黄色	1090～1315	2000～2400
亮黄色—白色	1315～1540	2400～2800
白色—青白色	1540	2800

表 A-11　测温锥当量（℃）

测温锥代码	大型测温锥		小型测温锥
	60℃	150℃	300℃
022	585	600	630*
021	602	614	643
020	625	635	666
019	668	683	723
018	696	717	752
017	727	747	784

续表

测温锥代码	大型测温锥		小型测温锥
	60℃	150℃	300℃
016	764	792	825
015	790	804	843
014	834	838	870*
013	852	852	880*
012	881	884	900*
011	886	894	915*
010**	887	894	919
09	915	923	955
08	945	955	983
07	973	984	1008
06	991	999	1023
05	1031	1046	1062
04	1050	1060	1098
03	1086	1101	1131
02	1101	1120	1148
01	1117	1137	1178
1	1136	1154	1179
2	1142	1162	1179
3	1152	1168	1196
4	1168	1186	1209
5	1177	1196	1221
6	1201	1222	1255
7	1215	1240	1264
8	1236	1263	1300
9	1260	1280	1317
10	1285	1305	1330
11	1294	1315	1336
12	1306	1326	1355

续表

测温锥代码	大型测温锥		当量温锥
	60℃	150℃	150℃
12	1306	1326	1337
13	1321	1346	1349
14	1388	1366	1398
15	1424	1431	1430
16	1455	1473	1491
17	1477	1485	1512
18	1500	1506	1522
19	1520	1528	1541
20	1542	1549	1564
23	1586	1590	1605
26	1589	1605	1621
27	1614	1627	1640
28	1614	1633	1646
29	1624	1645	1659
30	1636	1654	1665
31	1661	1679	1683
311/2			1699
32	1706	1717	1717
321/2	1718	1730	1724
33	1732	1741	1743
34	1757	1759	1763
35	1784	1784	1785
36	1798	1796	1804
37	ND	ND	1820
38	ND	ND	1850*
39	ND	ND	1865*
40	ND	ND	1885*
41	ND	ND	1970*
42	ND	ND	2015*

* 表格中的温度为近似值（参见注释3）。

** 010 号——3 号测温锥为无铁测温锥。采用氧化气氛烧窑，当烧成速度为 60℃/h 时，无铁测温锥与含铁测温锥的变形温度一致。

"ND"表示不确定。

注：1. 表中的温度当量数值由奥顿标准测温锥（Orton Standard Pyrometric Connes）实验得出，烧成速度适中，氧化气氛烧成。
2. 温度当量数值取自烧成阶段尾声。
3. 除了表格中带有 * 标记的数值之外，其他数值均摘录自比尔曼（H. P. Beerman）制定的国家标准（参见《美国陶瓷学会杂志》，第 39 卷，1956 年版）。
4. 低于测定标准的测温锥虽然也会在一定烧成温度下熔融弯曲，但是其温度当量数值与表格中列出的数值并不一致。想要了解更详细的技术数据，请联系奥顿基金会。
5. 想要再现表格中所列出的数据时，必须注意测温锥的摆放角度以及摆放高度：放置在温锥槽内的测温锥，其熔融弯曲面的垂直角度必须为 8°，测温锥顶点至温锥槽顶面的距离必须适宜（大型测温锥的距离为 5.08 cm；小型测温锥的距离为 3.81 cm；当量测温锥的距离为 4.06 cm）。
6. 想要再现表格中所列出的全部或者部分数据，请联系奥顿基金会。

表 A-12　柴窑速烧时刻表

时间	温度（℃）	记录
4:55		将烟囱挡板闭合至 3/4 位置处；只烧一间炉膛
5:00	190	
5:15	315	
5:30	455	
5:45	580	开始烧其他炉膛。按照下列节奏投柴：投柴，让木柴燃尽，投柴，让木柴燃尽，如此往复
6:00	720	
6:15	790	将烟囱挡板打开一半
6:30	900	
6:45	955	
7:00	1016	6 号测温锥融熔弯曲
7:15	1050	
7:30	1095	
7:45	1105	
8:00	1180	5 号测温锥融熔弯曲
8:15	1205	将烟囱挡板打开至 3/4 位置处
8:30	1235	9 号测温锥融熔弯曲
8:45	1260	9 号测温锥融熔坍塌
9:00	1285	10 号测温锥融熔弯曲
9:15	1285	将烟囱挡板彻底打开
9:30	1285	持续投柴保持窑温，以便让温度均匀分布
9:45	1285	烧成结束，将烟囱挡板彻底闭合，用耐火砖将炉膛彻底封堵住

总烧成时间：4 h 45 min

注：表中的时间还是长了些。莱斯·布莱克布劳和我有一次在我的工作室烧同一款窑炉，将 10 号测温锥烧至融熔坍塌仅用了 1 h 55 min。

附录4　实用数据转换表

表 A-13　单位换算

大气压——atm（标准海平面气压）
= 101.325 千帕（kPa）
= 14.696 磅力每平方英寸（psi）
= 76.00 厘米汞柱（cmHg）（0℃环境）
= 29.92 英寸汞柱（inHg）（0℃环境）
= 33.96 英尺水柱（ftH$_2$O）（20℃环境）
= 1.01325 巴（bar）
= 1.0332 千克力每平方厘米（kgf/cm^2）
= 1.0581 吨力每平方英尺（tf/ft^2）
= 760 托（Torr）
= 760 毫米汞柱（mmHg）（0℃环境）

桶装液体，美式桶——bbl
= 0.11924 立方米（m^3）
= 31.5 美制加仑（US gal）液体

桶，石油桶——bbl
= 0.15899 立方米（m^3）
= 42 美制加仑（US gal）燃油

英制热量单位——BTU（参见后文注释中的相关内容）
= 1055 焦耳（J）
= 778 英尺磅力（ft·lbf）
= 0.252 千卡（kcal）
= 107.6 千克力米（kgf·m）
= 2.93×10^{-4} 千瓦时（kW·h）
= 3.93×10^{-4} 英制马力小时（hp·h）

英制热量单位每分——Rlulmin（参见后文注释中的相关内容）
= 17.58 瓦特（W）
= 12.97 英尺磅力每秒（ft·lbf/s）
= 0.02358 英制马力（hp）

厘米——cm
= 0.3937 英寸（in）

厘米汞柱——cmHg，0℃环境
= 1.3332 千帕（kPa）
= 0.013332 巴（bar）
= 0.4468 英尺水柱（ftH$_2$O）（20℃环境）
= 5.353 英寸水柱（inH$_2$O）（20℃环境）
= 0.013595 千克力每平方厘米、（kgf/cm^2）
= 27.85 磅力每平方英尺（lbf/ft^2）
= 0.19337 磅力每平方英寸（psi）

= 0.013158 标准大气压（atm）
= 10 托（Torr）
= 10 毫米汞柱（mmHg）（0℃环境）

厘米每秒——cm/s
= 1.9685 英尺每分（ft/min）
= 0.03281 英尺每秒（ft/s）
= 0.03600 公里每小时（km/h）
= 0.6000 米每分（m/min）
= 0.02237 英里每小时（mile/h）

立方厘米——cm^3
= 3.5315×10^{-5} 英尺^3（ft^3）
= 6.1024×10^{-2} 英寸^3（in^3）
= 1.308×10^{-6} 码^3（yd^3）
= 2.642×10^{-4} 美制加仑（US gal）
= 2.200×10^{-4} 英制加仑（UK gal）
= 1.000×10^{-3} 升（L）

立方英尺——ft^3
= 0.02832 立方米（m^3）
= 2.832×10^4 立方厘米（cm^3）
= 1728 立方英寸（in^3）
= 0.03704 立方码（yd^3）
= 7.481 美制加仑（US gal）
= 6.229 英制加仑（UK gal）
= 28.32 升（L）

立方英尺每分——ft^3/min
= 472.0 立方厘米每秒（cm^3/s）
= 1.699 立方米每小时（m^3/h）
= 0.4720 升每秒（L/s）
= 0.1247 美制加仑每秒（US gal/s）
= 62.30 磅水柱每分（lbH$_2$O/min）（20℃环境）

立方英尺每秒——ft^3/s
= 0.02832 立方米每秒（m^3/s）
= 1.699 立方米每分（m^3/min）
= 448.8 美制加仑每分（US gal/min）
= 0.6463 百万美制加仑每天（MUS gal/d）

立方英寸——in^3
= 1.6387×10^{-5} 立方米（m^3）
= 16.387 立方厘米（cm^3）

=0.016387 升（L）

=5.787×10⁻⁴ 立方英尺（ft³）

=2.143×10⁻⁵ 立方码（yd³）

=4.329×10⁻³ 美制加仑（US gal）

=3.605×10⁻³ 英制加仑（UK gal）

立方米——m³

=1000 升（L）

=35.315 立方英尺（ft³）

=61.024×10³ 立方英寸（in³）

=1.3080 立方码（yd³）

=264.2 美制加仑（US gal）

=220.0 英制加仑（UK gal）

立方米每小时——m³/h

=0.2778 升每秒（L/s）

=2.778×10⁻⁴ 立方米每秒（m³/s）

=4.403 美制加仑每分（US gal/min）

立方米每秒——m³/s

=3600 立方米每小时（m³/h）

=15.85×10³ 美制加仑每分（US gal/min）

立方码——yd³

=0.7646 立方米（m³）

=764.6 升（L）

=7.646×10⁵ 厘米³（cm³）

=27 立方英尺（ft³）

=46656 立方英寸（in³）

=201.97 美制加仑（US gal）

=168.17 英制加仑（UK gal）

角度（°）

=0.017453 弧度（rad）

=60 分（′）

=3600 秒（″）

=1.111 百分度（gon）

度每秒（°/s）

=0.017453 弧度每秒（rad/s）

=0.16667 转每分（r/min）

=2.7778×10⁻³ 转每秒（r/s）

英尺——ft

=0.3048 米（m）

=30.480 厘米（cm）

=12 英寸（in）

=0.3333 码（yd）

英尺水柱——ftH₂O，20℃ 环境

=2.984 千帕（kPa）

=0.02984 巴（bar）

=0.8811 英寸汞柱（inHg）（0℃ 环境）

=0.03042 千克力每平方厘米（kgf/cm²）

=62.32 磅力每平方英尺（lbf/ft²）

=0.4328 磅力每平方英寸（psi）

=0.02945 标准大气压

英尺每分——ft/min

=0.5080 厘米每秒（cm/s）

=0.01829 千米每小时（km/h）

=0.3048 米每分（m/min）

=0.016667 英尺每秒（ft/s）

=0.01136 英里每小时（mile/h）

英尺每平方秒——ft/s²

=0.3048 米每平方秒（m/s²）

=30.48 厘米每平方秒（cm/s²）

英尺磅力——ft·lbf

=1.356 焦（J）

=1.285×10⁻³ 英制热量单位（BTU，参见后文注释中的相关内容）

=3.239×10⁻⁴ 千卡（kcal）

=0.13825 千克力米（kgf·m）

=5.050×10⁻⁷ 马力小时（hp·h）

=3.766×10⁻⁷ 千瓦时（kW·h）

加仑，美制——US gal

=3785.4 立方厘米（cm³）

=3.7854 升（L）

=3.7854×10⁻³ 立方米（m³）

=231 立方英寸（in³）

=0.13368 立方英尺（ft³）

=4.951×10⁻³ 立方码（yd³）

=8 液品脱（pt）

=4 液夸脱（qt）

=0.8327 英制加仑（UK gal）

=8.328 磅水（15.56℃空气环境）

=8.337 磅水（15.56℃真空环境）

加仑，英制——UK gal

=4546 立方厘米（cm³）

=4.546 升（L）

=4.546×10⁻³ 立方米（m³）

=0.16054 立方英尺（ft³）

=5.946×10⁻³ 立方码（yd³）

=120094 美制加仑（US gal）

=10.000 磅水（16.67℃空气环境）

美制加仑每分——US gal/min

=0.22715 立方米每小时（m^3/h）

=0.06309 升每秒（L/s）

=8.021 立方英尺每小时（ft^3/h）

=2228×10^{-3} 立方英尺/秒（ft^3/s）

克——g

=15432 谷（gr）

=0.035274 盎司（oz）（常衡制）

=0.032151 盎司（oz）（金衡制）

=22046×10^{-3} 磅（lb）

克力——gf

=9.807×10^{-3} 牛（N）

克力每厘米——gf/cm

=98.07 牛每米（N/m）

=5.600×10^{-3} 磅力每英寸（lbf/in）

克每立方厘米——g/cm^3

=62.43 磅每立方英尺（lb/ft^3）

=0.03613 磅每立方英寸（lb/in^3）

克每升——g/L

=58.42 谷每美制加仑（gr/US gal）

=8.345 磅每 1000 美制加仑

=0.06243 磅每立方英尺（lb/ft^3）

=百万分之 1002（315.56℃水中固体物的质量）

公顷——hm^2

=1.000×10^{-4} 平方米（m^2）

=1.0764×10^{-5} 平方英尺（ft^2）

马力——hp

=745.7 瓦特（W）

=0.7457 千瓦（kW）

=33000 英尺磅力每分（ft·lbf/min）

=550 英尺磅力每秒（ft·lbf/s）

=42.43 英制热量单位每分（BTU/min，参见后文注释中的相关内容）

=10.69 千卡每分（kcal/min）

=1.0139 马力（米制）

锅炉马力——Bhp

=33480 英制热量单位每小时（BTU/h，参见后文注释中的相关内容）

=9.809 千瓦（kW）

马力小时——hp·h

=0.7457 千瓦时（kW·h）

=1.976×10^6 英尺磅力（ft·lbf）

=2545 英制热量单位（BTU，参见后文注释中的相关内容）

=641.5 千卡（kcal）

=2.732×10^5 千克力米（kgf·m）

英寸——in

=2.540 厘米（cm）

英寸汞柱——inHg，0℃环境

=3.3864 千帕（kPa）

=0.03386 巴（bar）

=1.135 英尺水柱（ftH_2O）（20℃环境）

=13.62 英寸水柱（inH_2O）（20℃环境）

=0.03453 千克力每平方厘米（kgf/cm^2）

=70.73 磅力每平方英尺（lbf/ft^2）

=0.4912 磅力每平方英寸（psi）

=0.03342 标准大气压（atm）

英寸水柱——inH_2O，20℃环境

=0.2487 千帕（kPa）

=2.487×10^{-3} 巴（bar）

=0.07342 英寸汞柱（inHg）（0℃环境）

=2.535×10^{-3} 千克力每平方厘米（kgf/cm^2）

=0.5770 盎司力每平方英寸（ozf/in^2）

=5.193 磅力每平方英尺（lbf/ft^2）

=0.03606 磅力每平方英寸（psi）

=2.454×10^{-3} 标准大气压

焦——J

=0.9484×10^{-3} 英制热量单位（BTU，参见后文注释中的相关内容）

=0.2389 卡（cal）

=0.7376 英尺磅力（ft·lbf）

=2.778×10^{-4} 瓦特小时（W·h）

千克——kg

=22046 磅（lb）

=1.102×10^{-3} 吨（t）（短吨）

千克力——kgf

=9.807 牛顿（N）

=2.205 磅力（lbf）

千克力每米——kgf/m

=9.807 牛顿每米（N/m）

=0.6721 磅力每英尺（lbf/ft）

千克力每平方厘米——kgf/cm^2

=98.07 千帕（kPa）

=0.9807 巴（bar）

= 32. 87 英尺水柱（ftH₂O）（20℃环境）

= 28. 96 英寸汞柱（inHg）（0℃环境）

= 2048 磅力每平方英尺（lbf/ft²）

= 14. 223 磅力每平方英寸（psi）

= 0. 9678 标准大气压（atm）

千克力每平方毫米——kgf/mm²

= 9. 807 兆帕（MPa）

= 1. 000×10⁶ 千克力每平方米（kgf/m²）

千帕——kPa

= 10³ 帕（Pa）或牛每平方米（N/m²）

= 0. 1450 磅力每平方英寸（psi）

= 0. 010197 千克力每平方厘米（kgf/cm²）

= 0. 2953 英寸汞柱（inHg）（0℃环境）

= 0. 3351 英尺水柱（ftH₂O）（20℃环境）

= 4. 021 英寸水柱（inH₂O）（20℃环境）

千瓦——kW

= 4. 425×10⁴ 英尺磅力每分（ft·lbf/min）

= 737. 6 英尺磅力每秒（ft·lbf/s）

= 56. 90 英制热量单位每分（BTU/min，参见后文注释中的相关内容）

= 14. 33 千卡每分（kcal/min）

= 1. 3410 马力（hp）

千瓦时——kW·h

= 3. 6×10⁶ 焦耳（J）

= 2. 655×10⁶ 英尺磅力（ft·lbf）

= 3413 英制热量单位（BTU，参见后文注释中的相关内容）

= 860 千卡（kcal）

= 3. 671×10⁵ 千克力米（kgf·m）

= 1. 3410 马力小时（hp·h）

升——L

= 1000 厘米³（cm³）

= 0. 035315 立方英尺（ft³）

= 61. 024 立方英寸（in³）

= 1. 308×10⁻³ 立方码（yd³）

= 0. 2642 美制加仑（US gal）

= 0. 2200 英制加仑（UK gal）

升每分——L/min

= 0. 01667 升每秒（L/s）

= 5. 885×10⁻⁴ 立方英尺每秒（ft³/s）

= 4. 403×10⁻³ 美制加仑每秒（US gal/s）

= 3. 666×10⁻³ 英制加仑每秒（UK gal/s）

升每秒——L/s

= 10⁻³ 立方米每秒（m³/s）

= 3. 600 立方米每小时（m³/h）

= 60 升每分（L/min）

= 15. 85 美制加仑每分（US gal/min）

= 13. 20 英制加仑每分（UK gal/min）

兆帕——MPa

= 10⁶ 帕（Pa）或牛每平方米（N/m²）

= 10³ 千帕（kPa）

= 145. 0 磅力每平方英寸（psi）

= 0. 1020 千克力每平方毫米（kgf/mm²）

米——m

= 3. 281 英尺（ft）

= 39. 37 英寸（in）

= 1. 0936 码（yd）

米每分——m/min

= 1. 6667 厘米每秒（cm/s）

= 0. 0600 千米每小时（km/h）

= 3. 281 英尺每分（ft/min）

= 0. 05468 英尺每秒（ft/s）

= 0. 03728 英里每小时（mile/h）

米每秒——m/s

= 3. 600 千米每小时（km/h）

= 0. 0600 千米每分（km/min）

= 196. 8 英尺每分（ft/min）

= 3. 281 英尺每秒（ft/s）

= 2237 英里每小时（mile/h）

= 0. 03728 英里每分（mile/min）

微米——μm

= 10⁻⁶ 米（m）

牛顿——N

= 0. 10197 千克力（kgf）

= 0. 2248 磅力（lbf）

= 7. 233 磅达（pdl）

= 10⁵ 达因（dyn）

盎司——oz

= 28. 35 克（g）

= 2. 835×10⁻⁵ 吨（t）（公吨）

= 16 打兰（dr）（常衡制）

= 437. 5 谷（gr）

= 0. 06250 磅（lb）（常衡制）

= 0. 9115 盎司（oz）（金衡制）

= 2. 790×10⁻⁵ 长吨

盎司——oz 金衡制
＝31.103 克（g）
＝480 谷（gr）
＝20 本尼威特（dwt）（金衡制）
＝0.08333 磅（lb）（金衡制）
＝0.06857 磅（lb）（常衡制）
＝1.0971 盎司（oz）（常衡制）

盎司——oz 美制液体
＝0.02957 升（L）
＝1.8046 立方英寸（in³）

盎司力每平方英寸——ozf/in²
＝43.1 帕（Pa）
＝0.06250 磅力每平方英寸（psi）
＝4.395 克力每平方厘米（gf/cm²）

水中固体物的浓度（质量）——ppm（1×10⁻⁶）
＝0.9991 克每立方米（g/m³）（15℃环境）
＝0.0583 谷每美制加仑（gr/US gal）（15.56℃环境）
＝0.0700 谷每英制加仑（gr/UK gal）（16.67℃环境）
＝8.328 磅每百万美制加仑（15℃环境）

帕——Pa
＝1 牛每平方米（N/m²）
＝1.450×10⁻⁴ 磅力每平方英寸（psi）
＝1.0197×10⁻⁵ 千克力每平方厘米（kgf/cm²）
＝10⁻³ 千帕（kPa）

磅力——lbf（常衡制）
＝4.448 牛（N）
＝0.4536 千克力（kgf）

磅——lb（常衡制）
＝453.6 克（g）
＝16 盎司（oz）（常衡制）
＝256 打兰（dr）（常衡制）
＝7000 谷（gr）
＝5×10⁻⁴ 短吨
＝1.2153 磅（lb）（金衡制）

磅——lb（金衡制）
＝373.2 克（g）
＝12 盎司（oz）（金衡制）
＝240 本尼威特（dwt）（金衡制）
＝5760 谷（gr）
＝0.8229 磅（lb）（常衡制）
＝13.166 盎司（oz）（常衡制）
＝3.6735×10⁻⁴ 长吨
＝4.1143×10⁻⁴ 短吨

＝3.7324×10⁻⁴ 吨（t）（公吨）

以英磅测量水压，15.56℃环境
＝453.98 立方厘米（cm³）
＝0.45398 升（L）
＝0.01603 立方英尺（ft³）
＝27.70 立方英寸（in³）
＝0.1199 美制加仑（US gal）

以英磅测量每分钟水压，15.56℃环境
＝7.576 立方厘米每秒（cm³/s）
＝2.675×10⁻⁴ 立方英尺每秒（ft³/s）

磅每立方英尺——lb/ft³
＝16.018 千克每立方米（kg/m³）
＝0.016018 克每立方厘米（g/cm³）
＝5.787×10⁻⁴ 磅每立方英寸（lb/in³）

磅每立方英寸——lb/in³
＝2.768×10⁴ 千克每立方米（kg/m³）
＝27.68 克每立方厘米（g/cm³）
＝1728 磅每立方英尺（lb/ft³）

磅力每英尺——lbf/ft
＝14.59 牛每米（N/m）
＝1.488 千克力每米（kgf/m）
＝14.88 克力每厘米（gf/cm）

磅力每平方英尺——lbf/ft²
＝47.88 帕（Pa）
＝0.01605 英尺水柱（ftH₂O）（15.56℃环境）
＝4.882×10⁻⁴ 千克力每平方厘米（kgf/cm²）
＝6.944×10⁻³ 磅力每平方英寸（psi）

磅力每平方英寸——psi
＝6.895 千帕（kPa）
＝0.06805 标准大气压
＝2.311 英尺水柱（ftH₂O）（20℃环境）
＝27.73 英寸水柱（inH₂O）（20℃环境）
＝2.036 英寸汞柱（inHg）（0℃环境）
＝0.07031 千克力每平方厘米（kgf/cm²）

弧度——rad
＝57.30 度（°）

弧度每秒——rad/s
＝57.30 度每秒（°/s）

标准立方英尺每分——scfm（14.696psi，15.56℃环境）
＝0.4474 升每秒（L/s）（标准环境，760 mmHg，0℃）

续表

= 1. 608 立方米每小时（m^3/h）（标准环境，760 mmHg，0℃）	= 0. 8929 长吨
添柴量——St	15. 56℃ 环境下每 24 小时水量——吨/天
= 10^{-4} 平方米每秒（m^2/s）	= 0. 03789 立方米每小时（m^3/h）
= 1. 076×10^{-3} 平方英尺每秒（ft^2/s）	= 83. 33 磅每小时（lb/h, 15. 56℃环境）
	= 0. 1668 美制加仑每分（US gal/min）
长吨	= 1. 338 立方英尺每小时（ft^2/h）
= 1016 千克（kg）	
= 2240 磅（lb）（常衡制）	瓦——W
= 1. 1200 短吨	= 0. 05690 英制热量单位每分（BTU/min，参见后文注释中的相关内容）
	= 44. 25 英尺磅力每分（ft·lbf/min）
公吨——t	= 0. 7376 英尺磅力每秒（ft·lbf/s）
= 1000 千克（kg）	= 1. 341×10^{-3} 马力（hp）
= 2204. 6 磅（lb）	= 0. 01433 千卡每分（kcal/min）
公吨力——t·f	瓦小时——W·h
= 980. 7 牛（N）	= 3600 焦耳（J）
	= 3. 413 英制热量单位（BTU，参见后文注释中的相关内容）
短吨	= 2655 英尺磅力（ft·lbf）
= 907. 2 千克（kg）	= 1. 341×10^{-3} 马力小时（hp·h）
= 0. 9072 吨（t）（公吨）	= 0. 860 千卡（kcal）
= 2000 磅（lb）（常衡制）	= 367. 1 千克力米（kgf·m）
= 32000 盎司（oz）（常衡制）	
= 2430. 6 磅（lb）（金衡制）	

数据来源：Norman A Anderson. Instrumentation for process measurement and control ［M］. Third edtion. Hadnor Pa：Chilton Book Co，1980. 版权持有者授权转载。

注释：

(1) 重要数据。在转换系数及其应用范围给定的情况下，应该分析一下哪些数据是有效的，哪些数据是无效的。之所以这么说是因为很多指南中列出的数据并没有这么全面，或许只列出了其中几项而已；此外，数据的来源不同，其定义、计算标准以及所得数值亦不同。目前，无论借助何种仪器进行检测，其精准度最高也只能达到 10%。基于上述原因，表中每项类别都尽可能地收录了更多数据。袖珍型计算器（以及数字计算机）出现后得出了更多可供我们参考的数据。但需要注意的是，当数据的精准度及其应用范围有所偏差时，它会在很大程度上误导我们。

(2) 英制热量单位（British Thermal Unit，BTU），在计算数据的过程中涉及 BTU 时必须明白其含义不止一个。表中所列数据的最前面三项，转换系数取自 BTU 的常规定义。需要注意的是，倘若在计算中需要使用到更多数据，必须借助其他指南验证数据及其应用范围的精准度。

附录5　预热空气燃烧器的安全控制装置

图 A-4 展示了多种安全设备的安装形式。最上面一种安装形式适用于配备了气压调节器的预热空气燃烧器（TA），采用这种安装形式的燃烧器相当于引射式燃烧器：通过双向温度控制器控制气压，双向温度控制器靠电力连接在温度控制阀（TCV）上。温度控制阀在降低空气输入量的同时亦会适度降低燃气的输入量，令两者的比例始终保持恒定。

中间一种安装形式适用于自动控制燃气输入量的预热空气燃烧器。采用这种安装形式的燃烧器相当于过量空气燃烧器。空气输入量始终保持恒定，燃气输入量由电动蝶形阀自动控制。

最下面一种安装形式适用于配备了双重温度控制系统（推进阀以及电动蝶形阀）的预热空气燃烧器。采用这种安装形式的燃烧器高温时相当于引射式燃烧器，低温时相当于过量空气燃烧器。

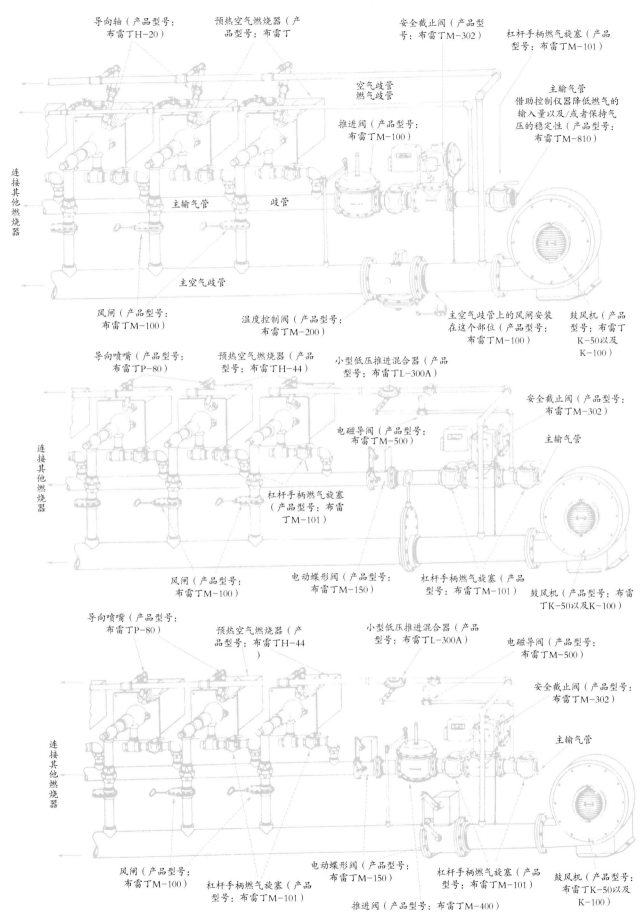

导向轴（产品型号：布雷丁H-20）

预热空气燃烧器（产品型号：布雷丁

安全截止阀（产品型号：布雷丁M-302）

杠杆手柄燃气旋塞（产品型号：布雷丁M-101）

空气歧管
燃气歧管

推进阀（产品型号：布雷丁M-100）

主输气管
借助控制仪器降低燃气的输入量以及/或者保持气压的稳定性（产品型号：布雷丁M-810）

连接其他燃烧器

主输气管

歧管

主空气歧管

风闸（产品型号：布雷丁M-100）

温度控制阀（产品型号：布雷丁M-200）

主空气歧管上的风闸安装在这个部位（产品型号：布雷丁M-100）

鼓风机（产品型号：布雷丁K-50以及K-100）

导向喷嘴（产品型号：布雷丁P-80）

预热空气燃烧器（产品型号：布雷丁H-44）

小型低压推进混合器（产品型号：布雷丁L-300A）

安全截止阀（产品型号：布雷丁M-302）

电磁导阀（产品型号：布雷丁M-500）

主输气管

连接其他燃烧器

杠杆手柄燃气旋塞（产品型号：布雷丁M-101）

风闸（产品型号：布雷丁M-100）

电动蝶形阀（产品型号：布雷丁M-150）

杠杆手柄燃气旋塞（产品型号：布雷丁M-101）

鼓风机（产品型号：布雷丁K-50以及K-100）

导向喷嘴（产品型号：布雷丁P-80）

预热空气燃烧器（产品型号：布雷丁H-44）

小型低压推进混合器（产品型号：布雷丁L-300A）

电磁导阀（产品型号：布雷丁M-500）

安全截止阀（产品型号：布雷丁M-302）

连接其他燃烧器

主输气管

风闸（产品型号：布雷丁M-100）

杠杆手柄燃气旋塞（产品型号：布雷丁M-101）

电动蝶形阀（产品型号：布雷丁M-150）

杠杆手柄燃气旋塞（产品型号：布雷丁M-101）

鼓风机（产品型号：布雷丁K-50以及K-100）

推进阀（产品型号：布雷丁M-400）

◁ 图 A-4　预热空气燃烧器的安全控制装置［日食燃料工程公司旗下布雷丁（Eclipse Bulletin）授权转载］